·新世纪高等学校计算机系列教材·

数据库应用教程

主　编　黄志军

副主编　喻　晓　潘爱武　杨　嫘

科学出版社

北　京

内 容 简 介

本书在适当介绍数据库基础知识和 SQL 数据库结构查询语言的基础上,重点且较全面地介绍了实用型数据库管理系统 Access 的各种常用操作和应用技术,并对在中小企业中较流行使用的 SQL Server 数据库管理系统的应用技术也进行了适当的介绍。书中内容注重应用和实践,本着打好基础、培养能力、追求创新的思路,较好地结合了当前计算机教育改革的实际情况和教师实际教学的需要。此外,本书还有配套使用的实验与题解教材和教学课件。

本书适合各类应用型高等院校本科及专科作为计算机公共数据库选修和必修课程的教材使用,也很适合其他读者自学使用。

注:凡需要本书或其电子原稿备课者,可与唐元瑜老师联系(027−87807752,13907198295)。

图书在版编目(CIP)数据

数据库应用教程/黄志军主编.—北京:科学出版社,2011
(新世纪高等学校计算机系列教材)
ISBN 978-7-03-031204-4

Ⅰ.数… Ⅱ.黄… Ⅲ.数据库−应用−高等学校−教材 Ⅳ.TP311.13

中国版本图书馆 CIP 数据核字(2011)第 098681 号

责任编辑:张颖兵 唐 源/责任校对:梅 莹
责任印制:彭 超/封面设计:梁 希

科 学 出 版 社 出版

北京东黄城根北街 16 号
邮政编码:100717
http://www.sciencep.com

安陆市鼎鑫印务有限责任公司印刷
科学出版社发行 各地新华书店经销

*

2011 年 10 月第一版   开本:787×1092 1/16
2011 年 10 月第一次印刷   印张:19 1/2
印数:1−3 000   字数:490 000

定价:33.00 元
(如有印装质量问题,我社负责调换)

前　言

计算机科学技术的发展极大地加快了社会信息化的进程,而计算机网络和数据库技术的发展及应用又是计算机应用的前沿技术。本书根据教育部制定的计算机课程教学大纲和教育部考试中心最新公布的《全国计算机等级考试大纲》的要求,由教学一线任课教师结合多年的实际教学经验编写而成。

本书在编写上结合全国计算机等级考试的要求,对于 Access 数据库考试知识点有很大的覆盖度,并根据其考点设置章节。书中各章的末尾都配有该章的知识点结构图,通过知识点结构图可以把握该章的重点。同时,作者结合多年的教学经验,把"案例式"教学思想也较好地融入到了本教材中。

全书内容分为数据库基础知识和 SQL 语言、Access 数据库管理系统及其应用、SQL Server 数据库管理系统及其应用,三大部分共 11 章。其中:

第 1 章介绍数据库基础知识,包括数据库系统概述、关系数据库和数据库设计基础等。

第 2 章主要介绍 SQL 语言的基本概念、SQL 数据定义、SQL 数据查询和SQL 数据操作。

第 3 章～第 9 章详细介绍 Access 数据库中各个对象的操作和使用,涉及 Access 数据库和表的建立,查询的创建与使用,窗体的建立与使用,报表的设计与使用,数据访问页的创建与编辑,Access 中宏的应用和 VBA 编程等内容。

第 10 和第 11 章介绍了 SQL Server 数据库的基本应用和高级应用,包括查询、数据完整性、视图与索引、存储过程、触发器和安全性等。

读者学完本书的内容后,不仅可了解数据库技术的一些基础理论知识、SQL语言及其应用操作,而且可较全面地掌握 Access 数据库管理系统的开发应用技术,具备应用 Access 数据库管理系统进行数据库程序开发的基本能力。同时,还可初步掌握 SQL Server 数据库管理系统的一些基本应用技术。

此外,为便于实践教学,同时还由科学出版社出版了与本书配套使用的《数据库应用教程实验与题解》(黄志军主编)一书。

本书由黄志军老师任主编,喻晓、潘爱武、杨嫘老师任副主编。具体撰写人员有:张海燕(第 1 章),李娟(第 2 章),杨嫘(第 3 章),曾毅(第 4 章),吴保荣(第 5章),吴娇梅(第 6 章),潘爱武(第 7 章),喻晓(第 8 和第 9 章),李凤麟(第 10 章),裴承丹(第 11 章)。主编黄志军老师制订了本书的编写大纲和撰写了前言,并对全书进行了统稿和定稿等审定工作。

本书在编写过程中,参考了国内的一些优秀教材,并得到了湖北省计算机学会和参编学校有关领导与专家的大力支持与帮助,在此一并致谢。

由于编者水平有限,书中缺点与错误在所难免,敬请有关专家和读者予以批评指正。

编 者

2011 年 6 月

目　　录

数据库基础知识

20世纪60年代的"软件危机"中,数据库技术作为计算机软件学科的一个分支应运而生。数据库这个名词起源于20世纪50年代初,当时美国为了战争的需要,把各种情报集中在一起,存储在计算机里,称为 Information Base 或 Data Base。当今,数据库技术已渗透到工农业生产、商业、行政管理、科学研究、工程技术和国防军事各个领域,并改变着人们的工作方式和生活方式。管理信息系统、办公信息系统、计算机集成制造系统、地理信息系统、因特网技术等都使用了数据库技术的计算机应用系统。

数据库技术是计算机软件技术的一个重要分支。从本质上讲,数据库技术就是数据的集中存储技术。

本章主要介绍数据库的基础知识,包括数据库、数据库系统组成及数据库系统的三级模式结构,三种数据模型,关系数据库,关系运算和数据库设计基础等。通过本章的学习,读者可对数据库系统的整体轮廓有一个清晰的了解。

1.1 数据库系统概述

本节主要介绍数据、数据库、数据库系统等基本概念和数据库系统的体系结构。

1.1.1 数据和数据库

1. 数据

描述事物的符号记录称为数据。数据可以是数字,也可以是文字、图形、图像、声音、语言等。数据有多种表现形式,它们都可以经过数字化后存入计算机。

数据的表示包括两个方面:一是描述事物特性的数据内容;二是存储在某一种媒体上的数据形式。例如,某人的出生日是1989年9月3日,其数据内容是一个日期;而其数据形式是"1989年9月3日",也可以是"1989-09-03"。两种形式的含义是一样的。

2. 数据库

数据库是计算机存放数据的仓库,它是储存在计算机内,有组织、可共享的大量数据的集合。数据库中的数据都按一定的数据模型组织、描述和储存,具有较小的冗余度、较高的数据独立性和易扩展性,并可为各种用户共享。数据库有如下主要的突出特点:

(1)集成性。数据库可把与各种应用相关的数据及数据之间的联系集中地按照一定的结构形式进行存储。

(2)共享性。数据库中的数据可为多个不同的用户所共享,即多个用户可以同时存取数据库中的数据。

1.1.2　数据库系统

数据库系统是对数据进行存储、管理、处理和维护的计算机软件系统。数据库系统由数据库、数据库管理系统、数据库管理员、计算机硬件系统等几部分组成。

1. 数据库管理系统

数据库管理系统 DBMS(Data Base Management System)是用户与计算机操作系统之间进行交互、处理数据存取和进行各种管理控制的软件。它的主要功能包括以下几个方面：

(1) 数据定义功能。DBMS 提供的数据定义语言 DDL(Data Define Language)，可定义数据的模式、外模式和内模式三级模式结构，定义"模式/内模式"和"外模式/模式"二级映像，定义有关的约束条件。

(2) 数据组织、存储和管理功能。DBMS 可分类组织、存储和管理各种数据，包括数据字典、用户数据、数据的存取路径等。数据组织和存储的基本目标是，提高存储空间利用率和方便存取。DBMS 可提供多种存取方法(如索引查找、Hash 查找、顺序查找等)来提高存取数据的效率。

(3) 数据操纵功能。DBMS 提供数据操纵语言 DML(Data Manipulation Language)，用户可以使用 DML 实现对数据库的基本操作，如查询、插入、删除和修改等。

(4) 数据库的建立和维护功能。DBMS 提供建立和维护数据库的功能，包括数据库初始数据的输入、数据库的转储、恢复、重组织，以及系统性能监视、分析功能等。

2. 数据库管理员

数据库管理员 DBA(Data Base Administrator)是指对数据库进行规划、设计、维护、监视的人员。数据库管理员的主要职责如下：

(1) 数据库设计。DBA 的主要任务之一是进行数据库的设计，具体地说是进行数据模式的设计。

(2) 数据库维护。DBA 必须对数据库的安全性、完整性、并发控制、系统恢复以及数据定期转储等进行实施与维护。

(3) 改善系统性能，提高系统效率。DBA 必须随时监视数据库的运行状态，不断调整其内部结构，使系统保持最佳状态与效率。

图 1-1　数据库系统的组成层次结构

3. 硬件系统

数据库系统中的硬件系统是指存储和运行数据库系统的硬件设备。包括 CPU、存储设备和外部设备等。数据库系统的组成层次结构如图 1-1 所示。

1.1.3　数据库系统的体系结构

数据库系统的体系结构主要包括三级模式和两级映像。

1. 三级模式

数据库系统的体系结构分成三级,即外部模式(用户层)、概念模式(全局逻辑层)和内模式,如图 1-2 所示。

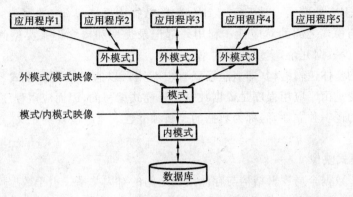

图 1-2　数据库系统的体系结构

1) 外部模式

外部模式(External Schema)是用户级数据库,又称子模式。外部模式最接近于用户,是用户和数据库系统的接口,故还称用户视图。用户视图描述用户的数据视图,即用户看到的是数据库系统的局部逻辑结构。外部模式由若干外部记录型组成,包括用户级看到的记录、数据项及记录间的联系。一个数据库系统可以有多个不同的外部模式。

外部模式是保证数据库安全性的一个有力措施,每个用户只能看见和访问所对应外部模式中的数据,数据库中的其他数据是不可见的。

2) 概念模式

概念模式(Conceptual Schema)又称模式或逻辑模式。概念模式描述数据库系统的全局逻辑结构。它包括记录及记录间的联系,所允许的操作,数据的一致性、有效性检验、安全性、完整性和其他管理控制方面的要求,但不涉及具体的存储结构和应用程序的技术访问细节。概念模式由系统提供的模式描述语言定义。

概念模式介于用户级和物理级之间,是所有用户视图的最小并集,是数据库管理员看到和使用的数据库,又称 DBA 视图。一个数据库应用系统只存在一个 DBA 视图,它把数据库作为一个整体并抽象表示。一个数据库系统只有一个概念模式。

3) 内模式

内模式(Internal Schema)是物理级数据库,是数据库的低层表示。它描述数据的实际存储组织,是最接近于物理存储的级,故又称内部视图。内模式定义所有的内部记录类型、索引和文件的组织方式,以及数据控制方面的内部细节。一个数据库系统只有一个内模式。

2. 二级映像

数据库的三级体系结构是数据的三个抽象级别,它把数据的具体组织留给 DBMS 去做,即将用户与物理数据库分开,用户只要抽象地处理数据,而不需要关心数据在计算机中的表示和存储,这样就减轻了用户使用系统的负担。由于三级结构之间往往差别很大,因而为了实现这三个抽象级别的联系和转换,DBMS 在这三级结构间提供了两个层次的映像——外模式/

模式映像和模式/内模式映像。正是这两级映像保证了数据库系统中的数据能够具有较高的逻辑独立性和物理独立性。

1) 外模式/模式映像

模式描述的是数据的全局逻辑结构,外模式描述的是数据的局部逻辑结构。对于同一个模式,可以有任意多个外模式。对于每一个外模式,数据库系统都有一个外模式/模式映像,它定义了该外模式与模式之间的对应性。利用外部记录类型和概念记录类型间的这种对应关系,可以有效地减少数据冗余,实现数据共享。

如果数据库的整体逻辑结构(即概念模式)改变,则可以通过修改外模式/模式映像,以使得外模式保持不变。由于应用程序是依据数据的外模式编写的,因而应用程序也不必修改,保证了数据与程序的逻辑独立性,简称为数据的逻辑独立性。这些映像的定义,通常包含在外模式的描述中。

2) 模式/内模式映像

该映像定义了数据全局逻辑结构与存储结构之间的对应关系。由于数据库中只有一个模式,也只有一个内模式,所以模式/内模式映像是唯一的。利用该映像可以提高数据的存取效率,改善系统性能,将数据以最优形式存放。该映像的定义,一般包含在内模式的描述中。

当数据库的存储结构发生改变时,由数据库管理员对模式/内模式映像作相应的改变,但可以使模式保持不变,从而应用程序也不必改变。这就保证了数据与程序的物理独立性,简称为数据的物理独立性。

1.1.4　数据模型

计算机不可能直接处理现实世界中的具体事物,所以人们必须想办法把具体事物转换成计算机能够处理的数据。在计算机的数据中,可以用数据模型这个工具来抽象、表示和处理现实世界中的数据和信息。人们无论处理任何数据,都需要先对此数据建立模型,然后才能在此基础上进行处理。

1. 数据模型的组成

模型是现实世界某个对象特征的模拟和抽象,如一张地图、一个奥迪 A6 汽车模型等。数据模型是模型的一种,是现实世界数据特征的抽象。数据模型通常由数据结构、数据操作和数据的约束条件三个要素组成。

(1) 数据结构。数据结构用来描述数据库的组成对象及对象之间的联系。在数据库系统中,人们通常按照数据结构的类型来命名数据模型。

(2) 数据操作。数据操作用于描述数据库系统的动态特性,是数据库中各种数据的操作集合,如数据的检索、插入、删除和修改等。数据模型必须定义这些操作的确切含义、操作规则以及实现操作的语言。

(3) 数据的约束条件。数据的约束条件是一组完整性规则的集合。完整性规则是数据模型中数据及数据间联系所具有的制约与依存规则,用以保证数据的正确性、有效性和相容性。

2. 数据模型的分类

数据模型应满足三方面的要求:一是能比较真实地模拟现实世界;二是容易为人所理解;三是便于在计算机上实现。在数据库系统中针对不同的使用对象和应用目的,采用不同的数据模型。目前最常用的数据模型有层次模型、网状模型和关系模型。

1) 层次模型

用树型结构表示实体类型及实体间联系的数据模型称为层次模型。1968 年,美国发布的 IMS(Information Management System)系统是最典型的层次模型系统,并于 20 世纪 70 年代在商业上得到了广泛应用。

层次模型的特征如下:

(1) 有且只有一个结点,没有双亲,该结点就是根结点。

(2) 根以外的其他结点有且仅有一个双亲结点。

图 1-3 是层次模型"有向树"的示意图。图中,学院为根结点,无双亲结点;处、系、教研室、年级分别有且仅有一个双亲结点,其中处、教研室、年级无子结点,又称为叶结点。在学院与处、学院与系之间分别存在着一对多的联系。同样,在系与教研室、系与年级之间也存在着一对多的联系。

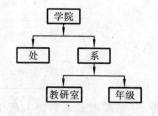

图 1-3　层次模型有向树示意图

层次模型具有一定的缺点,如:不能直接表示两个以上实体型之间的复杂联系;对数据插入和删除的操作限制太多;查询子结点必须通过双亲结点。

2) 网状模型

用有向图结构表示实体类型以及实体之间联系的数据模型称为网状模型,如图 1-4 所示。20 世纪 70 年代的 DBMS 产品大部分是网状系统,如 Honeywell 公司的 IDS/Ⅱ,HP 公司的 IMAGE/3000 等。

网状模型的特征如下:

(1) 有一个以上的结点,没有双亲。

(2) 至少有一个结点存在多于一个的双亲。

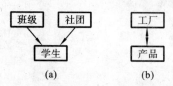

图 1-4　网状模型示意图

在图 1-4(a)中,学生实体有两个双亲结点,即班级跟社团。而在图 1-4(b)中,工厂实体和产品实体既是双亲结点又是子结点,工厂与产品间存在着多对多联系。

网状模型虽然能更直接地描述客观世界,可表示实体间的多种复杂联系,具有良好性能和存储效率,但也有缺点。如:结构复杂;数据独立性差,由于实体间的联系本质上是通过存取路径表示的,因此应用程序在访问数据时要指定存取路径。

3) 关系模型

关系模型用表格结构表达实体集,用外键表示实体间联系。1970 年,美国 IBM 公司的研究员 E.F.Codd 首次提出了关系模型。20 世纪 80 年代以来开发的数据库管理系统几乎都支持关系模型。基于关系模型的关系数据库是目前应用最广泛的数据库系统,如现在广泛使用的小型数据库系统 FoxPro 和 Access,大型数据库系统 Oral,SQL Server 和 Informix Sybase 等都是关系型的数据库系统。

表 1-1 和表 1-2 是学生情况与教师任课情况表。从这两张表中可以得到如下信息:李华老师上 2009001 班的 VB 程序设计课,张三是她的学生;李四是 2009002 班的学生,他的组织行为学是王艳老师讲授的。以上信息说明,学生情况表与教师任课表存在着一定的联系,因为这两张表中都有"班级"这个字段。

表 1-1　学生情况表

学号	姓名	性别	系别	班级
200900145	张三	女	计算机系	2009001
200900236	李四	男	管理系	2009002
200900307	王五	男	管理系	2009003

表 1-2　教师任课情况表

姓名	职称	所在系	任课名称	班级
李华	讲师	计算机系	VB 程序设计	2009001
王艳	副教授	管理系	组织行为学	2009002
刘鹏	教授	经济系	宏观经济学	2009001

关系模型具有较强的数学理论依据,其数据结构简单、清晰,存取路径对用户透明,从而具有更高的数据独立性与安全保密性。但是,仍具有如下缺点:关系模型的查询效率不如非关系模型高。因此,为了提高性能,必须对用户的查询进行优化。

1.2　关系数据库

在 20 世纪 60～70 年代,广泛使用的数据库管理系统主要是层次数据库和网状数据库,而现今普遍使用的数据库系统都是关系数据库系统。

1.2.1　关系数据库术语

在关系数据库中,涉及以下一些术语:

1. 元组、属性、元数和域

1) 元组
一个关系对应一张二维表,二维表格中的一行称为一个元组。如表 1-1 中,每个学生记录(学号,姓名,性别,系别,班级)即为一个元组。

2) 属性
二维表中一列的字段名称,称为该列中各字段的属性。如表 1-1 的 5 列中,共有 5 个属性(学号,姓名,性别,系别,班级)。

3) 元数
关系中属性的个数称为关系的元数。

4) 域
属性的取值范围称为域。如表 1-1 中,性别的域是{男,女};表 1-2 中,教师职称的域是{助教,讲师,副教授,教授}。

2. 关键字和外键

1) 关键字
可唯一标识元组的属性或属性集的字称为关键字,又称为主码或候选键。主码中包含的属性称为主属性。例如在表 1-1 中，"学号"为学生情况表的关键字，每个学号对应表中唯一的一条记录。

2) 外键

如果关系 R2 的一个或一组属性 X 不是 R2 的关键字，而是另一关系 R1 的关键字，则该属性或属性组 X 称为关系 R2 的外键或外码，并称 R2 为参照关系，R1 为被参照关系。

3. 广义笛卡儿积

设 R 和 S 是两个关系，如果 R 是 m 元关系，有 k 个元组，S 是 n 元关系，有 q 个元组，则广义笛卡儿积 R×S 是一个 m＋n 元关系，有 k×q 个元组。广义笛卡儿积可以记为

$$R \times S = \{ \overline{rs} \mid r \in R, s \in S \}$$

图 1-5 示意了集合的广义笛卡儿积运算。

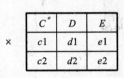

A	B	C	D	E
a1	b1	c1	d1	e1
a1	b1	c2	d2	e2
a2	b2	c1	d1	e1
a2	b2	c2	d2	e2

图 1-5 广义笛卡儿积运算示意图

1.2.2 关系的特点

关系可以看作是二维表，但并不是所有的二维表都是关系。关系数据库对关系是有一些限定的。归纳起来，关系具有以下特点：

(1) 关系中不允许出现相同的元组。

(2) 关系中元组的顺序可任意。

(3) 关系中属性的顺序可任意。

(4) 同一属性名下的各个属性值必须来自同一个域，并且必须是同一类型的数据。

(5) 关系中各个属性名不能重名。

(6) 关系必须规范化。即关系中每一分量必须是不可分的数据项，而不是值的集合。例如，在表 1-3 中，籍贯属性又含有省、市/县两项，出现了"表中有表"的现象，为非规范化关系。应将其规范化，如表 1-4 所示。

表 1-3 非规范化关系

姓名	籍贯	
	省	市/县
张华	吉林	长春
陈明	湖北	武汉

表 1-4 规范化关系

姓名	省	市/县
张华	吉林	长春
陈明	湖北	武汉

1.2.3 关系模型

与层次模型、网状模型比较，关系数据模型是一种最重要的数据模型。关系数据模型包括三部分：数据结构，关系操作和关系模型的完整性。

1. 数据结构

在关系模型中,由于实体与实体之间的联系均可用关系来表示,因此数据结构单一。关系的描述称为关系模式,它包括关系名、组成该关系的属性名及属性与域之间的映像。例如,表1-1与表1-2可以表示为如下的关系模式:

学生情况(<u>学号</u>,姓名,性别,系别,班级)

教师任课情况(<u>姓名</u>,<u>任课名称</u>,职称,所在系,班级)

2. 关系操作

关系模型提供了一系列操作的定义,这些操作称为关系操作。关系操作采用集合操作方式,即操作的对象和结果都是集合。常用的关系操作有两类:关系代数和关系运算。

3. 关系模型的完整性

1) 实体完整性

实体完整性是指关键字(或主键)的值不能为空或部分为空。如果主键值为空或部分为空,则不能唯一标识元组及其相对应的实体。这就说明可能存在不可区分的实体,从而与现实世界中的实体是可以区分的事实相矛盾。因此,关键字的值不能为空或部分为空。

例如,表1-1学生情况表中的属性"学号"可以唯一标识一个元组,即唯一标识一个学生实体。因此,主键"学号"不能为空。表1-2教师任课情况表中的主键"姓名＋任课名称"不能为空,也不能部分为空,即"姓名"和"任课名称"两个属性都不能为空。

2) 参照完整性

如果关系$R2$的外键X与关系$R1$的主键相符,则X中的每个值或者等于$R1$中主键的某一个值,或者取空值。

例如,表1-1学生情况表中的"系别"在表1-5系别表中是主键,所以"系别"为学生情况表的外键。按照实体完整性规则,学生情况表中某个学生的"系别"取值,必须存在于被参照关系(即系别表)中或者为空。

表 1-5　系别表

系别	地址
计算机系	1号楼
管理系	2号楼
电子商务系	3号楼
英语系	4号楼

3) 用户定义完整性

实体完整性和参照完整性适用于任何关系数据库。除此之外,不同的关系数据库系统根据其应用环境的不同,往往还需要一些特殊的约束条件。用户定义完整性规则,就是针对某一具体应用所涉及的数据必须满足的语义要求而提出的。例如,将表1-1学生情况表中"性别"的取值定义为"男"或"女"。

1.2.4　关系运算

目前,关系数据库所使用的语言一般都具有定义、查询、更新和控制一体化的特点,其中查

询是最主要部分。查询的条件要使用关系运算表达式来表示,因此,关系运算是设计数据库语言的基础。关系运算可以分为如下两类:

(1) 传统的集合操作:并,差,交。

(2) 扩充的关系操作:投影,选择,连接和除法等。

1) 并(Union)

设关系 R 和 S 具有相同的关系模式,R 和 S 的并是由属于 R 或属于 S 的元组构成的集合,记为 $R \cup S$。其形式定义如下:

$$R \cup S = \{t \mid t \in R \lor t \in S\}$$

其中,t 是元组变量,R 和 S 的元数相同。

2) 差(Difference)

设关系 R 和 S 具有相同的关系模式,R 和 S 的差是由属于 R 但不属于 S 的元组构成的集合,记为 $R-S$。其形式定义如下:

$$R - S = \{t \mid t \in R \land t \notin S\}$$

其中,t 是元组变量,R 和 S 的元数相同。

3) 交(Intersection)

R 和 S 的交是由既属于 R 又属于 S 的元组构成的集合,记为 $R \cap S$。其形式定义如下:

$$R \cap S = \{t \mid t \in R \land t \in S\}$$

其中,t 是元组变量,R 和 S 的元数相同。

4) 投影(Projection)

投影运算是对一个关系进行垂直分割,消去某些列,并重新安排列的顺序。其形式定义如下:

$$\prod_A(R) = \{t[A] \mid t \in R\}$$

其中,$\prod$ 为投影运算符,A 是关系 R 的属性列。例如,$\prod_{3,1}(R)$ 表示关系 R 中取第 1 列、第 3 列,组成新的关系。

5) 选择(Selection)

选择运算是根据某些条件对关系做水平分割,即取符合条件的元组。其形式定义如下:

$$\sigma_F(R) = \{t \mid t \in R \land F(t) = \text{true}\}$$

其中,σ 为选择运算符,$\sigma_F(R)$ 表示从 R 中挑选出满足公式 F 为真的元组所够成的关系。

【例 1.1】 两个关系 R 和 S 的并、交、差、投影和选择运算,可用图 1-6 表示。其中,图(c)、图(d)和图(e)分别表示 $R \cup S$,$R-S$ 和 $R \cap S$ 运算,图(f)表示 $\prod_{C,A}(R)$,即 $\prod_{3,1}(R)$ 运算,图(g)表示 $\sigma_{B='b'}(R)$ 运算。

A	B	C
a	b	c
d	a	f
c	b	d

(a) 关系 R

A	B	C
b	g	a
d	a	f

(b) 关系 S

A	B	C
a	b	c
d	a	f
c	b	d
b	g	a

(c) $R \cup S$

A	B	C
a	b	c
c	b	d

(d) $R-S$

A	B	C
d	a	f

(e) $R \cap S$

A	C
a	c
d	f
c	d

(f) $\prod_{3,1}(R)$

A	B	C
a	b	c
c	b	d

(g) $\sigma_{B='b'}(R)$

图 1-6　关系 R 和 S 的并、交、差、投影和选择运算示意图

6）连接（Join）

连接运算是二目运算，是从两个关系的笛卡儿积中选取满足连接条件的元组，组成新的关系。其连接形式有以下两种：

（A）θ连接

设有两个关系 R 和 S，连接属性集 $X \subset R, Y \subset S$，且 X 与 Y 中属性列数目相等，关系 R 和 S 在连接属性 X 和 Y 上的连接，就是在 $R \times S$ 笛卡儿积中，选取在连接属性 X 和 Y 属性列上满足 θ 比较条件的子集所组成新的关系。连接形式定义如下：

$$R \underset{X\theta Y}{\infty} S = \{t_r \frown t_s \mid t_r \in R \wedge t_s \in S \wedge t_r[X]\theta t_s[Y] \text{ 为真}\}$$

其中，∞是连接运算符，θ为算数比较运算符，也称 θ 连接。并且，当

θ 为"="时，称为等值连接；

θ 为"<"时，称为小于连接；

θ 为">"时，称为大于连接。

（B）自然连接

自然连接（National Join）就是在等值连接的情况下，当连接属性 X 与 Y 具有相同属性组时，把连接结果中重复的属性列去掉。例如，如果 R 与 S 具有相同的属性组 Y，则自然连接可记为

$$R * S = \{t_r \frown t_s \mid t_r \in R \wedge t_s \in S \wedge t_r[Y] = t_s[Y]\}$$

【例1.2】 两个关系 R 和 S 的小于连接与自然连接情况，可用图 1-7 表示。其中，图（c）是 $R \infty S$ 的值，图（d）是 $R * S$ 的值。

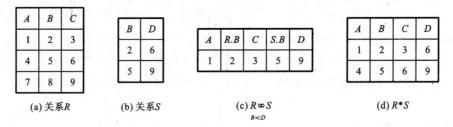

(a) 关系 R　　(b) 关系 S　　(c) $R \underset{B<D}{\infty} S$　　(d) $R * S$

图 1-7　关系 R 和 S 的小于连接与自然连接示意图

7）除法（Division）

给定关系 $R(X, Y)$ 和 $S(Y, Z)$，其中：X, Y, Z 为属性组；R 中的 Y 与 S 中的 Y 可以有不相同的属性名，但必须出自相同的域集。R 与 S 的除运算可得到一个新的关系 $P(X)$，P 是 R 中满足下列条件的元组在 X 属性上的投影：元组在 X 上的分量值 x 的影像集 Y_x 包含 S 在 Y 上的投影的集合。其除运算可表示为

$$R \div S = \{t_r[X] \mid t_r \in R \wedge \prod_r(S) \subseteq Y_x\}$$

其中，Y_x 为 x 在 R 中的影像集，$x = t_r[X]$。

除运算是同时从行和列角度进行的运算。在进行运算时，将被除关系 R 的属性分成两部分：与除关系相同的部分 Y 和不同的部分 X。在被除关系 R 中，按 X 的值分组，即相同 X 值的元组分为一组。除运算是求包括除关系中全部 Y 值的组，这些组中的 X 值将作为除运算结果的元组。

【例1.3】 给定一个供应商号，如果它在被除关系上的映像集包含除关系，则这个供应商号是商关系中的一个元组。这个例子中，关系 R 中供应商号的像集包含了关系 S 的投影，此

供应商号则为 $R \div S$ 的商,如图 1-8 所示。

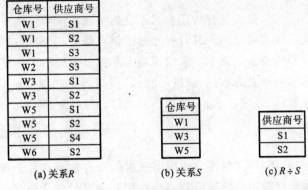

图 1-8　两个关系的除运算示意图

1.3　数据库设计概述

1.3.1　数据库设计的概念

现在,数据库已用于各类应用系统,例如 MIS(管理信息系统)、DSS(决策支持系统)、OAS(办公自动化系统)等。实际上,数据库已成为现代信息系统的基础与核心部分。如果数据库模型设计得不合理,即使使用性能良好的 DBMS 软件,也很难使应用系统达到最佳状态,即仍然会出现大量的冗余、异常和不一致等问题。总之,数据库设计的优劣将直接影响应用系统的质量和运行效果。

在准备好了 DBMS 系统软件、操作系统和硬件环境后,对数据库应用开发人员来说,就是如何使用这个环境来表达用户的需求,构造最优的数据库模型,然后据此建立数据库及其应用系统。因此,数据库设计是指对于一个给定的应用环境,构造最优的数据库模式,建立数据库及其应用系统,使之能够有效地存储数据,满足各种用户的应用需求。

1.3.2　数据库设计的步骤

目前,数据库设计一般采用生命周期法,即将数据库的设计步骤分为需求分析、概念结构设计、逻辑结构设计和数据库物理设计 4 个阶段(或称 4 大步骤),如图 1-9 所示。

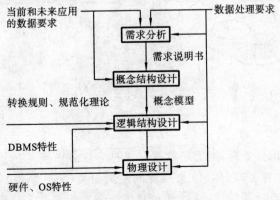

图 1-9　数据库的设计步骤

1. 需求分析

需求分析阶段的任务是,收集和分析用户对系统的信息需求和处理需求,得到设计系统所必需的需求信息,建立系统说明文档。其目标是通过调查研究,了解用户的数据要求和处理要求,并按一定格式整理形成需求说明书。需求说明书是需求分析阶段的成果,也是后续具体设计的依据,它包括数据库所涉及的数据、数据的特征、使用频率和数据量的估计,如数据名、属性及其类型、主关键字属件、保密要求、完整性约束条件、更改要求等。

2. 概念结构设计

概念结构设计阶段的任务是,对需求说明书提供的所有数据和处理要求进行抽象与综合处理,按一定的方法构造反映用户环境的数据及其相互联系的概念模型。这种概念数据模型与 DBMS 无关,是面向现实世界的,极易为用户所理解。为保证所设计的概念数据模型能正确、完全地反映用户的数据及其相互关系,便于进行所要求的各种处理,在本阶段设计中可吸收用户参与和评议设计。在进行概念结构设计时,可先设计各个应用的视图(View),即各个应用所看到的数据及其结构,然后再进行视图集成,以形成一个单一的概念数据模型。这样形成的初步数据模型还要经过数据库设计者和用户的审查与修改,最后才能形成所需的概念数据模型。

概念模型的表示方法很多,其中最著名、最实用的方法是 P. P. S. Chen 于 1976 年提出的实体-联系方法(Entity-Relationship Approach),简称 E-R 方法,并用图形表示。E-R 图采用的图形具有如下含义:矩形表示实体,实体是现实世界中存在并可相互区别的事物,实体可以是人、事、物,也可以是抽象的概念或联系;菱形表示实体间的联系;椭圆表示实体的组成属性。

实体间的联系可以分为一对一联系、一对多联系和多对多联系,如图 1-10 所示。图中,系主任与系之间是一对一联系;系与学生实体之间存在一对多联系,即一个系里可以有多个学生,而一个学生只能属于一个系;学生实体与课程实体间是多对多的联系,即一门课程可以被多个学生选修,一个学生也可以选修多门课程。

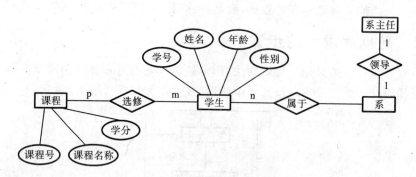

图 1-10　表示实体及其联系的 E-R 图

3. 逻辑结构设计

逻辑结构设计阶段的任务是,把上一阶段得到的与 DBMS 无关的概念数据模型(E-R 图)转换成等价的,并为某个特定的 DBMS 所接受的逻辑模型(关系模型),同时还将概念设计阶段得到的应用视图转换成外部模式,即特定 DBMS 下的应用视图。在转换过程中要进一步落实需求说明,并满足 DBMS 的各种限制。该阶段的结果是用 DBMS 所提供的数据定义语言(DDL)写成的数据模式。逻辑设计的具体方法与 DBMS 的逻辑数据模型有关。逻辑模型应满足数据库存取、一致性及运行等各方面的用户需求。

4. 数据库物理设计

物理设计阶段的任务是,把逻辑设计阶段得到的满足用户需求的逻辑模型在物理上加以实现,其主要的内容是根据 DBMS 提供的各种手段,设计数据的存储形式和存取路径,如文件结构、索引的设计等,即设计数据库的内模式或存储模式。数据库的内模式对数据库的性能影响很大,应根据处理需求及 DBMS、操作系统和硬件的性能进行精心设计。

本 章 小 结

本章主要介绍了数据库系统、关系数据库与数据库设计的一些基本概念和基本知识。

在数据库系统概述中,对数据库设计的相关概念,如数据、数据库、数据库系统、数据库管理系统进行了介绍。同时还介绍了数据库系统体系结构中的外模式、模式、内模式,以及为实现这三级模式间的联系和转接,采用两级映像枝术以保证数据库系统的物理独立性和逻辑独立性等知识。

在关系数据库的介绍中,对关系数据库中的有关术语、关系的特点、关系模型等进行了简介,而对关系运算则进行了较详细的讲解,并通过具体例题介绍了并、差、交及投影、选择、连接和除法等关系运算。

在数据库设计基础知识的介绍中,对数据库的 4 大设计步骤、E-R 图以及如何将 E-R 图转化为关系模型等均做了适当的介绍。

本章是学习数据库技术的基础,学好本章所介绍的知识可为后面章节的学习打下坚实的基础。

本章知识结构图如图 1-11 所示。

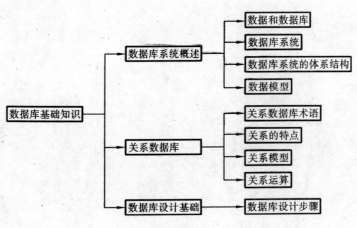

图 1-11　第 1 章知识结构图

思 考 题

1. 试述数据、数据库、数据库系统、数据库管理系统的概念。
2. 使用数据库系统有什么好处？
3. 数据库管理系统的主要功能有哪些？
4. DBA 的职责是什么？
5. 数据库系统三级模式结构的优点是什么？
6. 数据库设计分哪几个步骤？
7. 什么是数据库的逻辑独立性？什么是数据库的物理独立性？为什么数据库系统具有数据与程序的独立性？

第 2 章

SQL 语言

SQL(Structured Query Language)是结构化查询语言的缩写。它是专为关系数据库而建立的操作命令集,是一种功能齐全的数据库语言。它以方式灵活、功能强大、语言简单易学而闻名于世。SQL 是一种非过程化语言,只要求用户提出做什么,而无需告诉如何做。在进行数据库操作时,文件存取路径的选择和 SQL 语句的操作过程全由系统自动完成,这使得 SQL 成为目前数据库的一种标准主流语言。

本章在简介 SQL 语言的特点和功能的基础上,主要用大量实例介绍如何用 SQL 语言所提供的命令语句来定义、建立、修改数据表,以及如何用它们来查询、添加、修改、删除数据表中的各种数据等。

2.1 SQL 概述

1. SQL 的主要特点

SQL 功能强大、简单易学、使用方便,具有以下特点:

(1) SQL 是一种高度非过程化的语言,它能对数据提供自动导航。也就是说,用户只需要描述清楚要"做什么",SQL 语言就可以自动完成全部工作。

(2) SQL 是一种一体化的语言,它包括数据定义语言、数据查询语言、数据操纵语言和数据控制语言四部分,可以完成数据库操作中的全部工作。

(3) SQL 语言非常简洁,只有几条命令。另外,SQL 语言可以直接以命令方式在命令窗口中交互使用,也可以嵌入到高级语言(例如 C,C++,Java)程序中使用。

2. SQL 语言的功能

SQL 语言的功能可分为以下三类:

1) 数据定义功能

用户可使用该功能创建、删除数据库,创建、删除数据库表和自由表,并对它们的结构进行修改。该功能所使用的命令动词为 CREATE,DROP 和 ALTER。

2) 数据查询功能

用户可以使用该功能检索表中的数据。该功能所使用的命令动词为 SELECT。

3) 数据操纵功能

用户可使用该功能对表中的记录进行插入、删除、修改操作。该功能所使用的命令动词为 INSERT,UPDATE 和 DELETE。

4) 数据控制功能

用户可以使用该功能对数据表中的数据进行控制操作,其命令动词为 GRANT,REVOKE。

SQL 的 SELECT 语句提供了强大的数据查询功能。本章主要介绍使用 SELECT 语句进行简单查询、连接查询和子查询，并通过学生信息表（Student 表）、学生选课表（Course 表）、课程成绩表（Sc 表）、院系表（Dep 表）这 4 张数据表，给出了大量 SELECT 查询的应用实例。

2.2　SQL 数据定义

2.2.1　创建基本表

当需要某个表时，可以使用 SQL 语言提供的 CREATE TABLE 命令语句来创建表。但是，该命令语句只能创建表的结构，并且创建完成的表只是一个没有数据的空表。其基本语法格式如下：

CREATE TABLE＜表名＞(＜字段名＞＜数据类型＞[{NULL|NOT NULL}]][PRIMARY KEY|UNIQUE] [DEFAULT][,...n])

参数说明：

- CREATE TABLE：语法的关键词，表明是要创建表。
- ＜表名＞：是合法字符，最多可有 128 个字符，如 S,SC,C 等，不允许重名。
- ＜字段名＞：表中所要创建的字段名称。
- ＜数据类型＞：字段的数据类型。
- [NULL|NOT NULL]：允许字段为空或不为空，默认情况下是 NULL。
- [PRIMARY KEY|UNIQUE]：字段设置主键或者字段值唯一。
- [DEFAULT]：DEFAULT 中某字段设置有默认值。当该字段未被输入数据时，则默认值自动填入该字段中。
- [,...n]：表示可以重复前面的内容，即可以同时定义多个字段。

【例 2.1】　使用 CREATE TABLE 命令语句在 Student 数据库中建立一张学生信息表 S。S 表的结构定义如表 2-1 所示。

表 2-1　S 表的结构

字段名称	数据类型	字段长度	是否为 NULL	默认值	是否为主键
SNO	char	8	否		是
SN	varchar	10	否		否
AGE	int	4	是		否
SEX	char	2	是	男	否
DEPT	varchar	20	是		否
Born_date	Datetime	8	是		否

可输入并执行如下命令语句实现：
```
CREATE TABLE S
(SNO char(8)   NOT NULL   PRIMARY KEY,
SN varchar(10) NOT NULL,
AGE int,
SEX char(2) DEFAULT  '男',
```

DEPT varchar(20),

Born_date Datetime

)

说明：SNO 字段作为主键，所以该字段一定要定义为 NOT NULL，且要加上 PRIMARY KEY 以表明要将这一列设置为主键。

2.2.2 修改表结构

创建完数据表后，经常会发现有许多需要修改的地方。可使用 ALTER TABLE 命令语句修改表，且有 ADD，ALTER 和 DROP 这三种修改方式。ALTER TABLE 命令语句的功能包括添加列、删除列、更改列名称及更改列类型和宽度，也可以添加、删除、修改约束等。

1. ADD 方式

（1）ADD 方式用于增加新的字段。它的定义方式与 CREATE TABLE 语句中的定义方式相同。其语法格式如下：

ALTER　TABLE＜表名＞　ADD＜列定义＞

【例 2.2】 使用 ALTER TABLE 语句的 ADD 方式，在 S 表中增加班号（Class）列和邮箱地址（Email：）列，其数据类型分别为 char(6)和 varchar(20)。

可输入并执行如下命令语句实现：

ALTER TABLE　S

ADD Class　char(6)，Email：varchar(20)

注意：使用此方式增加的新列自动填充 NULL 值，所以不能为增加的新列指定 NOT NULL 约束。

（2）ADD 方式用于增加主键约束。其语法格式如下：

ALTER TABLE ＜表名＞　ADD　CONSTRAINT　约束名称

PRIMARY KEY

（

列名[，...]

）

其中，ADD CONSTRAINT 表示增加约束，PRIMARY KEY 表示主键。

【例 2.3】 使用 ALTER TABLE 语句的 ADD 方式，把课程信息表 Course 中的"课程号"设置为主键"cno_1"。

可输入并执行如下命令语句实现：

ALTER TABLE Course ADD CONSTRAINT cno_1

PRIMARY KEY（课程号）

2. ALTER 方式

ALTER 方式用于修改某些列。其语法格式如下：

ALTER TABLE ＜表名＞

ALTER COLUMN ＜列名＞＜数据类型＞[NULL|NOT NULL]

【例 2.4】 使用 ALTER TABLE 语句的 ALTER 方式，将 S 表中的学号列（sno）字段的数据类型改为 varchar(20)。

可输入并执行如下命令语句实现：

ALTER TABLE S

ALTER COLUMN sno varchar(20)

注意，使用此方式有如下一些限制：

（1）不能改变列名。

（2）不能将含有空值的列的定义修改为 NOT NULL 约束。

（3）若列中已有数据，则不能减少该列的宽度，也不能改变其数据类型。

（4）若需要从表中已有数据列派生成新的数据列时，则该列的数据类型不能随意更改。

例如，Sc 表中的"成绩"字段类型为 int 型，若改为 char 型，则在后续操作中需要统计所有课程的总课时量时，系统会提示错误。因此，数据类型更改时要照顾到类型的相容性。

3. DROP 方式

DROP 方式用来删除表中某些列。其语法格式如下：

ALTER TABLE ＜表名＞

DROP COLUMN ＜列名＞

【例 2.5】 使用 ALTER TABLE 语句的 DROP 方式，删除 S 表中的邮箱（Email：）字段。

可输入并执行如下命令语句实现：

ALTER TABLE　S

DROP COLUMN　Email：

2.2.3　删除基本表

当不再需要某个表时，就可以将其删除。删除一个表的同时，表中的数据、结构定义、约束、索引等都将被永久地删除，所以使用删除命令时要慎重。

可以使用 DROP TABLE 命令语句删除表。命令语句的语法格式如下：

DROP TABLE ＜表名＞

【例 2.6】 使用 DROP TABLE 命令语句删除 Student 数据库中的 S 表。

可输入并执行如下命令语句实现：

DROP TABLE S

注意：

（1）当有对象依赖于要删除的表时，则该表就不能被删除。

（2）如果一个表被其他表通过 FOREIGN KEY 约束引用，那么必须先删除定义 FOR-EIGN KEY 约束的表，或删除其 FOREIGN KEY 约束。当没有其他表引用它时，这个表才能被删除；否则，删除操作就会失败。

2.3　基于单表的查询

如果要熟练掌握数据库编程，那么就一定会使用到结构化查询语言 SQL。在 SQL 语言提供的各种语句中，SELECT 查询语句是使用频率最高的一种语句。SELECT 语句具有强大的查询功能，有的用户甚至只需要熟练掌握 SELECT 语句的一部分，就可以轻松地利用数据库来完成自己的工作。可以说,SELECT 语句是 SQL 语言的灵魂。

　　本章将结合具体实例,由浅入深、由简单到复杂地详细介绍 SELECT 查询语句应用。实例所使用的表分别为 Student 表(学生信息表)、Course 表(学生选课表)、Sc 表(课程成绩表)和 Dep 表(院系表),各表中的数据分别如图 2-1～图 2-4 所示。

Student

Sno	Sname	Sex	Dept	Borndate
199901	黄信	男	1	11/16/81
199902	李丽	女	1	03/13/82
199903	王凯	男	2	05/09/83
199904	邓君	男	3	08/06/84
199905	张激洋	女	3	06/08/81
199906	罗小花	女	4	12/28/83
199908	王岩铃	女	2	10/22/83
199909	李丽	女	2	02/24/85

图 2-1　Student 表(学生信息表)的数据

Course

Cno	Cname	Teacher
c1	数据结构	晓寒
c2	C语言	王江
c3	VFP程序设计	陆光
c4	算法设计与分析	宋湘
c5	FLASH制作	蒋发
c6	网络基础	晓寒
c7	系统结构	陆光
c8	操作系统	晓寒

图 2-2　Course 表(学生选课表)的数据

Sc

Sno	Cno	Score
199901	c1	80.0
199901	c4	56.0
199902	c3	23.0
199902	c5	95.0
199903	c1	80.0
199903	c2	87.0
199903	c3	75.0
199904	c1	66.0
199905	c1	83.0
199905	c2	85.0
199906	c4	88.0
199907	c2	99.0
199907	c3	78.0

图 2-3　Sc 表(课程成绩表)的数据

Dep

Dept	Deptname	
1	计算中心	
2	管理学院	
3	法律系	
4	外语学院	
5	计算机学院	
6	经济学院	

图 2-4　Dep 表(院系表)的数据

　　在日常的应用中,最常用到的是对一个表的简单查询。使用 SELECT 命令语句进行简单数据查询的一般语法格式如下:

　　　　SELECT [DISTINCT]　<检索列名表>
　　　　FORM　<表名>
　　　　[WHERE　<谓词>]
　　　　[GROUP BY <列名> [HAVING <谓词>]
　　　　[ORDER BY <列名> [ASC | DESC]];

参数说明:

　　· SELECT 子句:这是 SELECT 命令语句中必须包含的最主要的子句,用户可以使用该子句指定查询的结果集中想要显示的字段。

　　· DISTINCT:它是一个可选项,表明查询的结果可集中消除重复的记录。

　　· <检索列名表>:它指定查询的结果集中想要显示的多个字段。

　　· FORM <表名>:它指定所要查询的表的名称。

　　· WHERE <谓词>:它是一个可选项,指明查询所需要满足的条件。

- GROUP BY ＜列名＞：它是一个可选项，可根据指定列中的值对结果集进行分组。
- HAVING ＜谓词＞：它是一个可选项，用来过滤分组后的信息。它通常与 GROUP BY 子句一起使用。例如

ORDER BY ＜列名＞［ASC ｜ DESC］］

该语句的功能是，对查询结果集中行进行排序，其中 ASC 和 DESC 子句分别用于指定按升序或降序排序。如果省略 ASC 和 DESC，则系统默认为升序。

【例 2.7】 查询 Student 表，显示表中的所有信息。

可输入并执行如下命令语句实现：

SELECT　＊

FROM　student

其中，"＊"表示所查表中的所有字段。查询结果如图 2-5 所示，它显示了 Student 表中的所有信息。

图 2-5　Student 表中的所有信息

2.3.1　查询表中指定字段

一般情况下，用户只对表的一部分字段感兴趣，通过 SELECT 语句，可以"过滤"掉某些字段的数据，而只显示用户需要的数据。

SELECT 子句后面各个字段的先后顺序可以与原表中的顺序不一致，但在结果表中，字段是按照 SELECT 子句后面各个字段的顺序显示的。

【例 2.8】 查询 Student 表，找出并显示表中的学生姓名，性别以及院系号。

可输入并执行如下命令语句实现：

SELECT sname,sex,dept

FROM student

查询结果如图 2-6 所示。

如果要把院系号放在性别前面，则上面的命令语句应改写如下：

SELECT sname,dept,sex

FROM student

查询结果如图 2-7 所示。

2.3.2　使用 DISTINCT 短语消除重复记录

上面介绍的最基本的查询方式会返回从表中搜索到的所有行的记录，而不管数据是否重复。若使用 DISTINCT 关键字短语就能够从返回的结果数据集中删除重复的行，使返回的结

Sname	Sex	Dept
黄信	男	1
李丽	女	1
王凯	男	2
邓君	男	3
张敏洋	女	3
罗小花	女	4
王岩铃	女	2
李丽	女	2

图 2-6　表中的学生姓名、性别及院系号

Sname	Dept	Sex
黄信	1	男
李丽	1	女
王凯	2	男
邓君	3	男
张敏洋	3	女
罗小花	4	女
王岩铃	2	女
李丽	2	女

图 2-7　表中的学生姓名、院系号及性别

果更加简洁。

【例 2.9】　查询 Sc 表,找出并显示选修了 c1 或者 c2 课程的学生学号。

可输入并执行如下命令语句实现:

SELECT　DISTINCT sno

FROM sc

WHERE cno$=$'c1' or cno$=$'c2'

查询结果如图 2-8 所示。

Sno	
199901	
199903	
199904	
199905	
199907	

图 2-8　选修了 c1 或者 c2 课程的学生学号

结果中的 Sno 数据可以与 Sc 表中的 Sno 数据作个对比,则会发现:有的学生既选修了 c1 课程又选修了 c2 课程,但是查询结果集中,只显示了一个学号,这是因为 DISTINCT 短语将重复的学号删除了。

2.3.3　使用别名

在显示结果时,可以指定别名代替原来的字段名称,并有以下三种格式:

(1)"字段名　as　别名"格式。

(2)"字段名　别名"格式。

(3)"别名＝字段名"格式。

注意:别名可以采用单引号括起来,也可以不用。

【例 2.10】　查询 Student 表,找出和显示表中所有学生的学号、姓名、性别,并要求在结果集中显示"学号"、"姓名"、"性别"字样。

可输入并执行如下命令语句实现:

SELECT sno as 学号,sname 姓名,sex 性别

FROM student

查询结果如图 2-9 所示。

学号	姓名	性别	
199901	黄信	男	
199902	李丽	女	
199903	王凯	男	
199904	邓君	男	
199905	张激洋	女	
199906	罗小花	女	
199908	王岩铃	女	
199909	李丽	女	

图 2-9　学生的学号、姓名、性别

2.3.4　使用 WHERE 子句选择记录

SQL 是一种集合处理语言,所以数据修改和数据检索语句将会对表中的所有记录(行)起作用,除非使用 WHERE 子句来限定查询的范围。WHERE 子句由条件表达式组成,既可以包含简单字段名和算术表达式,也可以包含简单常数。

查询条件可以包含多个谓词,每个谓词都是一个表达式,检查一个和多个表达式,并返回 TRUE 或 FALSE。可以应用 AND 和 OR 这两个逻辑运算符将多个谓词连在一起组成一个查询条件。

注意:WHERE 子句必须紧跟在 FROM 子句之后。

【例 2.11】　查询 Student 表,找出并显示表中性别为女生的学号、姓名、性别、院系号。

可输入并执行如下命令语句实现:

SELECT sno,sname,sex,dept

FROM student

WHERE sex='女'

查询结果如图 2-10 所示。

Sno	Sname	Sex	Dept	
199902	李丽	女	1	
199905	张激洋	女	3	
199906	罗小花	女	4	
199908	王岩铃	女	2	
199909	李丽	女	2	

图 2-10　女生的学号、姓名、院系号

Sno	Cno	Score	
199901	c1	80.0	
199902	c5	95.0	
199903	c1	80.0	
199903	c2	87.0	
199903	c3	75.0	
199904	c1	66.0	
199905	c1	83.0	
199905	c2	85.0	
199906	c4	88.0	
199907	c2	99.0	
199907	c3	78.0	

图 2-11　所有及格的学号、课程号、成绩

【例 2.12】　查询 Sc 表,找出并显示表中所有及格的学号、课程号、成绩。

可输入并执行如下命令语句实现:

SELECT sno,sno,score

FROM sc

WHERE score>=60

查询结果如图 2-11 所示。

【例 2.13】　查询 Student 表,找出并显示表中院系号为"2"的全部女生信息。

可输入并执行如下命令语句实现：

SELECT *

FROM student

WHERE dept＝′2′ and sex＝′女′

查询结果如图 2-12 所示。

Sno	Sname	Sex	Dept	Borndate
199908	王岩铃	女	2	10/22/83
199909	李丽	女	2	02/24/85

图 2-12　院系号为"2"的全部女生信息

2.3.5　使用通配符和特殊运算符查询

1. 使用 LIKE 短语的查询

在实际应用中，用户有时候不能给出精确的查询条件，因此经常要根据一些不确定的信息来进行查询（此时亦称检索）。SQL 语言中的字符匹配运算符 LIKE 进行字符串的匹配运算，可以实施模糊查询。一般地说，LIKE 谓词呈如下形式：

**　　　<列名>　LIKE <字符串常量>**

LIKE 通常与通配符配合使用。SQL 提供了以下 4 种通配符：

％：表示从 0 个到 n 个任意字符。

_ ：表示一个任意字符。

［］：表示方括号里列出的任意一个字符。如［A～N］，表示在指定范围 A～N 内的单个字符。

［^］：表示任意一个没有在方括号里列出的字符。如［^X～^Z］，表示不在指定范围 X～Z 内的单个字符。

注意：

（1）在使用通配符时，一个汉字也算一个字符。

（2）当使用 LIKE 进行字符串比较时，模糊字符串中所有字符都有意义，包括起始和尾随空格。

【例 2.14】　查询 Student 表，找出并显示表中张姓学生的资料。

可输入并执行如下命令语句实现：

SELECT *

FROM student

WHERE sname LIKE ′张％′

查询结果如图 2-13 所示。

Sno	Sname	Sex	Dept	Borndate
199905	张骏洋	女	3	06/08/81

图 2-13　表中张姓学生的资料

【例 2.15】　查询 Student 表,找出并显示表中非张姓学生的资料。

可输入并执行如下命令语句实现:

SELECT　*

FROM student

WHERE sname　not LIKE '张%'

查询结果如图 2-14 所示。

Sno	Sname	Sex	Dept	Borndate
199901	黄信	男	1	11/16/81
199902	李丽	女	1	03/13/82
199903	王凯	男	2	05/09/83
199904	邓君	男	3	08/06/1984
199906	罗小花	女	4	12/28/83
199908	王岩铃	女	2	10/22/83
199909	李丽	女	2	02/24/85

图 2-14　表中非张姓学生的资料

【例 2.16】　查询 Student 表,找出并显示表中姓名第 2 个字为"丽"的学生信息。

可输入并执行如下命令语句实现:

SELECT　*

FROM student

WHERE sname　LIKE '_丽%'

查询结果如图 2-15 所示。

Sno	Sname	Sex	Dept	Borndate
199902	李丽	女	1	03/13/82
199909	李丽	女	2	02/24/85

图 2-15　表中姓名第 2 个字为"丽"的学生信息

2. 使用 BETWEEN…AND 短语的查询

使用范围运算符"BETWEEN… AND…"和"NOT BETWEEN…AND…"可以查找属性值在(或不在)指定范围内的记录。其中,BETWEEN 后是范围的下限(即起始值),AND 后是范围的上限(即终止值),其格式如下:

列表达式 [NOT] BETWEEN　起始值　AND　终止值

【例 2.17】　查询 Student 表,找出并显示表中出生年月在 1982~1984 年之间的学生姓名、学号和出生年月。

可输入并执行如下命令语句实现:

SELECT sname,sno,borndate

FROM student

WHERE borndate BETWEEN '1982-01-01' AND '1984-01-01'

查询结果如图 2-16 所示。

还可以使用 NOT BETWEEN 查找。

【例 2.18】　查询 Student 表,找出并显示表中出生年月不在 1982~1984 年之间的学生姓名、学号和出生年月。

Sname	Sno	Borndate	
李丽	199902	03/13/82	
王凯	199903	05/09/83	
罗小花	199906	12/28/83	
王岩铃	199908	10/22/83	

图 2-16　出生年月在 1982~1984 年之间的学生姓名、学号和出生年月

可输入并执行如下命令语句实现：

SELECT sname,sno,borndate

FROM student

WHERE borndate　NOT BETWEEN ′1982-01-01′ AND ′1984-01-01′

执行结果如图 2-17 所示。

Sname	Sno	Borndate	
黄信	199901	11/16/81	
邓君	199904	08/06/84	
张教洋	199905	06/08/81	
李丽	199909	02/24/85	

图 2-17　出生年月不在 1982~1984 年之间的学生姓名、学号和出生年月

3．使用 IN 的查询

IN 关键字的使用同样是为了更方便地限制查询数据的范围。使用 IN 是检索一个表达式是不是在有给定值的列表中，该列表由一个或多个值确定。IN 关键字允许用户选择与列表中值相匹配的行，其指定项必须用括号括起来，并用逗号隔开，表示"或"的关系。NOT IN 表示的含义正好相反。

【例 2.19】　查询 Student 表，找出并显示 2 院系和 4 院系的全部学生信息。

可输入并执行如下命令语句实现：

SELECT *

FROM student

WHERE dept IN (′2′,′4′)

查询结果如图 2-18 所示。

Sno	Sname	Sex	Dept	Borndate	
199903	王凯	男	2	05/09/83	
199906	罗小花	女	4	12/28/83	
199908	王岩铃	女	2	10/22/83	
199909	李丽	女	2	02/24/85	

图 2-18　2 院系和 4 院系的全部学生信息

IN 谓词等价于各个比较项目用 OR 连起来的谓词形式。上面的命令语句可写成如下的等价形式：

SELECT *

FROM student

WHERE dept＝′2′ OR　dept＝′4′

同时，也可以使用 NOT IN，读者可自行得出它的运行结果。

4. 包含空值的查询

一般情况下,表的每一列都有其存在的意义,但有时某些列可能暂时没有确定的值,这时,用户可以不输入该列的值,那么该列的值就为 NULL(空值)。NULL 和 0 或空格是不一样的,空值是用来判断指定的列值是否非空。

【例 2.20】　查询 Sc 表,找出并显示成绩为空的信息。

可输入并执行如下命令语句实现:

```
SELECT  *
FROM sc
WHERE score  is  NULL
```

2.3.6　使用聚合函数

SQL 提供有 5 种统计函数,以增强其基本检索功能。聚合函数能对集合中的一组数据进行计算,并返回单个计算结果,通常和 SELECT 语句中的 GROUP BY 子句一起使用。它们是 count,sum,avg,max 和 min。除 count(*)这个特殊情况外,其他函数均是对表中某列的一组值进行处理并产生单一值作为其结果。另外,除了 count 函数之外,聚合函数忽略空值。现定义如下:

count　统计列中值的个数。

sum　统计列中值之和。

avg　统计列中值的平均值。

max　统计列中最大值。

min　统计列中最小值。

sum 和 avg 函数中的列必须是数值型。一般地说,如果要消除冗余的重复值,可以在函数的变元之前冠以 DISTINCT。对于 max 函数和 min 函数来说,就无需 DISTINCT,而对于 count 函数则必须规定 DISTINCT,但 count(*)例外。如果规定 DISTINCT,则变元只能是一个列名;如果不规定 DISTINCT,则变元可以是一个算术表达式。

1. count 函数

count 函数的功能是统计记录个数。若使用[DISTINCT],表明不统计重复的记录。统计表中的所有记录数,通常用 count(*)表示;如果要统计某个字段不重复的记录个数,则应指定该字段的字段名,并且一般用 count(DISTINCT 字段名)。

【例 2.21】　查询 Sc 表,统计并显示选修了课程的学生人数。

可输入并执行如下命令语句实现:

```
SELECT count(DISTINCT sno)
FROM   sc
```

执行结果如图 2-19 所示。

【例 2.22】　查询 Student 表,统计并显示 1983 年以后(含 1983 年)出生的学生人数。

可输入并执行如下命令语句实现:

```
SELECT count( * ) as 学生人数
FROM   student
```

WHERE YEAR(borndate)>=1983

执行结果如图 2-20 所示。

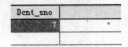

图 2-19　选修了课程的学生人数　　　　　　图 2-20　1983 年以后(含 1983 年)出生的学生人数

2. sum 函数

sum 函数用于求表达式中所有项的总和。

【例 2.23】　查询 Sc 表,并计算和显示表中所有学生选课成绩的总分。

可输入并执行如下命令语句实现:

SELECT　sum(score)　as 总分

FROM　sc

执行结果如图 2-21 所示。

3. avg 函数

avg 函数用于求表达式中所有项的平均值。

【例 2.24】　查询 Sc 表,计算并显示所有学生选课成绩的平均分。

可输入并执行如下命令语句实现:

SELECT　avg(score)　as 平均分

FROM　sc

执行结果如图 2-22 所示。

总分
995.0

平均分
76.54

图 2-21　所有学生选课成绩的总分　　　　　　图 2-22　所有学生选课成绩的平均分

4. max 和 min 函数

max 和 min 函数分别用于查询表达式中所有项的最大值与最小值。

【例 2.25】　查询 Student 表,找出并显示年龄最大和最小学生的出生日期。

可输入并执行如下命令语句实现:

SELECT min(borndate) as 年龄最大,max(borndate) as 年龄最小

FROM　student

执行结果如图 2-23 所示。

年龄最大	年龄最小
06/08/1981	02/24/85

图 2-23　年龄最大和最小学生的出生日期

注意:出生日期越大,年龄则越小。

2.3.7 使用 ORDER BY 排序

如果查询的最终结果需要排序,可以使用 ORDER BY 排序短语完成。排序短语的格式如下:

    ORDER BY<字段名 1>|<列号 1>[ASC|DESC],<字段名 2>|<列号 2>[ASC|DESC]…

功能:依据查询结果中的<字段名>或<列号>排序后输出。ASC 表示升序,是默认值。DESC 表示降序。另外,查询结果可以依据多个<字段名>或<列号>排序,并首先依据<列名 1>或<列号 1>排序。当记录数据相同时,则依据<字段名 2>或<列号 2>排序。

说明:

(1) <字段名>指查询结果中字段的标题名,只能是 SELECT 子句后的字段名或标题名,但不能为表达式;<列号>指字段在查询结果中所处的列数。

(2) ORDER BY 是对最终的查询结果进行排序,所以只能在主查询中使用该短语。

【例 2.26】 查询 Student 表,按学号的降序显示所有学生的信息。

可输入并执行如下命令语句实现:

SELECT *

FROM student

ORDER BY sno DESC

执行结果如图 2-24 所示。

Sno	Sname	Sex	Dept	Borndate
199909	李丽	女	2	02/24/85
199908	王岩铃	女	2	10/22/83
199906	罗小花	女	4	12/28/83
199905	张敏洋	女	3	06/08/81
199904	邓君	男	3	08/06/84
199903	王凯	男	2	05/09/83
199902	李丽	女	1	03/13/82
199901	黄信	男	1	11/16/81

图 2-24 按学号降序排序的所有学生信息

【例 2.27】 查询 Student 表,按序显示表中所有学生的信息,结果按院系号的升序排序,院系号相同时按出生日期的降序排序。

可输入并执行如下命令语句实现:

SELECT *

FROM student

ORDER BY dept,borndate DESC

查询结果如图 2-25 所示。

说明:查询结果先依据 Dept 升序排序;院系号相同时,再将相同院系号的记录依据 borndate 降序排序。

【例 2.28】 查询 Student 表,按序列出所有学生的姓名、年龄(结果按年龄的降序排序)。

可输入并执行如下命令语句实现:

Sno	Sname	Sex	Dept	Borndate	
199902	李丽	女	1	03/13/82	
199901	黄信	男	1	11/16/81	
199909	李丽	女	2	02/24/85	
199908	王岩铃	女	2	10/22/83	
199903	王凯	男	2	05/09/83	
199904	邓君	男	3	08/06/84	
199905	张激洋	女	3	06/08/81	
199906	罗小花	女	4	12/28/83	

图 2-25　按院系号升序排序(院系号相同时按出生日期降序排序)的所有学生信息

SELECT sname,YEAR(getdate( ))-YEAR(borndate) as 年龄

FROM student

ORDER　BY 年龄 DESC

查询结果如图 2-26 所示。

黄信	28
张激洋	28
李丽	27
王凯	26
罗小花	26
王岩铃	26
邓君	25
李丽	24

图 2-26　按年龄降序排序的学生姓名及年龄

如前所述,"顺序"可以是升序 ASC 或降序 DESC,缺省值为 ASC。在 ORDER BY 子句中,也可以用列号代替列名。这里,列号指的是结果列的顺序(从左到右)。

【例 2.29】　查询 Student 表,找出并按序显示所有学生的学号、姓名、出生日期,结果按出生日期的降序排序。

可输入并执行如下命令语句实现:

SELECT sno,sname,borndate

FROM student

ORDER　BY 3 DESC

其中,3 指的是结果表的第 3 列,即出生日期。

查询结果如图 2-27 所示。

Sno	Sname	Borndate	
199909	李丽	02/24/85	
199904	邓君	08/06/84	
199906	罗小花	12/28/83	
199908	王岩铃	10/22/83	
199903	王凯	05/09/83	
199902	李丽	03/13/82	
199901	黄信	11/16/81	
199905	张激洋	06/08/81	

图 2-27　按出生日期降序排序的所有学生的学号、姓名、出生日期

2.3.8　使用 GROUP BY 分组

在某一字段中,往往包含有不同类别的数据值,如果需要对不同类别的值进行分类计算,则可使用分组短语进行操作。分组短语的格式如下:

　　　GROUP　BY　＜字段名＞|＜列号1＞　［HAVING　＜条件＞］

功能:该短语表明查询结果是依据什么字段分组得到的,字段值相同的记录作为一组。该短语经常用于求和、求平均值、求最大值、求最小值等查询命令中。HAVING＜条件＞选项给出了分组结果的筛选条件,即只有符合条件的分组项才会在查询结果中显示出来。

【例 2.30】　查询 Sc 表,列出学生各门课程成绩的平均分。

可输入并执行如下命令语句实现:

SELECT cno,avg(score) as 平均分

FROM　sc

GROUP　BY cno

查询结果如图 2-28 所示。

Cno	平均分	
c1	77.25	
c2	90.33	
c3	58.67	
c4	72.00	
c5	95.00	

图 2-28　学生各课成绩的平均分

【例 2.31】　查询 Sc 表,找出并按序显示每个学生选修的课程门数和最高成绩,结果按最高成绩的升序排序。

可输入并执行如下命令语句实现:

SELECT sno,count(*) as 课程门数,max(score) AS 最高成绩

FROM　sc

GROUP　BY sno

ORDER　BY　最高成绩

查询结果如图 2-29 所示。

Sno	课程门数	最高成绩	
199904	1	66.0	
199901	2	80.0	
199905	2	85.0	
199903	3	87.0	
199906	1	88.0	
199902	2	95.0	
199907	2	99.0	

图 2-29　按最高成绩升序排序的每个学生选修的课程门数和最高成绩

【例 2.32】　查询 Sc 表,找出并显示选课人数在 3 人以上的各课程号和相应的上课人数。

可输入并执行如下命令语句实现:

SELECT cno,count(*) as 上课人数

FROM　sc

GROUP　BY cno

HAVING COUNT(*)＞＝3

查询结果如图 2-30 所示。

【例 2.33】　查询 Sc 表,统计并显示至少被选修了 2 次的课程的总成绩,但不统计不及格的成绩。

Cno	上课人数	
c1	4	
c2	3	
c3	3	

图 2-30　选课人数在 3 人以上的各课程号和相应的上课人数

可输入并执行如下命令语句实现：

SELECT cno,SUM(score) as 总成绩

FROM　sc

WHERE score>＝60;

GROUP　BY　cno

HAVING COUNT(*)>＝2

查询结果如图 2-31 所示。

Cno	总成绩	
c1	309.0	
c2	271.0	
c3	153.0	

图 2-31　至少被选修了 2 次的课程的总成绩（但不统计不及格的成绩）

说明：

（1）当在查询要求中含有"各"、"每"字时，一般要用到分组子句。

（2）在使用分组子句时，SELECT 子句中一般只能有分组字段和统计函数。

（3）分组字段可以是数据源或查询结果中的字段名，或字段表达式，也可以是查询结果中的列号。

（4）WHERE<条件>和 HAVING<条件>都是对条件的限定，但它们所限定的范围不同。WHERE<条件>是对整个查询的条件限定，限定哪些记录可参与查询。HAVING<条件>是对分组条件的限定，在使用时必须有 GROUP　BY 语句，是对分组结果进行筛选。

（5）WHERE<条件>的条件中不能含有统计函数，而 HAVING<条件>的条件中通常都含有统计函数。

2.3.9　使用 TOP 短语

当查询结果的数据量非常庞大而又没有必要对所有数据进行浏览时，可使用 TOP 短语限定显示记录的范围，这样可以大大减少查询的时间。TOP 短语的格式如下：

　　　TOP　n　[PERCENT]

功能："TOP　n"显示排序结果中的前 n 条记录。当有多条记录的值与最后一条记录同值时，这几条记录一起显示。

"TOP　n　PERCENT"显示排序结果中的前 $n\%$ 条记录。如果记录数的 $n\%$ 为小数，则取大于它（记录数乘以 $n\%$）的最小整数个记录。

【例 2.34】　查询成绩 Sc 表，找出并显示成绩为前 6 名的的学生记录。

可输入并执行如下命令语句实现：

SELECT TOP 6　*

```
FROM    sc
ORDER   BY score desc
```

查询结果如图 2-32 所示。

Sno	Cno	Score
199907	c2	99.0
199902	c5	95.0
199906	c4	88.0
199903	c2	87.0
199905	c2	85.0
199905	c1	83.0

图 2-32　成绩表中成绩为前 6 名的学生记录

【例 2.35】 查询 Sc 表,找出并显示选修课成绩最低的 20%的学生学号、课程号和成绩。

可输入并执行如下命令语句实现:

```
SELECT TOP 20 PERCENT sno,cno,score
FROM sc
ORDER   BY score
```

查询结果如图 2-33 所示。

Sno	Cno	Score
199902	c3	23.0
199901	c4	56.0
199904	c1	66.0

图 2-33　选修课成绩最低的 20%的学生学号、课程号和成绩

2.4　基于多表的连接查询

前面主要讨论了如何解决基于单个表的查询问题。而在现实生活中,经常需要对多个表中的数据同时进行查询,这时就会用到连接查询。下面主要介绍连接查询的操作方法和基本应用。多表的连接查询主要分为等值连接查询、内连接查询、外连接查询和自身连接查询。

2.4.1　等值连接查询

涉及多个表的查询称为多表查询。在多表查询中,数据源涉及多个表,因而在 WHERE 语句中必须有多表之间的连接条件,因此查询语句格式也应作以下相应的变化:

SELECT <表达式 1> [[AS]<列名 1>],<表达式 2> [[AS] <列名 2>],……;
FROM <表名 1>,<表名 2>,……;
[WHERE <连接条件及查询条件>]

说明:

(1) 在 SELECT 子句中,如果涉及的表达式在多个表中都有,则需要注明结果中的该表达式所从属的表名。说明格式为"表名.字段名"。

(2) FROM <表名 1>,<表名 2>,……:指定为查询提供数据源的各个表。

(3) WHERE <连接条件及查询条件>:给出表与表之间的连接条件和查询条件。连接

条件一般是不同表的相同字段名或者相同值域的字段名相等。

（4）连接时的执行过程是：从＜表名 1＞中的第 1 条记录开始，用指定字段名的值与＜表名 2＞中每条记录中指定字段名的值依次比较，如果相等就组成一条新记录放在查询结果中，直到＜表名 1＞中的所有记录比较完为止。

【例 2.36】　查询 Student 表和 Sc 表，列出所有学生的学号、姓名、院系号和成绩。

可输入并执行如下命令语句实现：

SELECT student. sno,sname,dept,score

FROM student,sc

WHERE sc. sno＝student. sno

查询结果如图 2-34 所示。

Sno	Sname	Dept	Score
199901	黄信	1	80.0
199901	黄信	1	58.0
199902	李丽	1	23.0
199902	李丽	1	95.0
199903	王凯	2	75.0
199903	王凯	2	87.0
199903	王凯	2	80.0
199904	邓君	3	66.0
199905	张敏洋	3	83.0
199905	张敏洋	3	85.0
199906	罗小花	4	88.0

图 2-34　所有学生的学号、姓名、院系号和成绩

【例 2.37】　查询 Student 表和 Sc 表，列出选修了 c2 课程且成绩不低于 80 分的学生学号、姓名、出生日期和成绩。

可输入并执行如下命令语句实现：

SELECT　student. sno,sname,borndate

FROM student,sc

WHERE cno＝′c2′ AND score＞＝80 AND　student. sno＝sc. sno

查询结果如图 2-35 所示。

Sno	Sname	Borndate
199903	王凯	05/09/83
199905	张敏洋	06/08/81

图 2-35　选修了 c2 课程且成绩不低于 80 分的学生学号、姓名、出生日期和成绩

【例 2.38】　查询 Student 表和 Sc 表，找出并且显示选修了"C 语言"的学生学号、姓名和成绩。

可输入并执行如下命令语句实现：

SELECT student. sno,sname,score

FROM student,sc,course

WHERE cname＝″C 语言″ AND(sc. cno＝course. cno and student. sno ＝sc. sno)

查询结果如图 2-36 所示。

Sno	Sname	Score
199905	张澈洋	85.0
199903	王凯	87.0

图 2-36　选修了"C 语言"的学生学号、姓名和成绩

说明：

（1）如果涉及 n 个表的查询,那么需要写出 $n-1$ 个连接条件,并且所有连接条件要作为一个整体,用括号括起来。

（2）如果需要显示的字段在多个表中具有相同的字段名,则必须在字段名前指明选取的表名。

（3）如果在相同的字段名前没有指定提取字段的表名,则系统会出现"字段名不唯一"的提示。

2.4.2　内连接查询

前面介绍的多表之间的连接,基本上都是指的等值连接和自然连接。这类连接的特点是只有满足连接条件,相应的结果才会在查询结果中出现。但在实际应用的查询中,可能需要一个表中的所有记录以及另一个表中满足条件或不满足条件的记录,此时就需要用到超连接查询。

超连接有 4 种连接类型,即内连接(普通连接)、左外连接、右外连接和全外连接。不同类型的连接所得到的结果虽不同,但其基本思想都是：首先保证两个表中满足连接条件的元组连接成一条新记录并放在查询结果中;如果结果中有不满足连接条件的记录,则来自另一个表的相应属性值设置为不确定值(NULL)。

本小节只讨论内连接,其他三种连接均在下一节再介绍。

内连接的具体连接形式可以通过如下格式的语句命令实现：

　　　　FROM　＜表名 1＞　INNER JOIN　＜表名 2＞　ON　连接条件

功能：将"表 1"和"表 2"依据连接条件建立关系。

"INNER JOIN"可以简写为 JOIN,是普通连接,在 VFP 中又称为内连接。即两个表中只有满足连接条件的记录才出现在查询结果中。

【例 2.39】　查询 Student 表和 Dep 表,找出并显示全部学生的学号、姓名、院系号和来自于同一院系的教师的任课情况。

可输入并执行如下命令语句实现：

SELECT sno,sname,student. dept,dep. *

FROM student　JOIN　dep　ON　student. dept＝dep. dept

查询结果如图 2-37 所示。从结果中可以看出,内连接就是等值连接,所以该命令语句可等价于以下的命令语句：

SELECT sno,sname,student. dept,dep. *

FROM student,dep WHERE student. dept＝ dep. dept

该命令语句的执行结果如图 2-37 所示。

Sno	Sname	Dept_a	Dept_b	Deptname
199901	黄信	1	1	计算中心
199902	李丽	1	1	计算中心
199903	王凯	2	2	管理学院
199904	邓君	3	3	法律系
199905	张激洋	3	3	法律系
199906	罗小花	4	4	外语学院
199908	王岩铃	2	2	管理学院
199909	李丽	2	2	管理学院

图 2-37　学生的学号、姓名、院系号和来自于同一院系的教师的任课情况

2.4.3　外连接查询

在内连接中,必须是两个表中相匹配的记录才能在结果集中显示。若一个表中有,而另外一个表中没有,则不能显示在内连接结果中。此时,可以用外连接实现这样的记录。外连接只限一个表,对另一个表不加限制。外连接分为左外连接、右外连接、全外连接。

1. 左外连接

左外连接除了满足连接条件的记录出现在查询结果中外,左表中不满足连接条件的记录也将出现在查询结果中。若右表没有满足条件的记录,则相应记录的字段值置为 NULL。

左外连接的具体连接形式可以通过如下格式的命令语句实现:

　　　SELECT　＜字段名表＞

　　　FROM　＜表名 1＞　LEFT JOIN ＜表名 2＞　ON　连接条件

【例 2.40】　使用左外连接查询 Student 表与 Sc 表,找出并显示学生学号、姓名、课程号和成绩情况。

可输入并执行如下命令语句实现:

SELECT student. sno,sname,sc. sno,cno,score

FROM　student LEFT JOIN　sc　ON　student. sno＝sc. sno

查询结果如图 2-38 所示。

Sno_a	Sname	Sno_b	Cno	Score
199901	黄信	199901	c1	80.0
199901	黄信	199901	c4	56.0
199902	李丽	199902	c3	23.0
199902	李丽	199902	c5	95.0
199903	王凯	199903	c1	80.0
199903	王凯	199903	c2	87.0
199903	王凯	199903	c3	75.0
199904	邓君	199904	c1	66.0
199905	张激洋	199905	c1	83.0
199905	张激洋	199905	c2	85.0
199906	罗小花	199906	c4	88.0
199908	王岩铃	.NULL.	.NUL	NULL.
199909	李丽	.NULL.	.NUL	NULL.

图 2-38　用左外连接查询的学生学号、姓名、课程号及成绩

从图 2-38 中可以发现,虽然最后两个学生"王岩铃"和"李丽"没有选修课程,即这两条记录都不符合连接条件,但也显示在查询结果中,并且该记录在 Sc 表中的相应字段全部为 NULL 值。

2. 右外连接

右外连接与左外连接相似,即除了满足连接条件的记录出现在查询结果中外,右表中不满足连接条件的记录也将出现在查询结果中。若左表没有满足条件的记录,则相应记录的字段值置为 NULL。

右外连的具体连接形式可以通过如下格式的命令语句实现:

SELECT　＜字段名表＞

FROM　＜表名 1＞　RIGHT JOIN ＜表名 2＞　ON　连接条件

注意:右外连接与左外连接只是表的顺序不一样,若把左外连接中表的顺序变一下,再使用右外连接,则其结果是相同的。

【例 2.41】　使用右外连接查询 Student 表与 Sc 表,找出并显示学生的学号、姓名、课程号和成绩情况。

可输入并执行如下命令语句实现:

SELECT student. sno,sname,sc. sno,cno,score

FROM　student RIGHT JOIN　sc　ON　student. sno＝sc. sno

查询结果如图 2-39 所示。

Sno_a	Sname	Sno_b	Cno	Score
199901	黄信	199901	c1	80.0
199901	黄信	199901	c4	56.0
199902	李丽	199902	c3	23.0
199902	李丽	199902	c5	95.0
199903	王凯	199903	c1	80.0
199903	王凯	199903	c2	87.0
199903	王凯	199903	c3	75.0
199904	邓君	199904	c1	66.0
199905	张敫洋	199905	c1	83.0
199905	张敫洋	199905	c2	85.0
199906	罗小花	199906	c4	88.0
NULL	NULL	199907	c2	99.0
NULL	NULL	199907	c3	78.0

图 2-39　用右外连接查询的学生学号、姓名、课程号及成绩

从图 2-39 中可以发现,学生表中没有"199908"同学,即这条记录都不符合连接条件,但也显示在查询结果中,并且该记录在 Student 表中的相应字段全部为 NULL 值。

3. 全外连接

全外连接相当于先进行左外连接,再进行右外连接的综合连接,即取左表的全部记录,按指定条件与右表满足条件的记录进行连接。若右表没有满足条件的记录,则相应记录的字段值置为 NULL。再将右表不满足条件的记录列出,则左表不符合条件的相应记录的字段值置为 NULL。即除了满足连接条件的记录出现在查询结果中外,两个表中不满足连接条件的记录也将出现在查询结果中。

全外连接的具体连接形式可以通过如下格式的命令语句实现：

　　SELECT　＜字段名表＞

　　FROM　＜表名 1＞ FULL JOIN ＜表名 2＞　ON　连接条件

【例 2.42】　使用全外连接查询 Student 表与 Sc 表，找出并显示学生学号、姓名、课程号和成绩情况。

可输入并执行如下命令语句实现：

SELECT student. sno,sname,sc. sno,cno,score

FROM　student FULL JOIN　sc　ON　student. sno＝sc. sno

查询结果如图 2-40 所示。

Sno_a	Sname	Sno_b	Cno	Score
199901	黄信	199901	c1	80.0
199901	黄信	199901	c4	56.0
199902	李丽	199902	c3	23.0
199902	李丽	199902	c5	95.0
199903	王凯	199903	c1	80.0
199903	王凯	199903	c2	87.0
199903	王凯	199903	c3	75.0
199904	邓君	199904	c1	66.0
199905	张澈洋	199905	c1	83.0
199905	张澈洋	199905	c2	85.0
199906	罗小花	199906	c4	88.0
.NULL.	.NULL.	199907	c2	99.0
.NULL.	.NULL.	199907	c3	78.0
199908	王岩铃	.NULL.	.NUl	NULL.
199909	李丽	.NULL.	.NUl	NULL.

图 2-40　用全外连接查询的学生学号、姓名、课程号及成绩

　　从 2-41 图中可以发现，虽然最后两个学生"王岩铃""李丽"没有选修课程，学生表中没有"199908"同学，即这两条记录都不符合连接条件，但是也显示在查询结果中。

2.4.4　自身连接查询

　　SQL 不仅可以对多个表进行连接查询，还可以对同一表与其自身进行连接查询。自连接就是一个表与它自身的不同行进行连接。因为表名要在 FROM 子句后出现两次，所以需要对表指定两个别名，使之在逻辑上成为两张表。

【例 2.43】　使用自身连接查询 Student 表，找出并显示表中同名同姓的学生信息。

可输入并执行如下命令语句实现：

SELECT a. *

FROM student a,student b

WHERE a. sname ＝b. sname and a. sno＜＞b. sno

查询结果如图 2-41 所示。

Sno	Sname	Sex	Dept	Borndate
199909	李丽	女	2	02/24/85
199902	李丽	女	1	03/13/82

图 2-41　用自身连接查询同名同姓的学生信息

说明:查询时,利用别名技术可以将 Student 看作是两张同样的表之间的查询,一张表为(a),另一张表为(b),然后根据课程之间的关系把它们连接在一起。

此时的查询结果如图 2-42 所示。

图 2-42　自身连接时使用的两张表

2.5　子　查　询

本节讨论子查询或嵌套 SELECT。概略地说,子查询就是一个 SELECT-FROM-WHERE 表达式嵌套在另一个这样的表达式中。即:一条 SELECT 语句作为另一条 SELECT 语句的一部分,包含子查询的外层 SELECT 语句称为主查询或外部查询,而内层的 SELECT 语句则称为子查询或内部查询。

一个子查询还可以嵌套任意数量的子查询,但子查询必须用圆括号括起来。子查询能将比较复杂的查询分解为几个简单的查询。嵌套查询的过程是,首先执行内部查询,它查询出来的数据并不被显示出来,而是传递给外层语句,并作为外层语句的查询条件来使用。

子查询分为单值嵌套子查询、多值嵌套子查询、相关子查询。下面分别介绍这三种子查询。

2.5.1　单值嵌套子查询

不论是单值嵌套子查询还是多值嵌套子查询,其执行都不依赖于外部查询。它们的执行过程是,先执行子查询(只执行一次),其结果不显示出来,仅将子查询的一个单值或一列多值作为外部查询的条件使用,然后执行外部查询并显示查询结果。

单值嵌套子查询通过统计函数或者 WHERE 条件可以得到单个值,外部查询可以在条件表达式中使用该值进行比较运算。

【例 2.44】　查询 Student 表,找出并显示与“王岩铃”同一个院系的学生的信息。

可输入并执行如下命令语句实现:

SELECT　*

FROM　student

WHERE dept=(SELECT　dept FROM student WHERE sname='王岩铃')

查询结果如图 2-43 所示。

说明:“王岩铃”所在的院系不知道,因而“同一个院系”的条件不能直接给出,只有用嵌套查询。首先在子查询中找出“王岩铃”所在的院系号是“2”,然后在主查询中查找院系号是“2”的所有学生的信息。

Sno	Sname	Sex	Dept	Borndate
199903	王凯	男	2	05/09/83
199908	王岩铃	女	2	10/22/83
199909	李丽	女	2	02/24/85

图 2-43　与"王岩铃"同一个院系的学生的信息

【例 2.45】　查询 Sc 表,找出并显示选修了"C 语言"课程的学生的成绩。

可输入并执行如下命令语句实现:

Select sno,score

from　sc

where cno=(select　cno　from　where　cname ='C 语言')

查询结果如图 2-44 所示。

Sno	Score
199903	87.0
199905	85.0
199907	99.0

Sname	Borndate
黄信	11/16/81
李丽	03/13/82
张激洋	06/08/81

图 2-44　选修了"C 语言"课程的学生的成绩　　　　图 2-45　表中大于平均年龄的学生姓名和出生日期

【例 2.46】　查询 Student 表,找出并显示大于平均年龄的学生姓名和出生日期。

可输入并执行如下命令语句实现:

SELECT sname,borndate

FROM　student

WHERE (year(getdate())-year(borndate))>

(SELECT AVG(year(getdate())-year(borndate)) FROM student)

查询结果如图 2-45 所示。

说明:由于平均年龄不知道,因而"大于平均年龄的学生"的条件不能直接给出,只有使用嵌套查询。即首先在子查询中统计出平均年龄,然后在主查询中查找大于平均年龄的学生信息。

注意:=,!=,>,<,<=,>=等运算符只能用于子查询的结果是唯一的情况;当子查询的结果有多个时,必须使用"IN"或者"NOT IN"短语。

2.5.2　多值嵌套子查询

多值嵌套子查询与单值嵌套子查询的区别是,多值嵌套子查询的查询结果返回多个值。当子查询的结果有多个时,可以用"IN"和"NOT IN"短语连接内外层查询。"IN"表示在嵌套查询中,外层查询的 WHERE 子句中指定的字段的值包含于内层查询的查询结果中。而"NOT IN"表示指定字段的值不包含于内层查询的查询结果中。因此,当子查询返回有多个结果时,查询嵌套语句中必须用 IN 和 NOT IN 子句。IN 可以代替"=",NOT IN 可以代替"!=",反之不成立。

【例 2.47】　查询 Student 表,找出并显示选修了 c1 课程的学生学号、姓名、院系号。

可输入并执行如下命令语句实现:

SELECT sno,sname,dept

FROM student

WHERE sno IN

（SELECT　sno FROM sc WHERE cno=′c1′）

查询结果如图 2-46 所示。

Sno	Sname	Dept	
199901	黄信	1	
199903	王凯	2	
199904	邓君	3	
199905	张激洋	3	

图 2-46　选修了 c1 课程的学生学号、姓名、院系号

说明：在 Stu_cj 表中有 4 个学生选修了 c1 课程，子查询返回 4 个学号，查询嵌套语句中必须用 IN。

【例 2.48】　查询 Student 表与 Sc 表，计算并显示 3 系和 4 系学生选修课成绩的总分。

可输入并执行如下命令语句实现：

SELECT　SUM(score)

FROM sc

WHERE sno IN（SELECT　sno　FROM　student　WHERE dept IN(′3′,′4′)）

该命令语句执行的结果如图 2-47 所示。

Sum_score
322.0

图 2-47　3 系和 4 系学生选修课成绩的总分

说明：在 Student 表中，3 系和 4 系的学生有多个，所以子查询返回多个学号，查询嵌套语句中必须用 IN。

在 SQL 查询语句中，当子查询的返回值有多个时，还可以使用量词 ANY,SOME,ALL 来连接内外层查询。其中，量词 ANY 和 SOME 是同义词，在进行比较运算时，只要主查询条件与任意一个子查询结果比较的值为真，就认为符合主查询条件。而量词 ALL 则要求主查询条件与所有子查询结果比较的值都为真，才认为符合主查询条件。

【例 2.49】　查询 Sc 表，找出并显示哪几门课程的成绩比 c4 课程的最低成绩要高。

可输入并执行如下命令语句实现：

SELECT　DISTINCT cno

FROM　sc

Cno
c1
c2
c3
c5

图 2-48　成绩比 c4 课程的最低成绩要高的课程

WHERE score > ANY（SELECT score FROM　sc WHERE cno=′c4′）AND cno!=′c4′

或者

SELECT　DISTINCT cno

FROM　sc

WHERE score > ANY（SELECT　score　FROM　sc WHERE cno=′c4′）AND cno!=′c4′

查询结果如图 2-48 所示。

　　说明:子查询返回两个成绩值(56.0,88.0),量词 ANY 和 SOME 表明主查询中的成绩值只需大于其中任何一个,实际上就是只要成绩值大于子查询的最小值 56.0 时条件就为真。该命令语句等价于如下的命令语句:

SELECT　DISTINCT cno

FROM sc

WHERE score ＞(SELECT MIN(score) FROM sc

WHERE cno=′c4′) AND cno !=′c4′

【例 2.50】　查询 Sc 表,找出并显示哪几门课程的成绩比 c4 课程的最高成绩要高。

可输入并执行如下命令语句实现:

SELECT　DISTINCT cno

FROM　sc

WHERE　score＞all(SELECT score FROM　sc WHERE cno=′c4′)

执行结果如图 2-49 所示。

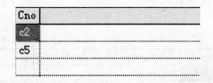

图 2-49　成绩比 c4 课程的最高成绩要高的课程

　　说明:子查询返回两个成绩值(56.0,88.0),量词 ALL 表明主查询中的成绩值要大于子查询中的所有返回值。实际上就是,成绩值大于子查询的最大值 88 时条件为真。该命令语句等价于如下的命令语句:

SELECT　DISTINCT cno

FROM sc

WHERE score ＞(SELECT max(score) FROM sc WHERE cno=′c4′)

说明:

(1) ANY 或 SOME 经常用于查询比子查询结果中的最小值大、最大值小,或者是与子查询的某一个值进行比较。

(2) ALL 用于主查询与子查询结果的最小值小、最大值大,或者是与子查询的所有值进行比较。

2.5.3　相关子查询

　　相关子查询与嵌套子查询的区别在于:嵌套子查询的执行依赖于外部查询,即子查询根据外部查询提供的数据进行查询,再将结果返回给外查询;而相关子查询是指子查询的WHERE 子句中引用了外部查询数据源的字段值,即外部查询将字段值逐一传递给子查询并使用子查询的值。相关子查询的执行过程如下:外部查询每处理一行都将值传给子查询,子查询立即执行并返回查询值;如果子查询的值满足外部查询条件,则外部查询就得到一条结果并处理下一行,否则直接处理下一行,直到外部查询执行完毕。

　　相关子查询使用 EXISTS 和 NOT EXISTS 短语,其查询语句的基本格式如下:

SELECT　字段列表 FROM 主查询表　WHERE　EXISTS|NOT EXISTS;

　　　　　（SELECT ＊ FROM 子查询表　WHERE　字段名＝主查询表.字段名）

　　说明：使用谓词 EXISTS 时，返回主查询表中的连接字段值包含在子查询表的记录中；使用谓词 NOT EXISTS 时，返回主查询表中的连接字段值不包含在子查询表的记录中。

　　【例 2.51】　查询 Student 表，找出并显示所有选修课程的学生姓名、出生日期和院系号。

　　可输入并执行如下命令语句实现：

SELECT sname,borndate,dept

FROM student

WHERE　EXISTS

（SELECT ＊ FROM sc　WHERE　sno＝student. sno）

该命令等效于命令语句：

SELECT sname,borndate,dept

FROM student

WHERE sno IN

（SELECT sno FROM sc）

执行结果如图 2-50 所示。

Sname	Borndate	Dept	
邓君	08/06/84	3	
黄信	11/16/81	1	
李丽	03/13/82	1	
罗小花	12/28/83	4	
王凯	05/09/83	2	
张澂洋	06/08/81	3	

图 2-50　所有有选修课程的学生姓名、出生日期和院系号

　　说明：使用 IN 短语时，子查询返回的是符合条件的字段值，然后再用主表的字段值与子查询结果相比较。

　　【例 2.52】　查询 Dep 表，找出并显示没有学生的院系信息。

　　可输入并执行如下命令语句实现：

SELECT　＊

FROM　dep

WHERE　NOT EXISTS；

（SELECT　＊　FROM student　WHERE dept＝dep. dept）

该命令语句等效于：

SELECT　＊

FROM　dep

WHERE dept　NOT IN

（SELECT dept　FROM student）

查询结果如图 2-51 所示。

Dept	Deptname	
5	计算机学院	
6	经济学院	

图 2-51　没有学生的院系信息

2.6　SQL 数据操作

对数据的操作,是指对数据表中的数据进行操作。为此,首先应创建表格来存储日常的数据,然后才能向表格内插入新的数据,或对已经存在的数据进行更新、删除等操作。只有完成这些操作,才能保证对已建立的表格进行管理。下面介绍能实现这三种操作的 SQL 命令及其使用方法。

2.6.1　INSERT 命令

使用 INSERT 命令是最常用的添加表格数据的方法,尤其是当编写程序向表中添加数据时,就显得格外重要了。插入数据有三种方式:向表中插入一行记录,向表中插入一行部分记录,向表中插入多行记录。

使用 INSERT 插入记录的命令语句格式如下:

INSERT　INTO　<表名>[(<字段名 1>,<字段名 2>,……)];

VALUES(<表达式 1>,<表达式 2>,……)

功能:在表尾添加一条记录,在 VALUES 中给出各指定字段的数据。如果省略了字段名,那么必须按照表结构中定义的字段顺序来指定各个字段值。

说明:

(1) 新记录添加在文件尾,插入新记录后,记录指针指向新记录。

(2) 备注型字段的值可以用字符的形式直接添加。

(3) 如果表中有通用字段,则不能用缺省字段名的方式插入各字段值。

(4) 在指定字段名时,应注意字段名与表达式值的类型匹配、位置对应、数量相等。

1. 插入一行新的记录

【例 2.53】　使用 INSERT 命令语句将一个新生记录(SNO:200010,SN:郑楠,SEX:女)插入到 Student 表中。

可输入并执行如下命令语句实现:

INSERT INTO student

　　(SNO,SN,SEX,Dept,Borndate)

VALUES

('200010','郑楠','女','2',1985/5/12)

执行说明:

(1) 对于值的写法必须用逗号将各个数据分开,字符型数据要用单引号括起来。

(2) 字段名的排列顺序不一定要和表定义时的顺序一致。但当指定字段名时,要求字段名与常量的类型匹配、位置对应、数量相等。

（3）如果 INTO 子句中没有指定任何字段名,则新插入的记录必须在每个字段上均有值,并且 VALUES 子句中值的排列顺序要和表中各字段的排列顺序一致。

此例也可以采用省略字段名的方法,例如:

INSERT INTO student

VALUES

('200010','郑楠','女','2',1985/5/12)

注意:当省略字段名时,VALUES 子句中值的排列顺序要和表中各字段的排列顺序一致。

2. 插入一行的部分记录

【例 2.54】　使用 INSERT 命令语句在 Sc 表中插入一条选课记录("200102","c2")。

可输入并执行如下命令语句实现:

INSERT INTO Sc

　　　　(Sno,Cno)

VALUES('200102','c2')

说明:

（1）向表中插入一行部分记录时,字段名一定不能省略。若省略字段名,则 VALUES 子句里面一定要用 NULL 补齐所有缺记录。

（2）对于 INTO 子句中没有出现的属性列,新记录在这些列上将取 NULL 值,如上例中的 SCORE 字段上取空值。但在表中定义了 NOT NULL 的属性时则不能取空值。

此例也可以采用另外一种方法实现,即

INSERT INTO sc

VALUES('200102','c2',NULL)

3. 插入多行记录

前面介绍的都是向表中插入一条记录,那可不可以向表中插入多条记录呢? 回答是肯定的,即可以用 SELECT 语句将查询结果插入到表中来实现。即将子查询嵌套在 INSERT 语句中,用来生成要插入的批量数据。

插入子查询结果的 INSERT 命令语句格式如下:

INSERT INTO<表名>[(<字段名 1>[,<字段名 2>…])]

【例 2.55】　使用 SQL 查询命令语句求出各系学生的平均年龄,并且把结果存入到数据库中。

首先建立新表 Deptage,用来存放系名和相应的学生平均年龄。它包括两个字段:①字段名:系别名称(Dept),学生平均年龄(Average);②字段类型:char(15)和 smallint。即先输入如下命令语句:

CREATE TABLE deptage

(

dept char(15),average smallint

)

然后,对 S 表按系分组求平均年龄,再把系名和平均年龄存放到新表中。即再输入如下命令语句:

```
INSERT INTO deptage
    SELECT dept,avg(age)
    FROM s
    GROUP BY dept
```

2.6.2　UPDATE 命令

SQL 语言使用 UPDATE 语句对表中的一行或多行记录的某些列值进行修改。下面介绍修改记录的 4 种情况:修改一行记录,修改多行记录,用子查询选择要修改的行,用子查询提供要修改的值。

UPDATE 命令语句的语法格式如下:

UPDATE 　＜表名＞
SET ＜字段名 1＞＝＜表达式 1＞[,＜字段名 2＞＝＜表达式 2＞]…
[**WHERE** ＜条件＞]

功能:用表达式的值来修改表中符合条件的记录所指定的字段值。其中,"表名"指要修改的表,SET 子句给出要修改的列及其修改后的值;WHERE 子句指定要更新的记录应当满足的条件;WHERE 子句省略时,表示修改表中的所有记录。

1. 修改一行

【例 2.56】 使用 UPDATE 命令语句将李丽同学转到 2 系。

可输入并执行如下命令语句实现:

```
UPDATE S
SET DEPT='2'
WHERE Sname='李丽'
```

2. 修改多行

【例 2.57】 使用 UPDATE 命令语句将 Sc 表中的所有成绩增加 5 分。

可输入并执行如下命令语句实现:

```
UPDATE sc
SET score=score+5
```

【例 2.58】 使用 UPDATE 命令语句,将 Student 表中所有女生的性别改为"0"。

可输入并执行如下命令语句实现:

```
UPDATE student
SET sex='0'
WHERE sex='女'
```

3. 用子查询选择要修改的行

【例 2.59】 使用 UPDATE 命令语句,将 Student 表中选修 c5 课程的学生的院系号改为"0"。

可输入并执行如下命令语句实现:

```
UPDATE student
```

```
SET dept='0'
WHERE sno IN
            (SELECT sno FROM sc
WHERE cno='c5')
```

该命令语句中,子查询的作用是得到选修 c5 课程的学号。

4. 用子查询提供要修改的值

【例 2.60】 使用 UPDATE 命令语句把所有学生的成绩提高到平均成绩的 1.2 倍。

可输入并执行如下命令语句实现:

```
UPDATE sc
SET score=
        (SELECT 1.2 * AVG(score) FROM sc)
```

2.6.3 DELETE 命令

使用 DELETE 命令语句可以删除表中的一行或多行记录。下面介绍三种删除情况:删除表中一行记录,删除表中多行记录,用子查询选择要删除的行。

DELETE 命令语句的语法格式如下:

DELETE
FROM <表名>
[**WHERE** <条件>]

功能:从指定表中删除满足 WHERE 子句条件的记录;当 WHERE 子句省略时,则删除表中所有记录。

注意:DELETE 语句删除的是表中的记录,不是表的定义。

1. 删除一行记录

【例 2.61】 使用 DELETE 命令语句,删除 Student 表中学号为"199901"的学生记录。

可输入并执行如下命令语句实现:

```
DELETE
FROM student
WHERE SNO='199901'
```

说明:带有 WHERE 子句的 DELETE 语句是对表中记录有选择、有限制地进行删除。

2. 删除多行记录

【例 2.62】 使用 DELETE 命令语句,删除 Sc 表中所有的学生选课记录。

可输入并执行如下命令语句实现:

```
DELETE
FROM sc
```

说明:省略 WHERE 子句的 DELETE 语句是对整张表的记录进行删除。

执行上述语句后,Sc 表即为一张空表。

3. 用子查询选择要删除的行

子查询同样可以嵌套在 DELETE 语句中,用以构造执行删除操作的条件。

【例 2.63】　使用 DELETE 命令语句,删除 Student 表中选修了 c1 课程的学生记录。

可输入并执行如下命令语句实现:

```
DELETE
FROM student
WHERE sno in
      (SELECT sno FROM sc WHERE cno='c1')
```

说明:该命令语句中,子查询的作用是得到选修 c1 课程的学号。

在使用 DELETE 语句时应注意:

(1) DELETE 语句用来删除的是表中的记录,应与删除表结构的 DROP 语句区分开。

(2) DELETE 语句删除的是整条记录,不能只删除记录中的某一部分。

本 章 小 结

数据表是数据库中所有数据的数据库对象,用来存储各种各样的信息。对数据表进行操作,是数据库应用中最频繁、最重要的工作。

本章在简介 SQL 语言的特点和功能的基础上,主要用大量实例介绍了如何用 SQL 语言所提供的命令语句来定义、建立、修改数据表,以及如何用它们来快速有效地查询、添加、修改、删除数据表中的各种数据等。SQL 语言提供的 SELECT 命令语句是专门用于对各种表数据进行查询的,SELECT 语句及其子句,书写简单,功能强大,差不多所有日常生活中的实际查询问题都能用 SELECT 语句及其子句来表达。因此,应熟练掌握 SELECT 语句及其子句的书写和应用。

此外,本章还介绍了用于数据更新的 INSERT 语句、UPDATE 语句和 DELETE 语句,并给出了使用它们添加、修改表中数据的典型实例。

本章知识结构图如图 2-52 所示。

思 考 题

1. "GROUP BY"和"ORDER BY"的作用分别是什么?

2. WHERE 和 HAVING 子句有什么区别?

3. 多表查询时,什么情况适合用连接? 什么情况适合用子查询?

4. 假定已知供应商(S)、零件(P)、工程项目(J)及三者的联系与结构如下:

S(Sno,Sname,status,City)

P(Pno,Pname,Color,Weight,City)

J(Jno,Jname,City)

SPJ(Sno,Pno,Jno,Qty)

其中,供应商、零件和工程项目分别由供应商号(Sno)、零件号(Pno)和工程项目号(Jno)唯一地标识。SPJ(供货)记录的含义是:由指定的供应商以规定的数量(Qty)向指定的工程项目供应指定的零件。

　　假定上面 4 张表的结构已经创建,并输入了部分记录,请写出实现下列功能的 SQL 查询命令语句:

(1) 给出由供应商 S1 提供零件的工程项目名称。

(2) 给出供应商 S1 提供的零件颜色。

(3) 求给武汉的工程项目提供的零件号。

(4) 给出至少采用了一件由供应商 S1 提供零件的工程项目号。

(5) 求至少提供一种满足如下条件的零件的供应商号:该零件至少由一个提供至少一种红色零件的供应商号所提供。

(6) 给出其状态低于供应商 S1 的状态的供应商号。

(7) 给出为某个工程项目提供零件 P1,且其供应量大于为该工程项目提供 P1 的平均供应量的供应商号。

(8) 给出未采用由上海供应商提供的红色零件的工程项目号。

(9) 给出全部由供应商 S1 提供零件的工程项目号。

(10) 求供给上海的所有工程项目的零件号。

(11) 给出提供同样零件给所工程项目的供应商号。

(12) 给出至少采用供应商 S1 提供的全部零件的工程项目号。

(13) 给出由供应商 S1 供给零件的工程项目总数。

(14) 给出由供应商 S1 提供的零件 P1 的总量。

(15) 对供给工程项目的每种零件,给出零件号,工程商目号和相应的供应总量。

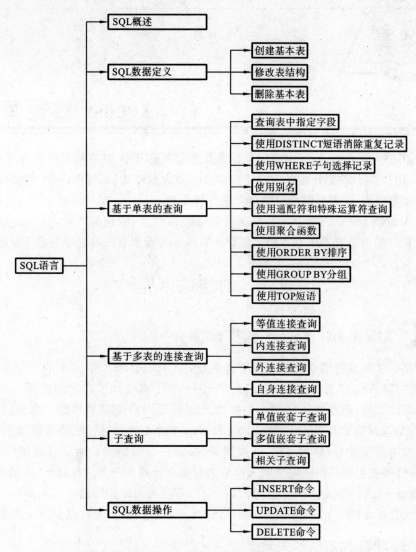

图 2-52　第 2 章知识结构图

第3章

Access 数据库和表

Microsoft 公司发布的 Access 桌面数据库软件是实际工作中最常用的数据库软件之一。利用 Access，用户并不需要具备专业的计算机技术和数据库知识，就可以很方便地创建、设计以及展示数据库产品，还可以通过网络自由地进行交流。

本章以 Access 2003 为例，介绍数据库和数据表的建立、修改等方法，其目的是使读者对 Access 组织和存储信息有一个基本的了解，为 Access 后面章节内容的学习打下基础。

3.1 创建数据库

3.1.1 Microsoft Access 数据库简介

Access 是一种关系型的桌面数据库管理系统，是 Microsoft Office 中的一个组件。从 20 世纪 90 年代初期 Access 1.0 的诞生到目前 Access 2007 都得到了广泛的使用。由于 Access 与 Office 的高度集成，熟悉且风格统一的操作界面使得用户很容易掌握。此外，作为 Office 的组件之一，Access 能够与 Word，Excel，FrontPage 等办公软件进行数据交换和共享。

Access 具有界面友好、易学易用、开发简单、接口灵活等特点。对于普通用户，不用编写代码，可以通过可视化的操作来完成绝大部分的数据库管理和开发工作；对于数据库系统开发人员，可以通过 VBA（Visual Basic for Application）开发数据库应用软件。Access 还可以通过 ODBC 与其他数据库（如 Oracle，Sybase 和 FoxPro 等）相连接，实现数据交换与共享。

1. Access 2003 的启动和关闭

1）Access 2003 的启动

在桌面依次单击"开始"→"程序"→"Microsoft Office"→"Microsoft Office Access 2003"命令，就可以进入 Access 2003 主控界面窗口，如图 3-1 所示。

然后，选择主控界面窗口右下角的"打开"按钮，即可以打开已经存在的数据库；选择"新建文件"命令会看到如图 3-2 所示的新建文件窗口，包括标题栏、菜单栏、工具栏、任务窗格和状态栏等，这与 Office 其他对象的工作窗口十分相似。

2）Access 2003 的退出

退出 Access 2003 的方法，与退出 Windows 应用程序的方法一样，可以选择下列方法的其中之一：

（1）依次选择"文件"菜单→"退出"命令。

（2）使用快捷键"Alt＋F4"。

（3）单击 Access 2003 主控窗口最右侧的"×"按钮。

（4）单击标题栏左端的 图标，在弹出的菜单中选择"关闭"。

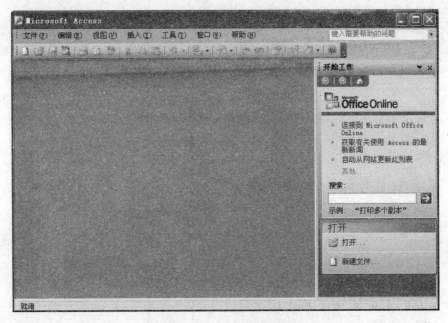

图 3-1　Access 2003 主控界面

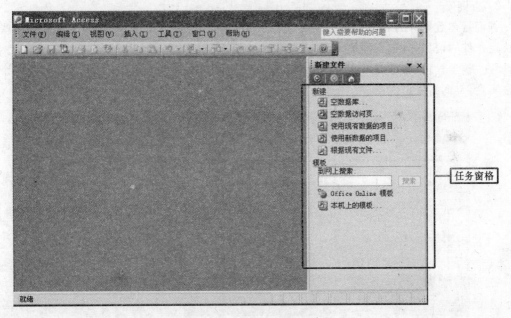

图 3-2　Access 2003 新建文件窗口

2. Access 2003 数据库的构成

Access 2003 由对象和组两部分组成,其中对象又分为 7 种。这些数据库对象包括表、查询、窗体、报表、数据访问页、宏和模块。除了数据访问页外,所有对象都存放在一个以 .mdb 为扩展名的数据库文件中。这样非常有利于数据库文件的管理。一个 .mdb 文件就是一个数据库。每个 Access 数据库文件至少包含一个数据表,其他 6 种对象都是根据数据表建立起来的。下面对这些对象仅作一个简要介绍,因本书后续章节将详细介绍其中的各个对象。

1) 表

表,又称数据表,是数据库的基础,它存放着数据库中的全部数据信息。数据表实际上是一个二维表。表中的列称为字段,每个字段表示对象的一个属性,如图 3-3 所示的课程信息表中有 4 个字段;表中的行称为记录,一条记录就是一个完整的信息,如图 3-3 所示的表中有 5 条记录。

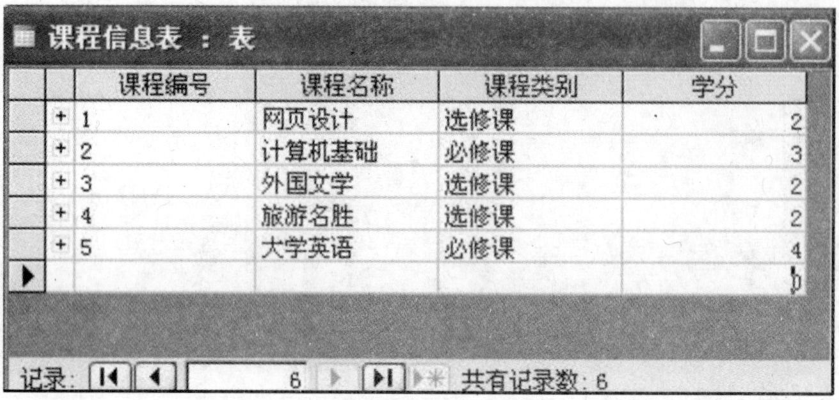

		课程编号	课程名称	课程类别	学分
+		1	网页设计	选修课	2
+		2	计算机基础	必修课	3
+		3	外国文学	选修课	2
+		4	旅游名胜	选修课	2
+		5	大学英语	必修课	4

记录: 6 共有记录数:6

图 3-3　课程信息表

2) 查询

查询是在数据库的表中检索特定信息的一种手段,它可以从一个或多个表中查找那些满足特定条件的信息,并把它们集中起来,形成一个新的集合,以二维表的形式供用户查看。例如,要在"教学管理"数据库中查看选了"网页设计"这门课的学生成绩,就可以通过创建一个查询来实现,查询结果可如图 3-4 所示。

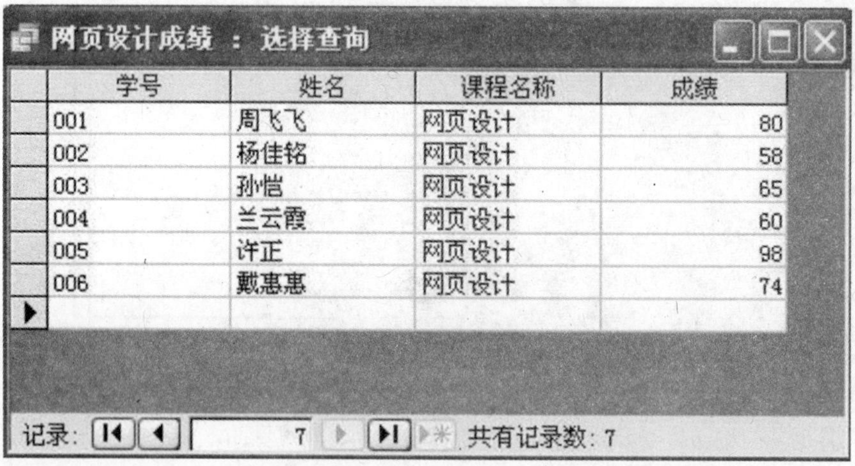

学号	姓名	课程名称	成绩
001	周飞飞	网页设计	80
002	杨佳铭	网页设计	58
003	孙恺	网页设计	65
004	兰云霞	网页设计	60
005	许正	网页设计	98
006	戴惠惠	网页设计	74

记录: 7 共有记录数:7

图 3-4　网页设计的成绩

3) 窗体

窗体是数据库与用户进行交互操作的最好界面。用户可以通过窗体自己定义一个类似于窗口的操作界面,以便用于数据的输入、显示、编辑修改和计算等,以及应用程序的执行控制。图 3-5 给出了"教学管理"数据库中的"学生信息"窗体。

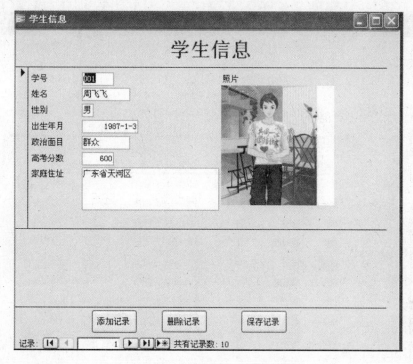

图 3-5　"学生信息"窗体

4）报表

在 Access 中，如果要打印输出数据，使用报表是很有效的方法。用户可以创建一份简单地显示每条记录信息的报表，也可以创建一份包括计算（如统计、求和、求平均值等）、图表、图形以及其他特性的报表。图 3-6 给出了"教学管理"数据库中的"学生信息"报表。

5）数据访问页

数据访问页又称为 Web 页，用户可以在此 Web 页中与 Access 数据库中的数据进行链接，查看、修改 Access 数据库中的数据，为通过计算机网络进行数据发布提供了方便。

6）宏

宏实际上是一系列操作的集合，用以简化一些经常性的操作。例如，如果用户经常需要大量重复打开窗体、生成报表、保存修改等这样的操作，就可以设计一个宏来控制一系列的操作。当执行这个宏时，就会按这个宏的定义依次执行相应的操作。

7）模块

模块是用 Access 所提供的 VBA 语言编写的程序段。一般情况下，用户不需要创建模块，除非要建立复杂的 VBA 程序以完成宏等不能完成的任务。

3.1.2　数据库的规划与设计

创建 Access 数据库，首先应根据用户的需求对数据库应用系统进行分析和研究，全面规划，然后再根据数据库系统的设计规范来创建数据库。本节以创建"教学管理"数据库为例，介绍数据库的规划与设计。

1）分析建立数据库的目的

建立"教学管理"数据库主要是为了解决教学信息的组织和管理问题。主要任务包括教师

图 3-6　"学生信息"报表

信息管理、学生信息管理和选课情况管理。

2）确定数据库中的表

根据数据库中的表只包含一个主题，以及表中不应该有重复信息的原则，可分析得出"教学管理"数据库一共包含 5 张表，其表名分别是教师信息、教师工资表、学生信息、课程信息表、选课表。

3）确定表中的字段

"教学管理"数据库各表中的字段如表 3-1 所示。字段具体的设计方法，将在后面的内容中详细介绍。

表 3-1　教学管理数据库中的表及其字段

表名	教师信息	教师工资表	学生信息	课程信息表	选课表
表中的字段名	教师编号	教师编号	姓名	课程编号	学号
	教师姓名	基本工资	性别	课程名称	课程编号
	性别	奖金	出生年月	课程类别	成绩
	职称	补贴	政治面目	学分	
	党员否	房租	高考分数		
	所属部门		家庭住址		
			照片		

4）确定表的主关键字

"教学管理"数据库各表中的主关键字如表 3-2 所示。主关键字的判定以及具体设计方法，将在后面的内容中详细介绍。

表 3-2 教学管理数据库中各表的主关键字

表名	教师信息	教师工资表	学生信息	课程信息表	选课表
主关键字	教师编号	教师编号	学号	课程编号	学号，课程编号

5）确定表之间的关系

在确定了各表中的字段、主关键字后，还需要确定表之间的关系。只有这样，才能将不同表中的相关数据联系起来，为使用它们打下良好的基础。图 3-7 显示了"教学管理"数据库中 5 个表之间的关系。关于如何定义表之间的关系，将在后面的内容中详细介绍。

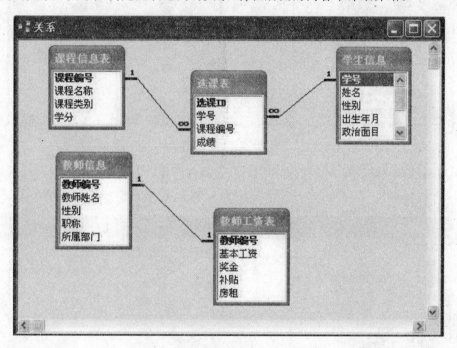

图 3-7 "教学管理"数据库中表的关系

完成了"教学管理"数据库的规划和总体设计后，下面就以创建这个数据库为例，详细讲述利用 Access 2003 是如何建立和维护数据库的操作。需要注意的是，以下内容中未提及数据库名称的，均是指"教学管理"数据库。

3.1.3 使用 Access 向导创建数据库

Access 2003 提供了三种创建数据库的方法。第一种方法是，使用"数据库向导"，利用 Access 2003 提供的模板，根据向导的提示，快速建立包含表、查询、窗体、报表等对象的数据库。这种方法很简单，适合初学者。第二种方法是，先建立"空数据库"，然后再根据实际情况往里面添加对象；这种方法是最灵活的。第三种方法是，根据现有文件"新建"，用这种方法可以快速创建一个数据库的副本，包括表、查询、窗体、报表等对象。通常，使用前两种方法创建数据库的频率较高。下面来介绍一下如何使用 Access"数据库向导"创建数据库。

具体步骤如下：

（1）启动 Access 后，依次单击菜单栏上的"文件"→"新建"命令（或者单击工具栏上的"新建"按钮 ），屏幕可出现如图 3-2 中所示的任务窗格。

（2）单击任务窗格中的"本机上的模板"，此时会出现"模板"对话框，如图 3-8 所示。

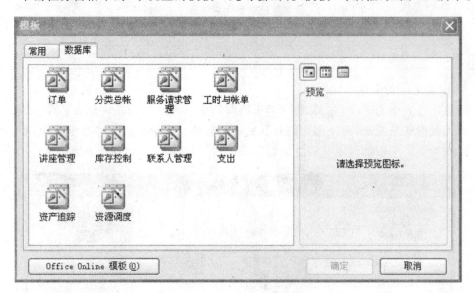

图 3-8　数据库"模板"对话框

（3）单击"模板"对话框中的"数据库"标签，选择与所建数据库相似的模板。这里选"联系人管理"，然后按"确定"按钮，此时会打开"文件新建数据库"对话框，如图 3-9 所示。

图 3-9　"文件新建数据库"对话框

（4）选择要保存的位置后，在"文件名"中输入"教学管理"，然后单击"创建"按钮，屏幕出现"数据库向导"对话框（1），如图 3-10 所示。这里出现了"联系管理"数据库中所包含的信息，这些信息是模板中的，用户无法修改。

（5）单击"下一步"按钮，屏幕出现"数据库向导"对话框（2），如图 3-11 所示。然后，单击

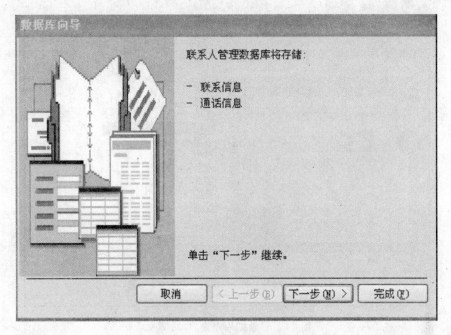

图 3-10　"数据库向导"对话框(1)

其左侧中的一个表,则会在右侧列表框中显示该表可包含的所有字段。这些字段分为两种:一种是表必须包含的字段,用黑体表示;另一种是表可选择的字段,用斜体表示。如果要将可选择的字段包含到表中,则单击它前面的复选框。

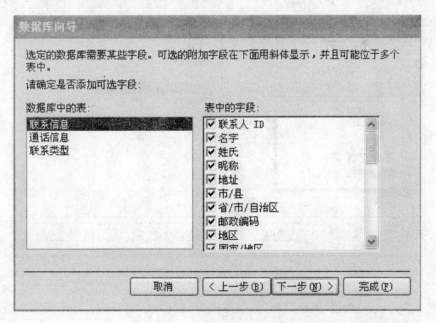

图 3-11　"数据库向导"对话框(2)

　　(6) 当把各个表的字段都确定以后,单击"下一步"按钮,屏幕出现"数据库向导"对话框(3),如图 3-12 所示。然后,选择想要的显示样式,例如,这里我们选择"标准"样式。
　　(7) 单击"下一步"按钮,屏幕出现"数据库向导"对话框(4),如图 3-13 所示。然后,选择

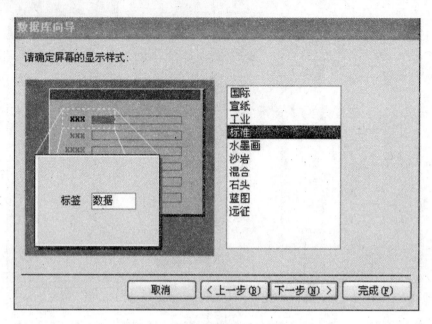

图 3-12　"数据库向导"对话框(3)

想要打印的报表样式,例如,这里我们选择"组织"选项。

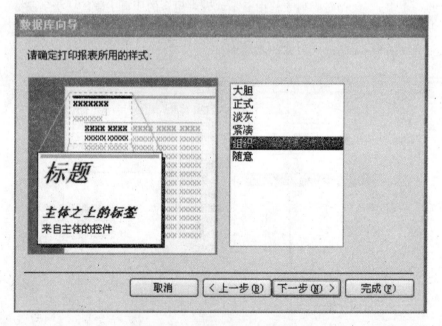

图 3-13　"数据库向导"对话框(4)

  (8) 单击"下一步"按钮,屏幕出现"数据库向导"对话框(5),如图 3-14 所示。然后,在"请指定数据库的标题"文本框中输入"教学管理"。

  (9) 单击"完成"按钮,将出现如图 3-15 所示的"主切换面板"对话框。以后每次启动"教学管理"数据库时,都将先进入"主切换面板"。利用"主切换面板"可以进行相关的操作,用户只要单击这些命令名称前的按钮,即可进行相应的操作。

  (10) 关闭"主切换面板"对话框,按 F11 键可以回到用 Access 数据向导建立好的"数据

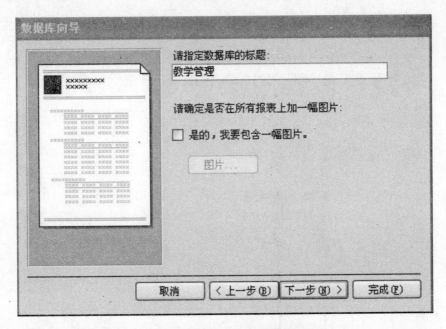

图 3-14　"数据库向导"对话框(5)

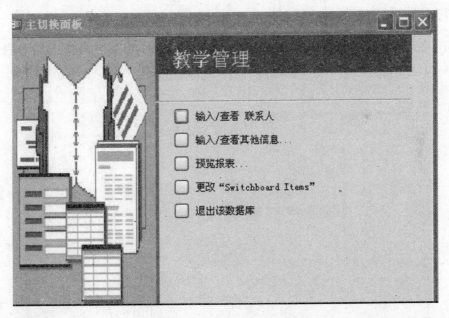

图 3-15　"主切换面板"对话框

库"窗口,如图 3-16 所示。在该窗口的左侧列出了"教学管理"数据库中的所有对象,如表、查询、窗体、报表等。单击相应的对象按钮,就会显示出对应类型的对象的集合。

　　完成上述操作后,"教学管理"数据库的结构框架就建立起来了。但是,由于"数据库向导"创建的表的种类和表中的字段与我们要求的不尽相同,因此,使用"数据库向导"创建数据库后,还需要对其进行修改,其具体的修改方法将在本章后面的内容中介绍。

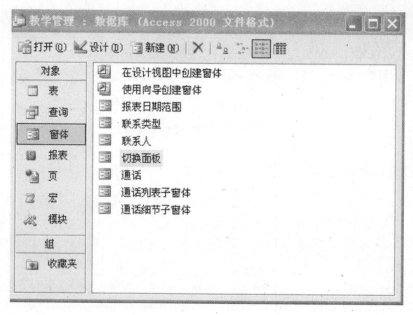

图 3-16 使用向导建立的"教学管理:数据库"窗口

3.1.4 创建空数据库

在实际创建数据库的过程中,如果想要建立的数据库与 Access "数据库向导"中所提供的模板差别较大,那么可以考虑之前提到的第二种建立数据库的方法,即建立"空数据库"。这种方法比较灵活,可以根据需要分别建立数据库中的每一个数据对象。

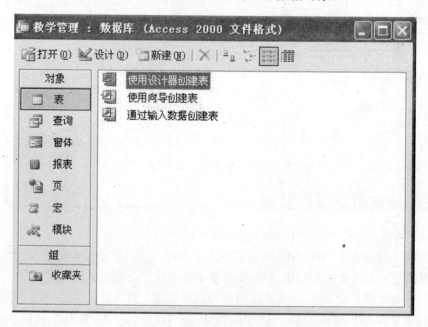

图 3-17 新建的空数据库窗口

以创建"教学管理"数据库为例,建立其"空数据库"的具体操作步骤如下:

(1) 启动 Access 2003 后,在右边的任务窗格中选择"新建"选项(如果没有看到任务窗格,可单击工具栏中的"新建"按钮)。

(2) 单击"新建"选项组中的"空数据库"链接,此时会打开"文件新建数据库"对话框,选择要保存的位置后,在"文件名"中输入"教学管理",然后单击"创建",即建立了一个空的数据库文件,并同时打开该数据库。新建的空数据库窗口如图 3-17 所示。

3.2　表的建立和设计

3.2.1　创建表的基本方法

表是 Access 数据库的基础,是存储数据的地方,其他数据库对象,如查询、窗体、报表等都是在表的基础上建立并使用的。在创建空数据库后,首先要创建的就是表。创建表的方法主要有三种:使用设计器创建表、使用向导创建表、通过输入数据创建表,如图 3-18 所示。下面将逐一介绍创建表的这三种方法。

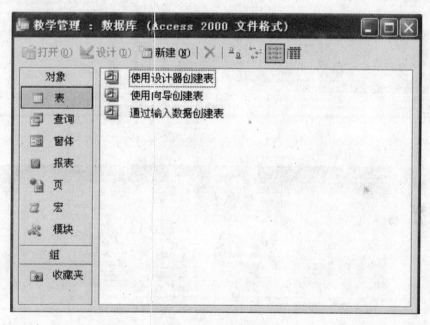

图 3-18　创建表的 3 种方法

3.2.2　使用设计器创建表

在 Access 2003 中,表具有两种基本视图:设计视图和数据表视图。在设计视图中,可以从头开始创建整个表,还可以添加、删除或自定义表中的字段。在数据表视图中,用户可以对这个表中的数据进行添加、编辑、查看等操作。图 3-19 和图 3-20 分别是"学生信息"表的设计视图和数据表视图。

如果已经打开一个要修改的表,且处于数据表视图,则单击工具栏上的"视图"按钮，可以切换到设计视图;如果处于数据库窗口,则单击要修改的表,然后单击数据库窗口中的"设计"按钮,就可以进入设计视图。

创建数据表可以分为两步进行:第 1 步建立表的结构,在设计视图中进行;第 2 步输入数

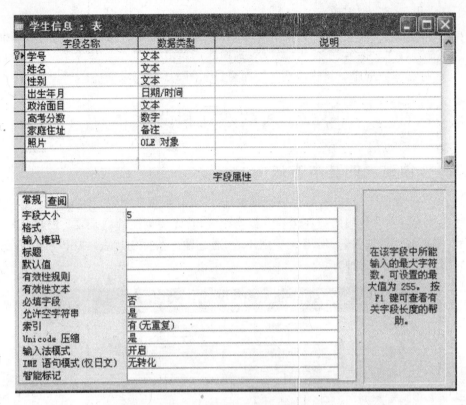

图 3-19　"学生信息"表的设计视图

图 3-20　"学生信息"表的数据表视图

据,在数据表视图中进行。建立表的结构包括表名、表中的字段、每个字段的属性(字段名、数据类型和字段大小或格式等)、主关键字等。例如:要创建"教学管理"数据库中的"学生信息"表,其结构如表 3-3 所示,内容如表 3-4 所示。

表 3-3　"学生信息"表的结构

字段名称	数据类型	字段大小	主键
学号	文本	5	学号
姓名	文本	10	
性别	文本	1	
出生年月	日期/时间		

续表

字段名称	数据类型	字段大小	主键
政治面貌	文本	10	
高考分数	数字	整型	
家庭住址	备注		
照片	OLE 对象		

表 3-4   "学生信息"表的内容

学号	姓名	性别	出生年月	政治面目	高考分数	家庭住址	照片
0901001	周飞飞	男	1987-1-3	群众	600	广东省天河区	
0901002	杨佳铭	女	1988-3-20	团员	512	河南省洛阳市	
0902005	许正	女	1987-4-15	团员	320	山东省菏泽市	
0902006	戴惠惠	女	1988-12-1	团员	410	广西桂林市	
0903007	陈宁	女	1987-6-18	预备党员	500	广西柳州市	
0903008	赵振华	男	1986-8-25	群众	480	湖北省武汉市	
0904009	张林	男	1989-9-18	团员	370	湖北省黄冈	
0904010	赵振华	男	1986-8-25	群众	480	湖北省武汉市	

按表 3-3 列出的结构,用设计器创建"学生信息"表的具体步骤如下:

(1) 进入"教学管理"数据库后,在如图 3-18 所示的创建方法中,选择"使用设计器创建表"。弹出表设计器视图,如图 3-21 所示,其组成从左至右依次是行选择区、字段名称、数据类型、说明。

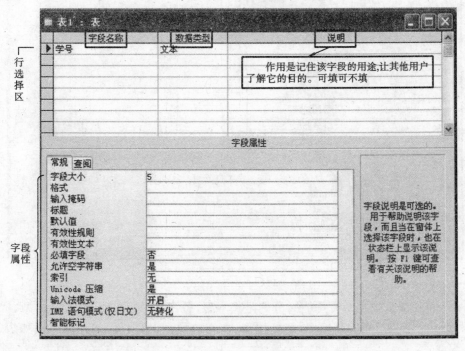

图 3-21   表设计器视图

（2）在表设计器视图中，按照表3-3给出的结构创建"学生信息"表，其最后效果如图3-20所示。

（3）单击表设计器视图右上角的 ⊠ 按钮，在弹出的"另存为"对话框中，输入表名"学生信息"，然后单击"确定"按钮，就完成了"学生信息"表结构的定义。向表中输入数据的方法将在后面介绍。

下面就定义表结构的具体问题进行讨论。

1. 确定字段的名称

在表设计器视图中，单击"字段名称"列中的空白位置，然后输入一个有效的字段名即可。所谓有效的字段名，必须遵循以下规则：

（1）字段名最长可达64个字符（包括空格）。

（2）字段名可以包含字母、汉字、数字、空格和其他字符；但是空格不能作为字段名的第一个字符。

（3）字段名不能包含句号（。）、感叹号（!）或方括号（[]）。

2. 确定数据类型

在确定字段名称后，将光标移到同一行的数据类型列。单击鼠标，显示下拉箭头，再单击此箭头，会弹出如图3-22所示的下拉列表。表中列出了所有可用的数据类型，从中选择合适的数据类型即可。

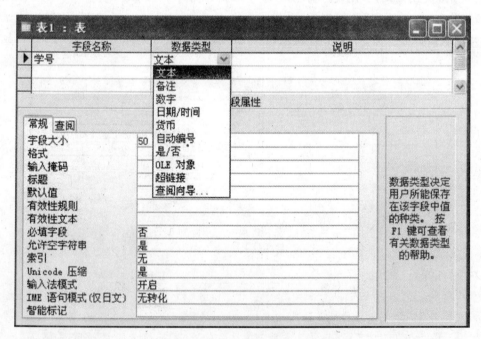

图3-22　在下拉列表中选择合适的数据类型

Access可用的数据类型有10种，分别是文本型、备注型、数字型、日期/时间型、货币型、自动编号型、是/否型、OLE对象型，超链接型、查询向导型。对它们的详细介绍如表3-5所示。

表 3-5 Access 可用数据类型详细介绍

数据类型	可存储的数据
文本型	汉字、字母、数字型字符,最长 255 字段
备注型	汉字、字母、数字型字符,适合于较长的文本
数字型	数字型数据有字节型、整型、长整型、单精度型、双精度型等,其长度分别是 1 字节、2 字节、4 字节、4 字节、8 字节等
日期/时间型	日期/时间格式的数据,每个日期/时间字段需要 8 个字节的存储空间
货币型	专用于货币类型的数据,等价于具有双精度属性的数字数据类型
自动编号型	系统会自动为每一个新记录从 1 开始添加递增数字,需要注意的是:如果删除了表中含有自动编号字段的一个记录后,Access 将不会对表中的记录重新编号
是/否型	逻辑值,是针对只包含两种不同的取值而设置的。例如,Yes/no,True/False 等
OLE 对象型	图像、图表、声音等对象的数据
超级链接型	链接到 Internet、内部网、局域网或本地计算机上的地址值
查阅向导型	可以用组合框来选择另一个表或列表中的数据

3. 设置字段属性

不同数据类型的字段有不同的属性。下面介绍其中主要的几种。

1)"字段大小"属性

该属性可以确定一个字段的长度。对于文本字段,字段大小的取值范围是 1~255,默认长度是 50 个字段。例如:对于"学生信息"表中的"学号"字段,设置它的字段大小为 5,如图 3-21 中所示。对于数字型字段,可以从下拉列表中选择一个值来决定该字段存储数字的类型。下拉列表中可选的数字型字段有字节、整型、长整型、单精度型、双精度型、同步复制 ID 和小数。例如:"学生信息"表中的"高考分数"字段,设置它的字段大小,在下拉列表中选择"整型"。

2)"格式"属性

该属性用来决定数据的打印方式和屏幕的显示方式。不同数据类型的字段,其格式选择有所不同。例如:为了使数据的显示统一,可以给"学生信息"表中"出生年月"字段的格式设置为"长日期",如图 3-23 所示。

3)"小数位数"属性

当用户选择"数字"型或"货币"型数据类型时,可设置"小数位数"属性,如图 3-24 所示。如果不对格式属性进行设置或者将格式属性设为"常规数字",则小数位数设置无效。

4)"输入掩码"属性

在实际生活中,一些数据都有相对固定的书写格式,如电话号码被写成(0773)3696135,日期被写成 2007-05-01 等。在 Access 2003 中,用户可以对有固定书写格式的字段定义"输入掩码"属性,将书写格式中相对固定的符号固定成格式的一部分,输入数据时只需要输入变化的值即可。例如:前面的电话号码,设定了相应的字段"输入掩码"属性后,只需要输入 07733696135 即可,括号就不用输入了;类似地,上述日期只要输入 20070501 即可。

实际上,掩码的作用就是定义数据的输入格式。"输入掩码"属性对"文本"、"数字"、"日期/时间"和货币类型的字段有效。下面,以对"学生信息"表中的"出生年月"字段设置掩码为

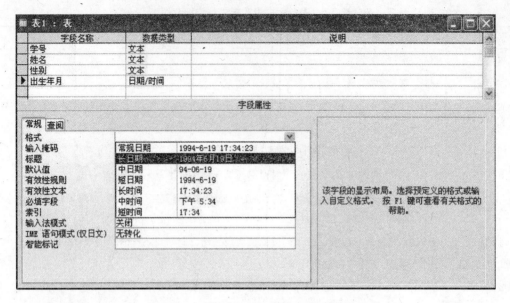

图 3-23　设置"出生年月"字段格式属性

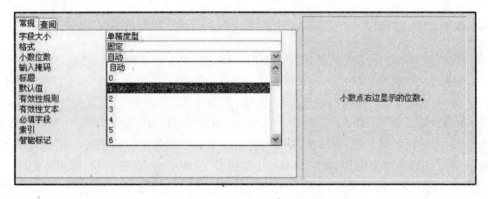

图 3-24　设置"小数位数"属性

例,具体设置步骤如下:

(1) 在"学生信息"表的设计视图中,选中"出生年月"字段。

(2) 在字段属性中,单击"输入掩码"右侧的生成器 **...** ,打开"输入掩码向导"对话框(1),如图 3-25 所示。在该对话框中,选择"输入掩码"框中的"长日期",在"尝试"框中单击鼠标,可查看日期的实际效果。

(3) 按"下一步",出现如图 3-26 所示的"输入掩码向导"对话框(2),单击其占位符框右边的三角形,弹出如图 3-27 所示的可用占位符,选择"@"作为占位符。此时,在图 3-26 的"尝试"框中单击,可看到占位符的效果。单击"下一步"按钮,再单击"完成"按钮,设置完成的结果如图 3-28 所示。

应该注意的是:数字型和货币型字段不能使用"输入掩码向导"。另外,当同一个字段定义了"输入掩码"和"格式"属性后,在该字段存储的数据被显示时,"格式"属性处于优先地位。也就是说,即使已经保存了输入掩码,在数据设置显示格式时,将会忽略输入掩码。

从图 3-28 可以看出,这样的设置结果相当于直接输入掩码"9999 年 99 月 99 日;0;@"。定义输入掩码所使用的字符有着特殊的含义,具体见表 3-6。

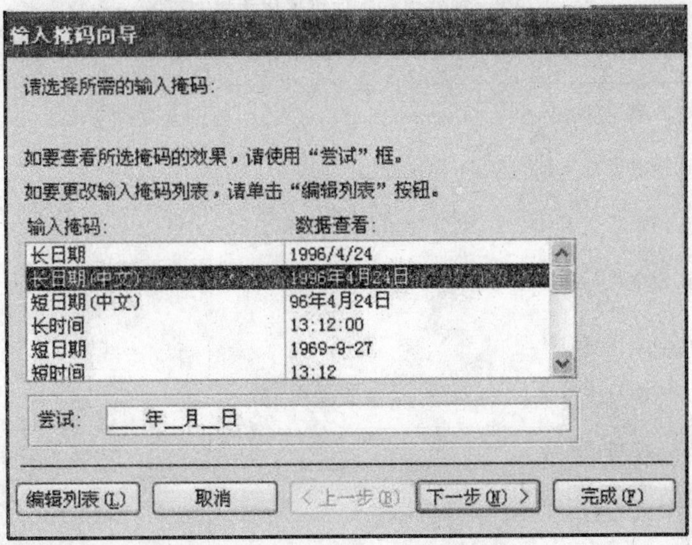

图 3-25　"输入掩码向导"对话框(1)

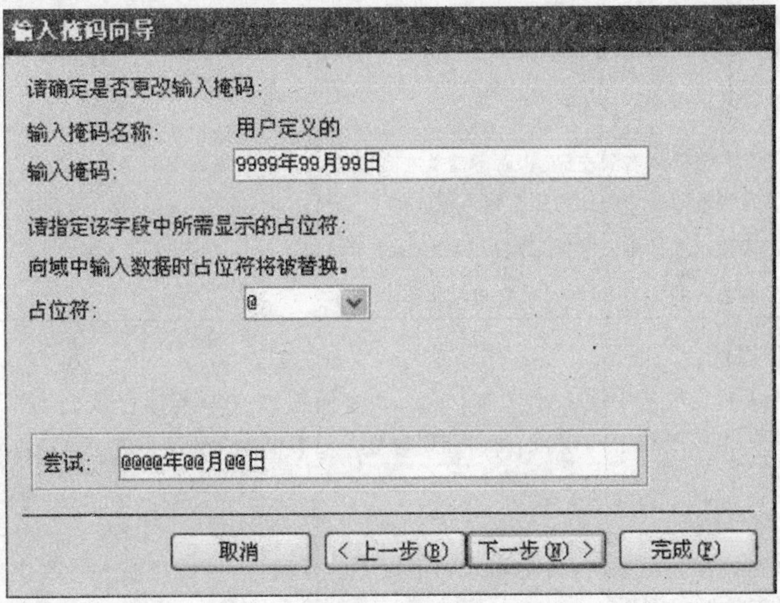

图 3-26　"输入掩码向导"对话框(2)

图 3-27　可用的占位符

图 3-28　"输入掩码"设置结果

表 3-6　输入掩码属性所使用字符的含义

字符	说明
0	必须输入数字(0~9)
9	可以选择输入数字和空格,不允许使用"+"、"－"
#	可以选择输入数字和空格,允许使用"+"、"－"
L	必须输入字母(A~Z)
?	可以输入字母(A~Z)
A	必须输入字母或数字
a	可以输入字母或数字
&	必须输入任何的字符或一个空格
C	可以选择输入任何的字符或一个空格
<	将所有字符转换成小写
>	将所有字符转换成大写
>	将所有字符转换成大写
!	使输入掩码从右到左显示,而不是从左到右显示。输入掩码中的字符始终是从左到右。可以在输入掩码中的任何位置输入感叹号
\	用来显示立即跟随字符(例如,\ABC 只显示 ABC)
password	隐藏输入的文本,以"＊"代替显示文本

5)"标题"属性

如果在"标题"文本框中输入了文本,Access 将使用该文本来标识数据表视图中的字段,也用它来标识窗体和报表中的字段;如果把"标题"文本框留空(默认情况),Access 将用字段名来标识字段。

6) 设置"默认值"

默认值指在添加新记录时,自动加入到字段中的开始值,可以在输入时改变。

7) 定义"有效性规则"

有效性规则是给字段输入数据时设置的限制条件。例如:在"学生信息"表中,高考分数不可能为负数,因此可以在"高考分数"这个字段的有效性规则中输入"＞＝0",具体如图 3-29 所示。即先单击"字段名称"列表中的"高考分数"字段,然后在字段属性"有效性规则"文本框中输入规则"＞＝0"。

为了测试图 3-29 中定义的有效性规则,若输入一个负数作为高考分数,则产生的结果如图 3-30 所示。

有效性规则用表达式来定义,表达式包括运算符和比较值,比较值可以是常量、变量或函数。表 3-7 给出了若干有效性规则表达式及其含义的示例。

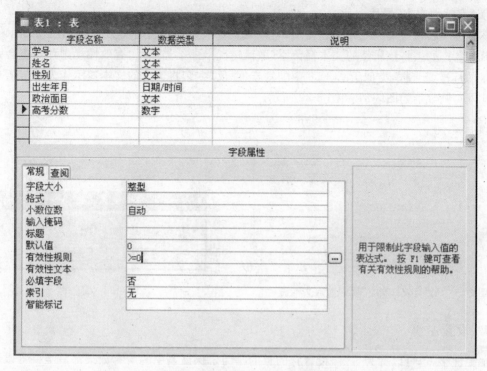

图 3-29　在"有效性规则"文本框中输入规则

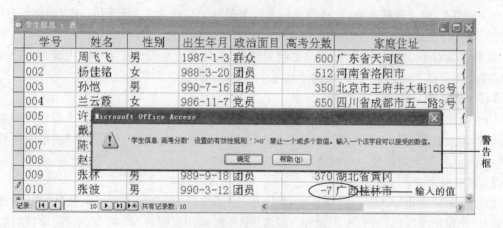

图 3-30　测试所设"有效性规则"

表 3-7　若干有效性规则及其含义示例

有效性规则表达式	含义
＜＞0	可以输入一个非零值
80 or 90	输入的值必须是 80 或者 90
80 and 90	输入的值在 80 到 90 之间
Like "C??"	输入的值必须是以 C 开头的 3 个字符
＜＃2007-01-01＃	输入一个 2007 年以前的日期

8)"有效性文本"属性

该属性一般与有效性规则一起使用,它指的是输入数据不符合有效性规则时所显示的文体提示信息。如果将该属性的文本框留空(默认情况),那么当违反"有效性规则"时,将会弹出Access 的标准警告框,类似于图 3-30 中的警告框;反之,则将输入的文本提示作为警告信息显示。具体实例分别如图 3-31 和图 3-32 所示。

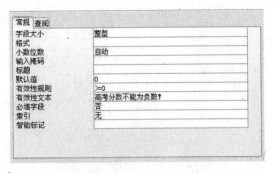

图 3-31　在"有效性文本"框中输入文本提示　　　　　　　图 3-32　警告框

4. 设置主键

主关键字,也可以称为主键,设置它的目的是为了保证表中的所有记录都是唯一可以识别的。主键由一个或多个字段构成,它使记录具有唯一性,即主键字段不能包含相同的值,也不能为空(NULL)值。也就是说,应该选择没有重复值的字段作为主键。例如,在"学生信息"表中,选"学号"作为主键。

虽然主键对于一个表来说,并不是必须要求的,但最好还是应该指定一个主键。用户可以在 Access 中定义三种类型的主键:自动编号主键、单字段主键及多字段主键。

1) 自动编号主键

向表中添加每一条记录时,可将自动编号字段设置为自动输入连续数字的编号。如果我们在保存新表时还没有设置主键,那么 Access 会询问是否创建主键,单击"是"按钮即可自动建立一个主键,该主键就是一个自动编号数据类型。

2) 单字段主键

以创建单字段主键为例,将"学生信息"表中的"学号"字段设置为主键的具体操作步骤如下:先在"学生信息"表设计视图中,单击"学号"字段左端的行选择区,选中"学号"字段;然后,单击工具栏上的"主键"按钮 🔑 ,或者选择"编辑"菜单中的"主键"命令即可。此时,在"学号"字段的左侧,就会出现钥匙形的主键标记,如图 3-19 中所示。

3) 多字段主键

在不能保证任何单字段都包含唯一值时,可以将两个或更多的字段指定为主键。例如:在"选课表"中,"学号"、"课程编号"、"成绩"三个字段中,任何一个都不是唯一的,于是,可以将"学号"和"课程编号"共同设置为主键。具体设置方法与单主键的设置类似,只是在"选课表"设计视图中选择字段时,要同时选中"学号"和"课程编号"。

主键创建后可以取消,也可以更改,取消和更改主键的步骤与创建主键的步骤类似,后面会用专门的实例进行讲述。

3.2.3　使用向导创建表

使用向导创建表就是从 Access 提供的示例表中选择需要的表,用此方法创建的表已经指定了字段名及数据类型,但用户可以随时修改它。

这里以创建"教学管理"数据库中的"选课表"为例,使用向导创建表的具体步骤如下:

(1) 在"表"对象窗口(见图 3-17)中,双击"使用向导创建表",打开"表向导"对话框(1),如图 3-33 所示。在其"示例表"、"示例字段"中依次选择所需的内容,然后单击"下一步"按钮,弹出如图 3-34 所示的"表向导"对话框(2)。

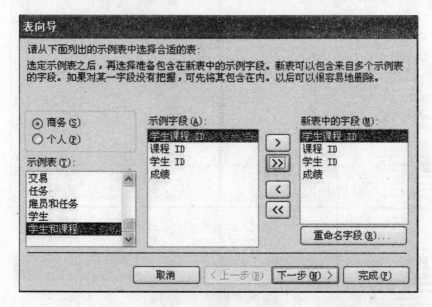

图 3-33　"表向导"对话框(1)

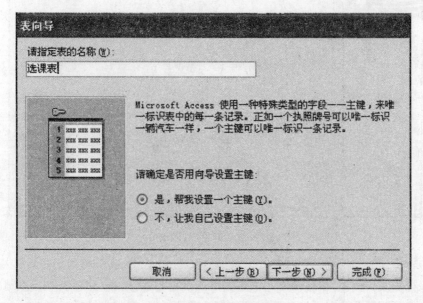

图 3-34　"表向导"对话框(2)

(2) 如图 3-34 所示,首先,在"请指定表的名称"文本框中输入表的名称,例如,输入"选课表";然后,确定是否用向导设置主键;最后,单击"完成"按钮,即可完成表的创建。

(3) 也可以根据实际需要,在步骤(2)中不选择单击"完成",而是选择单击"下一步"按钮。此时,根据具体情况,有可能会弹出类似图 3-35 和图 3-36 所示的对话框。

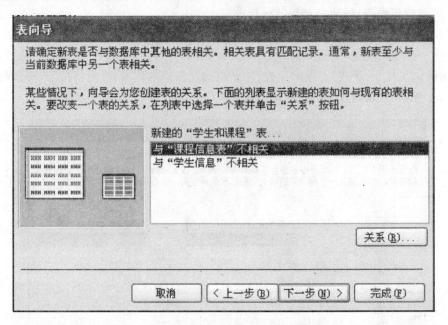

图 3-35 "表向导"对话框(3)

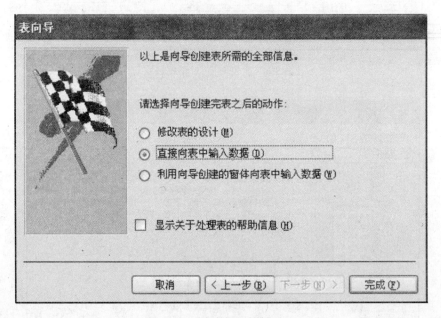

图 3-36 "表向导"对话框(4)

使用向导建立的表不一定完全符合用户的实际需求,因此,我们可以通过设计视图对表的某些结构进行更改。例如,根据 3.1.2 节数据库的规划与设计,在"选课表"中,主键应该是"学号"和"课程编号",因此我们可以打开"选课表"的设计视图,对其主键进行更改。

3.2.4　通过输入数据创建表

创建表除了可以利用设计器和向导的方式外,还可以通过输入数据创建表。这种方法比较简单,但是无法对表中每一字段的数据类型、属性值进行设置,故一般还需要在表设计视图中进行修改。下面以创建"课程信息表"为例,通过输入数据创建表的具体步骤如下:

(1) 在"表"对象窗口(见图 3-17)中,双击"通过输入数据创建表",打开"数据表视图",如图 3-37 所示。

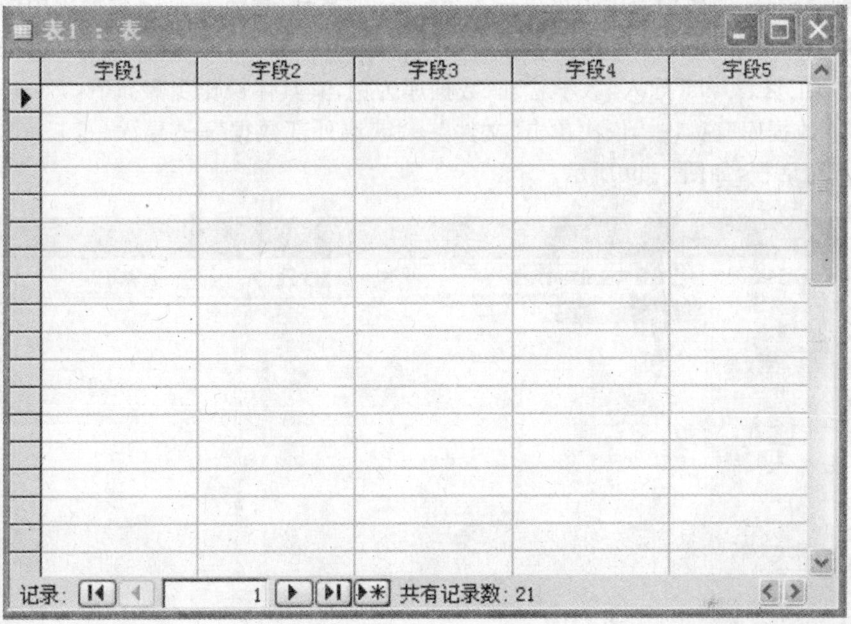

图 3-37　数据表视图

(2) 在数据表视图中,双击"字段 1",输入"课程编号";双击"字段 2",输入"课程名称";使用同样的方法,输入第 3 个字段、第 4 个字段等。

(3) 在输入完所有字段名称后,单击"文件"菜单中的"保存"命令,或单击工具栏上的"保存"按钮 ![save]　,弹出"另存为"的对话框。在其"表名称"文本框中输入表名"课程信息表",然后单击"确定"按钮,弹出"尚未定义主键"提示框,如图 3-38 所示。

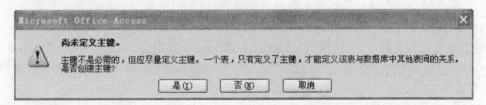

图 3-38　"尚未定义主键"提示框

(4) 出现图 3-38 所示的提示框,是由于前面的操作中没有指定主关键字。此时,单击"是"按钮,Access 将为"课程信息表"创建一个"自动编号"字段作为主键;单击"否"按钮,则不建立"自动编号"主关键字;单击"取消"按钮,则放弃保存表的操作。这里,我们选"否"。

按照上述步骤,使用输入数据的方法创建好了"课程信息表",但是这种方法只说明了表中的字段名,没有说明每个字段的数据类型和属性值,而且这样建立起来的表结构中各个字段的类型都是"文本"型,显然无法满足实际的操作要求。为此,我们可以通过设计视图对表的某些结构进行更改。

3.2.5　导入外部数据

在实际工作中,如果创建数据库时,所需建立的表已经存在了,那么用户可以将其导入到Access数据库中即可。所谓导入外部数据指的是将符合 Access 输入/输出协议的任一类型的表导入到 Access 的数据表中。可以导入 Access 的类型包括:Access 数据库中的表,Excel,Louts 和 DBASE 或 FoxPro 等数据库应用程序创建的表,以及 Html 文档等。下面以已经建立好的"教师工资表. xls"导入"教学管理"数据库为例,其具体操作步骤如下:

（1）在"数据库"窗口中,依次单击"文件"→"获取外部数据"→"导入(Ⅰ)..."命令,这时出现"导入"对话框,如图 3-39 所示。

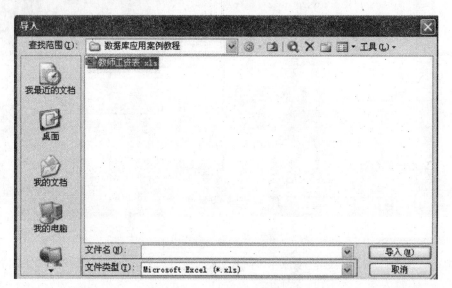

图 3-39　"导入"对话框

（2）在"导入"对话框的"查找范围"框中找到导入文件的位置,在"文件类型"框中,选择"Microsoft Excel(∗. xls)"文件类型,在列表中选择"教师工资表. xls"。

（3）单击"导入"按钮,弹出"导入数据表向导"对话框(1),如图 3-40 所示。

（4）该对话框列出了所要导入表的内容,选中"教师工资表"选项,然后单击"下一步"按钮,弹出"导入数据表向导"对话框(2),如图 3-41 所示。

（5）在该对话框中单击复选框,选中"第一行包含列标题"选项,然后单击"下一步"按钮,弹出"导入数据表向导"对话框(3),如图 3-42 所示。

（6）如果要将导入的表放在当前数据库的新表中,单击"新表中(W)"选项;如果要将导入的表存入当前数据库的现有表中,则单击"现有的表中(X)"选项。这里,我们选择"新表中(W)",然后单击"下一步"按钮,弹出"导入数据表向导"对话框(4),如图 3-43 所示。

（7）在该对话框的列表中,选中"教师编号"字段,在"字段名"文本框中输入"教师编号"。然后,单击"下一步"按钮,弹出"导入数据表向导"对话框(5),如图 3-44 所示。

（8）在该对话框中确定主键。这里,我们选择"我自己选择主键(C)"选项,然后在下拉框

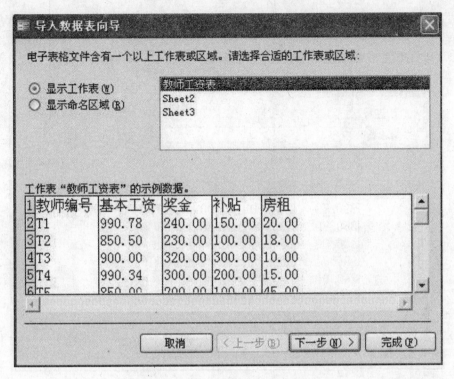

图 3-40　"导入数据表向导"对话框(1)

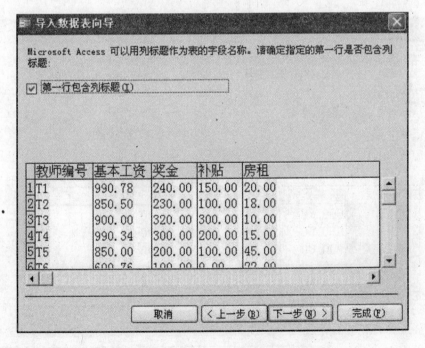

图 3-41　"导入数据表向导"对话框(2)

里选"教师编号"作为主键,单击"下一步"按钮,弹出"导入数据表向导"对话框(6),如图 3-45 所示。

(9)在该对话框的"导入到表"文本框中输入导入表名称"教师工资表",然后单击"完成"

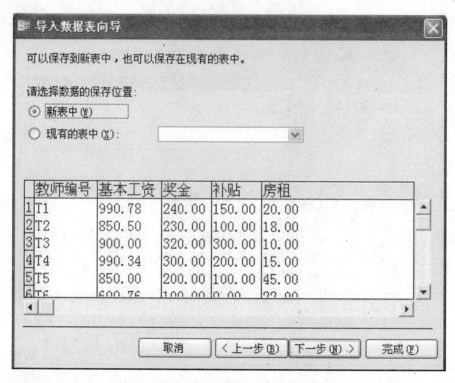

图 3-42 "导入数据表向导"对话框（3）

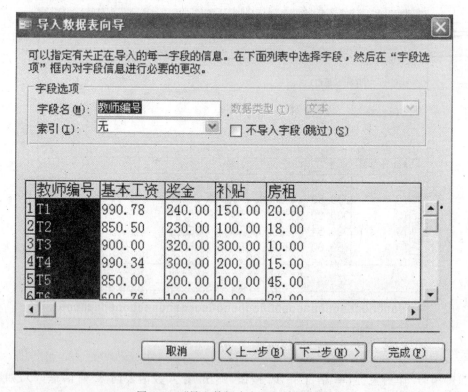

图 3-43 "导入数据表向导"对话框（4）

按钮，弹出"导入数据表向导"的结果提示框，如图 3-46 所示。提示数据导入已经完成，单击

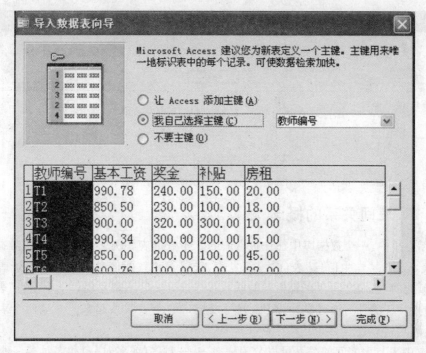

图 3-44　"导入数据表向导"对话框（5）

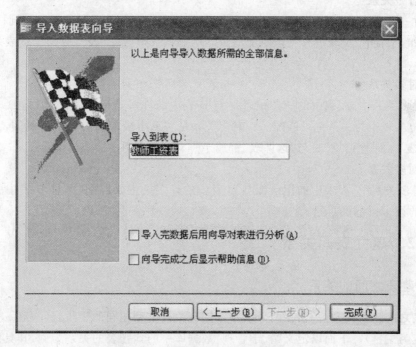

图 3-45　"导入数据表向导"对话框（6）

"确定"按钮关闭提示框。

　　按照上述步骤，完成了"教师工资表.xls"的导入工作。需要注意的是，导入表的类型不同，操作步骤也会不同，用户应按照向导的指引完成导入表的操作。

图 3-46　"导入数据表向导"的结果提示框

3.3　表 间 关 系

3.3.1　表间关系的概念

在实际应用中,一个数据库中往往包含着若干个数据表。例如,"教学管理"数据库中共有 5 张数据表,分别是"学生信息"表、课程信息表、选课表、"教师信息"表、教师工资表。这些表不是完全孤立的,它们之间存在着相互的联系。仔细分析后不难发现,"学生信息"表和选课表中有共同的字段"学号",通过这个字段,就可以把这两个表联系起来。一旦两个表建立了关系,就使得访问相关数据变得更为容易。

Access 中表与表之间的关系可以分为一对一、一对多(或多对一)和多对多三种。

1) 一对一关系

在一对一关系中,A 表中的每一条记录仅能在 B 表中有一条匹配的记录。同样,B 表中的每一条记录也只能在 A 表中有一条匹配记录。例如,"教师信息"表与教师工资表属于一对一的关系。

2) 一对多关系

在一对多关系中,A 表中的一条记录能与 B 表中的许多条记录匹配,但是 B 表中的一条记录仅能与 A 表中的一条记录匹配。一对多关系是关系中最常用的类型。例如,"学生信息"表与"选课表"、"课程信息"表与"选课表"都属于一对多的关系。

3) 多对多关系

在多对多关系中,A 表中的记录能与 B 表中的许多条记录匹配,并且 B 表中的记录也能与 A 表中的许多条记录匹配。

3.3.2　建立表间关系

1. 创建表之间的关系

两个表之间建立关系,必须在两个表中都拥有数据类型相同的字段。(一对一关系还必须都已被设定为主键)。下面以定义"教学管理"数据库中的 5 张表的关系为例,其具体操作步骤如下:

(1) 关闭所有打开的窗口,仅仅打开表所在的数据库窗口。

(2) 选择菜单栏上的"工具"菜单下的"关系"命令,或者单击工具栏上的"关系"按钮 ，打开"关系"窗口。此时,Access 会同时打开"显示表"对话框,如图 3-47 所示。若"显示表"对话框没有自动出现,则可单击工具栏上的"显示表"按钮 。

（3）选择"表"选项卡列表框中的表，然后单击"添加"按钮，或者直接双击"表"选项卡列表框中的表名。例如：选择"教师工资表"，然后单击"添加"按钮，接着使用同样的方法将"教师信息"表、课程信息表、选课表、"学生信息"等表添加到"关系"布局（1）中，如图 3-48 所示。

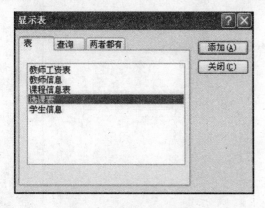

图 3-47 "显示表"对话框

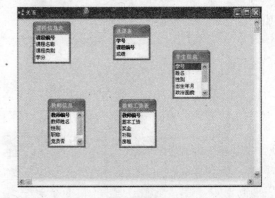

图 3-48 "关系"布局（1）

（4）选择"学生信息"表中的"学号"字段。按住鼠标左键不放将其拖到选课表中的"学号"字段上，放手，此时会打开如图 3-49 所示的"编辑关系"对话框（1）。

（5）单击"实施参照完整性"复选框，其他的两个复选框可根据需要考虑是否选中；单击"创建"按钮，此时会出现如图 3-50 所示的"关系"布局（2），两表之间已设置了一条连接线。

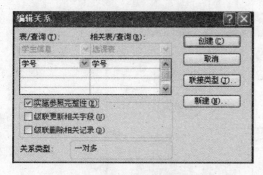

图 3-49 "编辑关系"对话框（1）

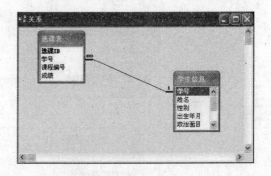

图 3-50 "关系"布局（2）

（6）用同样的方法将选课表中的"课程编号"拖到课程信息表中的"课程编号"字段上；将教师工资表中的"教师编号"拖到"教师信息"表中的"教师编号"字段上。最终效果如图 3-51 所示的"关系"布局（3）。

（7）单击"关闭"按钮，系统将会弹出询问对话框。在询问对话框中，单击"是"按钮，保存"关系"窗口内各个表之间的相对位置，即完成了创建表关系的操作。

2. 修改表之间的关系

修改表之间关系的操作包括以下内容：

（1）删除表之间的关系。删除表之间关系的操作是在"关系"窗口中进行的，例如在图 3-50 中，只要单击某关系连线，使之变粗，然后按一下 Delete 键，即可删除该关系。

（2）更改关联字段。更改关联字段的操作是在"编辑关系"对话框中进行的。在"关系"布局窗口双击关系连线，可以弹出如图 3-52 所示的"编辑关系"对话框（2）。

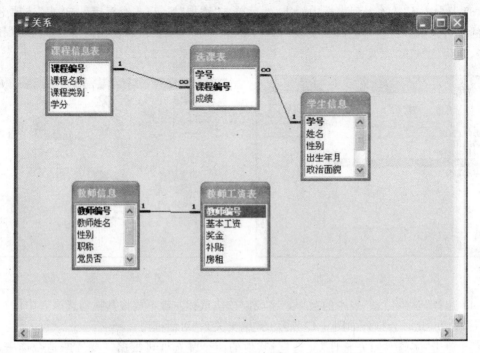

图 3-51　"关系"布局(3)

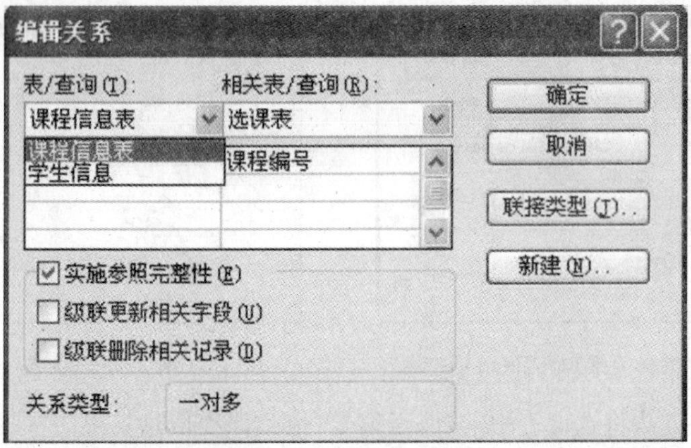

图 3-52　"编辑关系"对话框(2)

　　在"编辑关系"对话框(2)中,更改关联字段的具体步骤是:首先,分别单击两个关联表的下拉列表的箭头,从弹出的下拉列表框中选定新的关联字段;然后,单击"确定"按钮,即可完成关联字段的更改。

3.4　表 的 维 护

3.4.1　修改表的结构

　　如果表结构不能满足新的需求,或者用向导以及直接输入数据创建的表,需要对字段的数据类型、大小等进行修改,就需要对表结构进行修改。需要注意的是:①正在打开的表是不能修改其结构的,即必须先将表关闭后,才能修改它的结构;②和另外表中存在关联的字段是无法修改的,如果要修改,必须先将关联去掉。

修改表的结构是在表设计视图中进行的,具体包括修改字段名、复制、移动、删除字段、修改字段属性、更改主键等操作。下面以 3.2.3 节中用向导创建好的"选课表"(如图 3-53 所示)为例,介绍利用设计视图修改其表结构的具体方法。

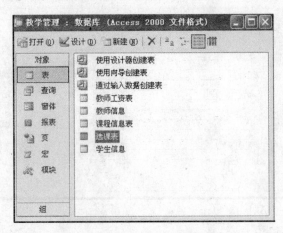

图 3-53　"教学管理:数据库"窗口

为此,需要先打开"选课表"的设计视图,其步骤如下:

在如图 3-53 所示的窗口中,单击"表"对象,然后选中"选课表",最后单击"设计"按钮,打开如图 3-54 所示的"选课表"设计视图(1)。

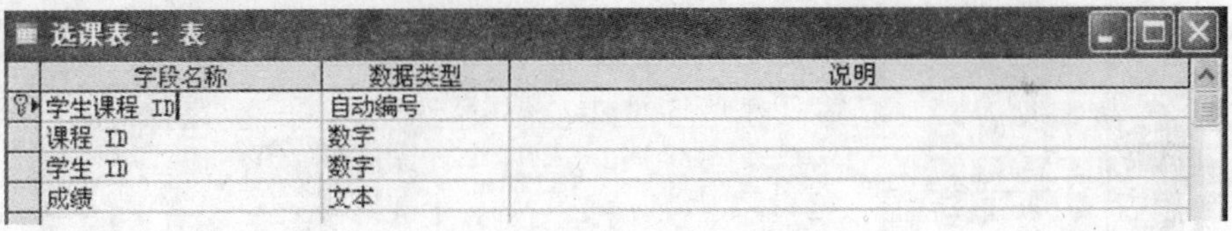

图 3-54　"选课表"设计视图(1)

1. 修改字段

修改字段包括修改字段的名称、数据类型和字段属性等。具体操作步骤如下:

(1) 将光标定位到"字段名称"下的"课程 ID"处单击,打开如图 3-55 所示的"选课表"设计视图(2)。

(2) 将"课程 ID"修改为"课程编号",然后将光标移动到同一行的"数据类型",并单击其小三角形和在其下拉列表框中选择"文本"。在字段属性中,将光标定位到"字段大小"处,并输入"10"。

(3) 类似步骤(2)一样的操作,将"学生 ID"字段名称修改为"学号",数据类型修改为"文本",字段大小修改为"5";将"成绩"数据类型修改为"数字",格式、字段大小修改为"整型"。

(4) 修改完毕后,单击工具栏上的"保存"按钮 ▣ 即可。

2. 插入新字段

假设要在"选课表"的"成绩"字段前插入一个新字段"绩点",其具体操作步骤如下:

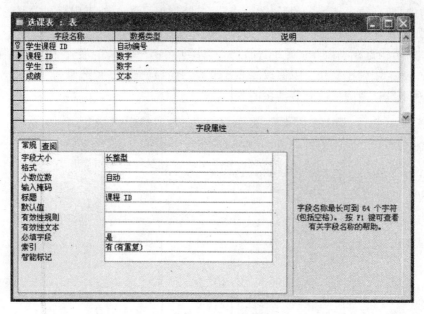

图 3-55　"选课表"设计视图(2)

（1）打开如图 3-56 所示的"选课表"设计视图(3)。

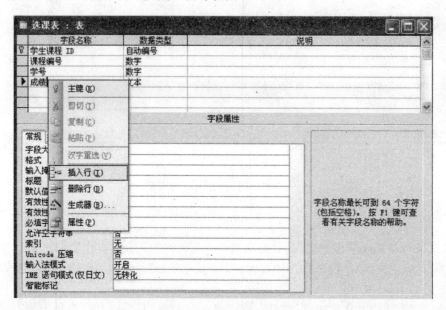

图 3-56　"选课表"设计视图(3)

（2）在该视图列表的"成绩"行上单击右键,然后在出现的下拉菜单中选择"插入行";或单击工具栏上的"插入行"按钮 ，则就会在该行上方插入一个空白行。

（3）在新插入的空白行中输入"绩点",并按照设置字段的步骤对字段的数据类型等进行设置。

（4）单击工具栏上的"保存"按钮 即可。

3. 移动字段

移动字段的目的是让表中的字段按照希望的次序排序。例如,要将"选课表"中的"学号"字段移到"课程编号"前面,则其具体操作步骤如下:

(1) 打开如图 3-57 所示的"选课表"设计视图(4)。

(2) 在该视图的字段列表中,单击"学号"字段的行选择区,选中该字段。然后,按住鼠标左键将"学号"字段拖动到"课程编号"字段上,放手,则完成了该字段的移动。

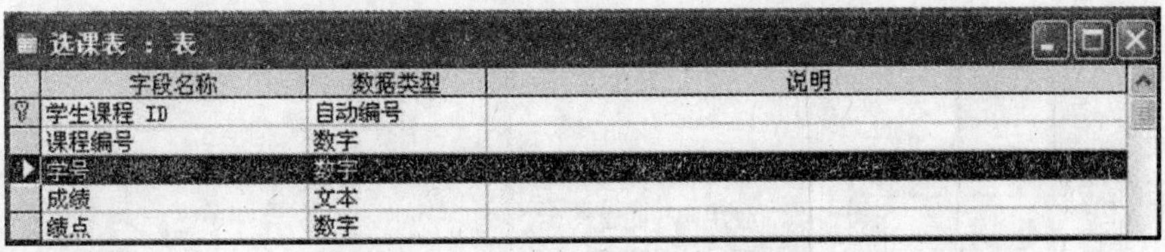

图 3-57　"选课表"设计视图(4)

(3) 单击工具栏上的"保存"按钮 ⊟ 即可。

4. 删除字段

删除字段前要注意的一个问题是,如果拟删除的字段与其他表或查询存在关联,那么必须先将关联去掉,然后才能删除该字段。删除字段与插入新字段的操作步骤基本上是一致的,所不同的是,这里应选择"删除行"菜单,或者单击工具栏上的"删除行"按钮 ⇛。执行删除操作时,屏幕上会出现提示框,在提示框中选择"是"即可完成删除字段的操作。

5. 重新设定主关键字

如果原定义的主关键字不合适,可以重新定义。重新定义主关键字需要先删除原主关键字,然后再定义新的主关键字。例如,在用向导创建好的"选课表"中,由于原主关键字"学生课程 ID"并不是我们想要的字段,根据 3.2 节数据库的规划与设计,我们希望将"学号"和"课程编号"字段共同设定为主键。其具体操作步骤如下:

(1) 打开如图 3-54 所示的"选课表"设计视图(1)。

(2) 在该视图的字段列表中,单击原主关键字"学生课程 ID"的行选择区,再单击工具栏上的"主键"按钮 𝟙,或者选择"编辑"菜单中的"主键"命令,此操作将取消原设置的主关键字,这时我们可以看到"学生课程 ID"字段前的关键字图标 𝟙 消失。

(3) 同时选中想要设定为主关键字的字段"学号"和"课程编号",单击工具栏上的"主键"按钮 𝟙,或者选择"编辑"菜单中的"主键"命令。这时"学号"和"课程编号"字段前会出现主关键字图标 𝟙,表明它们就是主关键字段。

3.4.2　编辑表中的内容

表是由结构和数据组成的。前面介绍了如何创建和修改表的结构,本小节将介绍如何在表中输入和编辑数据。只有在表中输入了数据,创建表的操作才算真正完成。同时,为了确保表中数据的准确,使所建表能够满足实际需要,还需要编辑表中的内容。

编辑表中内容的操作主要包括添加新记录、修改记录、复制和移动数据、删除记录等,这些操作都在表的"数据表视图"中进行。

1. 输入数据

前面所创建好的"学生信息"表还是一个空表,如何向表中输入数据呢? 若以输入表 3-4 中的数据为例,则其具体操作步骤如下:

(1) 启动 Access,打开"教学管理:数据库"窗口,如图 3-58 所示。

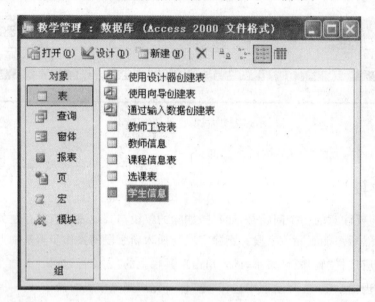

图 3-58 "教学管理:数据库"窗口

(2) 单击"表"对象,选中"学生信息",单击"打开"按钮;或者在步骤(1)中直接双击"学生信息"。进入到如图 3-37 所示的数据表视图。

(3) 在该视图中,按照表 3-4 中的数据,从第 1 条空记录的第 1 个字段开始,分别输入"学号"、"姓名"、"性别"、"出生年月"、"政治面貌"、"高考分数"、"家庭住址"等字段值,每输完一个字段值按 Enter 键或按 Tab 键跳至下一个字段。

(4) 重复步骤(3),直至输入完表 3-4 中的全部数据。最后单击工具栏上的"保存"按钮 [图标] 即可。

在输入数据的过程中,数据表行选择区常出现某些符号,它们代表的含义如表 3-8 所示。

表 3-8　行选择区中的某些符号及其含义

符号	含义
▶三角形	表示该行是当前记录
✐铅笔形	表示正在该行输入或修改数据
✳星形	表示表末空白的记录行,可以在此输入数据

在数据表窗口的下方还有一个"记录"提示框,它的具体标志及其含义如图 3-59 所示。

图 3-59 "记录"提示框的具体标志及含义

2. 添加新记录

只要在打开的表的末尾空白行(行选择区有"＊"号),或者单击工具栏上的"新记录"按钮 ▶,逐个字段输入数据即可。

3. 修改记录

在数据表视图中,将光标移到要修改的字段处,即可输入新的数据。每按一次 Backspace 键可删除一个字符或汉字。注意:只有在光标定位到被修改记录之外的其他记录时,对该记录 的一个或多个字段的修改才会保存起来。在没有保存修改之前,可以按 Esc 键放弃修改。

4. 复制数据和移动数据

可以利用 Windows 剪贴板的功能来复制、移动数据。为此,首先要选定数据,然后进行的 操作步骤和在 Windows 中对文件的操作非常类似,具体不再介绍。在数据表视图中,用鼠标 选择数据的方法主要有:

(1) 选择某字段中的数据:在该数据开始处单击并拖动到该数据的尾部。

(2) 选择整个字段:单击该字段的列选择区(见图 3-60)。

(3) 选择相邻多个字段:单击第 1 个字段的列选择区并拖过所有选定的字段。

(4) 选择一条记录:单击该记录的行选择区(见图 3-60)。

(5) 选择相邻多条记录:单击第 1 条记录的行选择区并拖过所有选定的记录。

(6) 选择所有记录:依次单击菜单栏的"编辑"→"选定所有记录"命令,或单击表左上角的 表选择区。

5. 删除记录

删除记录的具体步骤如下:首先,按照上述提及的方法选定拟删除的记录;然后,单击工具 栏上的"删除记录"按钮 ,或者按 Delete 键,在弹出的提示框中单击"是"按钮,即可完成删 除记录的操作。要注意的是,删除了的数据是无法恢复的。

3.4.3 调整表的外观

在数据表视图中,可以根据需要调整表的外观,其中包括重新调整行高与列宽、隐藏列和 取消被隐藏的列、冻结列和取消冻结列、设置数据表的格式和字体格式等。上述这些操作,基 本上都可以使用如图 3-61 所示的"格式"菜单中的命令来完成。

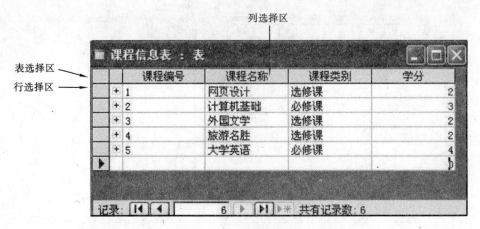

图 3-60　行、列和表选择区

1. 更改行高和列宽

1) 用鼠标法快速更改行高

将鼠标指针移动到行选择区的分界线上，待指针变为图 3-62 中所示的双箭头时，按住鼠标左键上下拖动，到达合适的行高位置时松开左键即可。

图 3-61　"格式"菜单

图 3-62　用鼠标法更改行高

2) 使用"格式"菜单精确更改行高

在数据表视图下，打开"格式"菜单，如图 3-61 所示，然后选择"行高（R）"选项，弹出如图 3-63 所示的对话框。在"行高"文本框中输入行高，单击"确定"按钮即可。若选中"标准行高"复选框，则会将行高设为默认值。

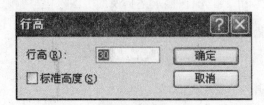

图 3-63　"行高"对话框

更改列宽的方法与更改行高的方法相同，即可在图 3-61 中选择"列宽（C）"选项即可。其具体操作方法在此就不再重述。

2. 隐藏列和取消隐藏列

在数据表视图中，Access 一般会显示表中所有的字段，但由于屏幕宽度有限，某些字段需要通过单击字段滚动条才能看到。如果不想浏览表中的所有字段时，可以使用隐藏列功能使其中的一部分字段暂时不可见。但是，被隐藏的列并没有被删除，选择"取消隐藏列"选项还可以使已隐藏的列重新出现在数据表中。

1）隐藏列

以隐藏"课程信息表"中的"课程类别"字段为例，其具体操作步骤如下：

(1) 在"课程信息表"的表视图中，将鼠标指针定位到"课程类别"字段的任何一个值中。

(2) 单击菜单栏上的"格式"，在出现的如图 3-61 所示的视图中，选择"隐藏列"选项即可。

2）取消隐藏列

要显示上一步隐藏的"课程类别"列，其具体操作步骤如下：

(1) 在"课程信息表"的数据表视图中，单击菜单栏上的"格式"，在出现的如图 3-61 所示的视图中，选择"取消隐藏列(U)"选项，弹出如图 3-64 所示的"取消隐藏列"对话框。

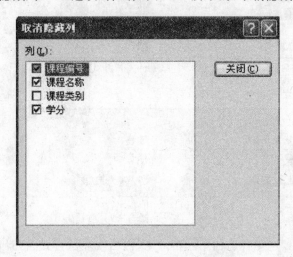

图 3-64　"取消隐藏列"对话框

(2) 单击"课程类别"前的复选框，出现"√"，然后单击"关闭"按钮即可。

3. 冻结列和取消冻结列

利用"冻结"功能，可以将一些字段固定在屏幕上的最左边，以免在水平方向滚动字段时，将这些字段移出屏幕之外。

1）冻结列

以冻结"学生信息"表中的"姓名"字段为例，具体操作步骤如下：

(1) 在"学生信息"表的数据表视图中，单击所要冻结"姓名"字段的列选择区。

(2) 单击菜单栏的"格式"，在出现的如图 3-61 所示的视图中，选择"冻结列(Z)"选项，则该字段便被固定在屏幕的最左边。

2）取消冻结列

要取消上一步冻结的"姓名"列，只要单击菜单栏的"格式"，在出现的如图 3-61 所示的视图中,选择"取消对所有列的冻结(A)"选项即可。

4. 改变表数据的字体、字型、字号

在数据表视图中打开表,选择菜单栏的"格式",在出现的如图 3-61 所示的视图中,选择"字体"选项,具体设置方法与 Word 2003 中字体的设置相同,在此不再重述。

5. 设置数据表格式

设置数据表格式的操作步骤如下:

(1) 在数据表视图中打开表,选择菜单栏的"格式",在出现的如图 3-61 所示的视图中,选择"数据表"选项,弹出如图 3-65 所示的对话框。

图 3-65　"设置数据表格式"对话框

(2) 从该对话框中,选择合适的单元格效果、网格线显示方式、背景色、网格线颜色、边框和线条样式等并且在选择时即可在"示例"框中看到设置的效果。

(3) 单击"确定"按钮即可完成设置。

3.5　表中数据的操作

一般情况下,在用户创建了数据库和表以后,都需要对它们进行必要的操作。例如,查找某些数据,对指定的数据进行排序、筛选等。本节将结合一些实例,介绍查找数据、替换数据,以及对数据进行排序、筛选等操作的具体方法和步骤。这些操作也都是在表的数据表视图中完成的。

3.5.1　查找数据

在 Access 中查找数据,可使用如图 3-66 所示的"查找"选项卡,这里查找的是"学号"字段的值为"0901001"的记录。具体的操作步骤,与 Word 类似,在此不再介绍。

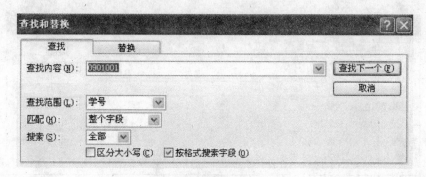

图 3-66　"查找"选项卡

关于"查找"操作，需要说明以下几点：

（1）"查找内容"文本框中允许使用通配符。通配符的种类及其功能如表 3-9 所示。

表 3-9　通配符及其功能

通配符	功能	举例
*	通配任意个任意字符	ab * 可以找到 abc、abcd、abcde……
?	通配一个任意字符	ab? 可以找到 abc、abd、……但是找不到 abcd
[ ]	通配方括号内任何单个字符	a[ef]b 可以找到 aeb 和 afb，但是找不到 acb
!	通配不在括号内的字符	a[! ef]b 可以找到 acb、adb……，但是找不到 aeb 和 afb
-	通配范围内的任何一个字符，必须以递增排序来指定区域（A～Z）	a[a-c]b 可以找到 aab、abb、acb，但是找不到 adb
#	通配单个数字字符	1#3 可以找到 103、113……

（2）"查找范围"可以是表中的某个字段，也可以是整个表；"查找范围"下拉列表中所包含的字段为进行查找之前控制光标所在的字段。

（3）"匹配"下拉列表中有 3 个选项可供选择：字段任何部分，整个字段，字段开头。

3.5.2　替换数据

如果希望批量修改数据时，可以使用 Access 系统提供的如图 3-67 所示"替换"选项卡的功能来完成。具体的操作步骤，与 Word 类似，在此不再介绍。

如果要替换的内容不只是位于光标所在的字段，则"查找范围"应选择"表"。"匹配"下拉列表中有 3 个选项可供选择：字段任何部分，整个字段，字段开头。

3.5.3　数据的排序

对数据表中的记录进行排序，有利于清晰地了解数据、分析数据和获取有用的数据。在数据表视图中打开一个表时，Access 一般是以表中定义的主关键字值排序来显示记录的。对没有设置主键的数据表，将按记录输入的顺序排列记录。如果想改变记录的显示顺序，则就要排序。

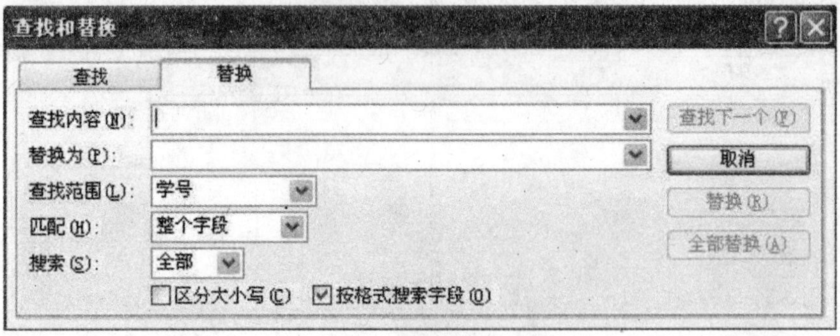

图 3-67　“替换”选项卡

1. 单字段的排序

例如,若要对“学生信息”表中的“高考分数”字段进行降序排列,则其具体操作步骤如下:

(1) 打开“学生信息”表的数据表视图,单击“高考分数”的列选择区。

(2) 单击工具栏上的“降序”按钮,Access 将快速进行排序,并在数据表中显示排序结果,如图 3-68 所示。保存表时,将同时保存排序次序。

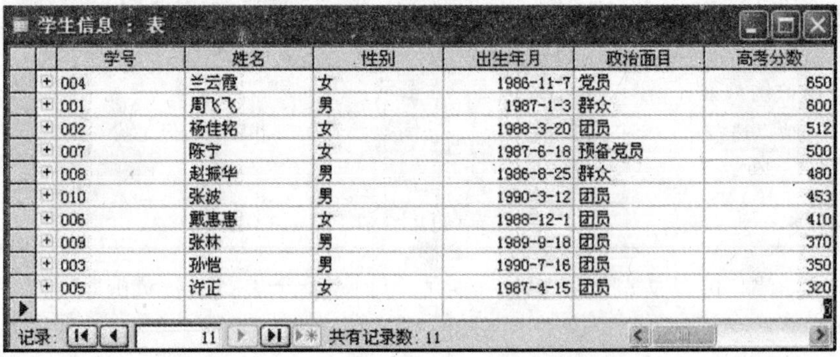

学生信息 : 表

学号	姓名	性别	出生年月	政治面目	高考分数
004	兰云霞	女	1986-11-7	党员	650
001	周飞飞	男	1987-1-3	群众	600
002	杨佳铭	女	1988-3-20	团员	512
007	陈宁	女	1987-6-18	预备党员	500
008	赵振华	男	1986-8-25	群众	480
010	张波	男	1990-3-12	团员	453
006	戴惠惠	女	1988-12-1	团员	410
009	张林	男	1989-9-18	团员	370
003	孙恺	男	1990-7-16	团员	350
005	许正	女	1987-4-15	团员	320

记录: 11　共有记录数: 11

图 3-68　对“高考分数”字段按降序排序的效果

2. 多字段的排序

1) 使用“数据表”视图

例如,若要对“学生信息”表中的“性别”和“出生年月”两字段进行降序排列,则其具体操作步骤如下:

(1) 打开“学生信息”表的数据表视图,同时选中“性别”和“出生年月”的列选择区。

(2) 单击工具栏上的“降序”按钮,排序结果如图 3-69 所示。

从图 3-69 所示的结果可以看出,Access 先按“性别”排序,在性别相同的情况下再按“年龄”从大到小排序。对多个字段进行排序时,必须注意字段的先后顺序。Access 先对最左边的字段进行排序,然后依次从左到右进行排序。如果要取消对记录的排序,则将鼠标指向记录内容后单击鼠标右键,在快捷菜单中选择“取消筛选排序”即可。

从图 3-69 使用“数据表”视图对多字段进行排序的结果中还可以看出,这种方法只能使所有的字段都按同一种次序排序,而且这些字段必须是相邻的字段。如果希望两个字段按照不

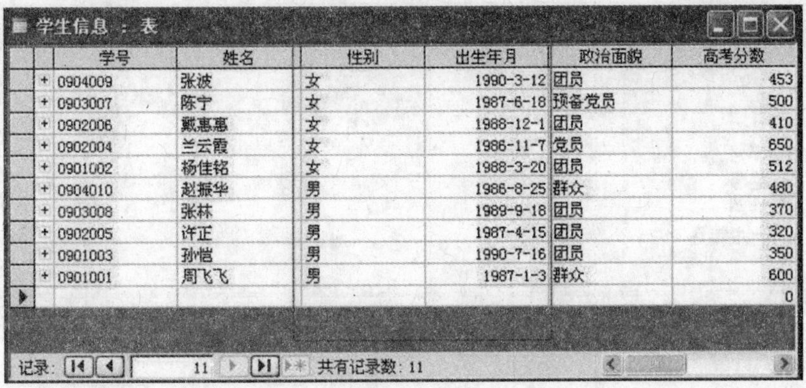

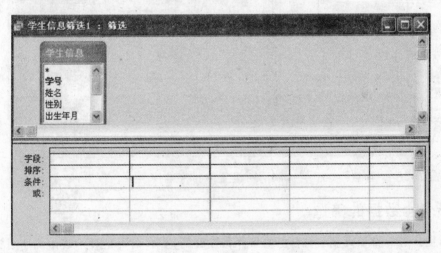

图 3-69 对"性别"和"出生年月"字段按降序排序的效果

同的次序排序,或者按两个不相邻的字段排序,则就必须使用"高级筛选/排序"窗口。

2) 使用"高级筛选/排序"窗口

例如,若要在"学生信息"表中先对"性别"字段降序排列,然后再对"学号"字段升序排列,则其具体操作步骤如下:

(1) 打开"学生信息"表的数据表视图,依次单击菜单栏上的"记录"→"筛选"→"高级筛选/排序",这时屏幕出现如图 3-70 所示的"筛选"窗口(1)。

图 3-70 "筛选"窗口(1)

"筛选"窗口分为上、下两部分。上半部分显示了被打开表的字段列表;下半部分是设计网格,用来设定排序字段、排序方式和排序准则。

(2) 分别双击"性别"和"学号"字段名,将它们添加到设计网格中,然后将光标定位到"性别"的"排序"框内,单击出现的下拉箭头,在出现的下拉列表框中选择"降序";用同样的方法,将"学号"的"排序"框内设定为"升序",如图 3-71 所示。

(3) 依次单击菜单栏上的"筛选"→"应用筛选/排序",或者单击工具栏上的"应用筛选"按钮 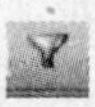 ，这时 Access 系统就会按照上面的设置排序"学生信息"表中的所有记录,排序结果如图3-72所示。

如果要取消对记录的排序,依次单击菜单栏上的"记录"→"取消筛选/排序"命令,或者单

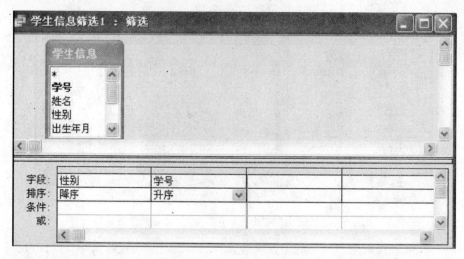

图 3-71　"筛选"窗口(2)

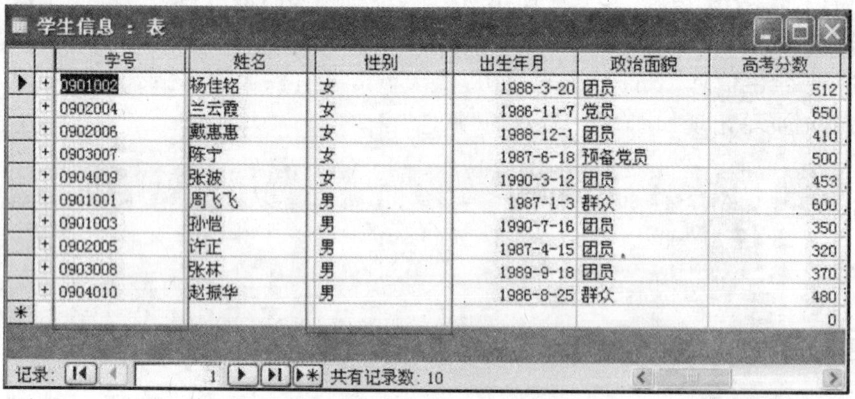

学号	姓名	性别	出生年月	政治面貌	高考分数
0901002	杨佳铭	女	1988-3-20	团员	512
0902004	兰云霞	女	1986-11-7	党员	650
0902006	戴惠惠	女	1988-12-1	团员	410
0903007	陈宁	女	1987-6-18	预备党员	500
0904009	张波	女	1990-3-12	团员	453
0901001	周飞飞	男	1987-1-3	群众	600
0901003	孙恺	男	1990-7-16	团员	350
0902005	许正	男	1987-4-15	团员	320
0903008	张林	男	1989-9-18	团员	370
0904010	赵振华	男	1986-8-25	群众	480
					0

记录: ⏮ ◀ 1 ▶ ⏭ ▶* 共有记录数: 10

图 3-72　排序结果

击工具栏上的"应用筛选"按钮 ▽ ,取消所设置的排序顺序。

3.5.4　数据的筛选

有时用户可能希望只显示与自己的条件相匹配的记录,而不是显示表中的所有记录。这时,可通过 Access 提供的筛选功能实现。

1. 按选定内容的筛选

例如,若要将"学生信息"表中家庭住址在"广西"的学生筛选出来,则其操作步骤如下:

(1)打开如图 3-73 所示的"学生信息"表数据表视图,选定"家庭住址"字段中某一条记录值中的"广西"字符串。

(2)依次单击菜单栏的"记录"→"筛选",在弹出的菜单中有 4 种选择,分别是筛选的 4 种方法。若选择"按选定内容筛选",则筛选后的结果如图 3-74 所示。如果希望重新显示所有的记录,可以单击工具栏上的"取消筛选"按钮 ▽ 。

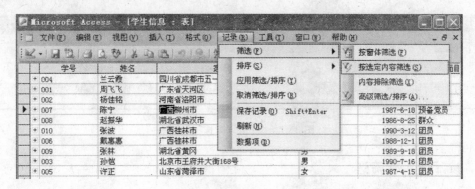

图 3-73　"学生信息"表视图

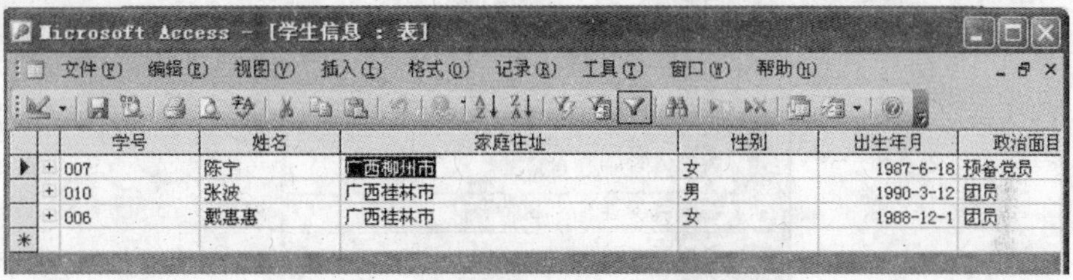

图 3-74　"按选定内容筛选"的结果

2. 按窗体筛选

例如,若要将"学生信息"表中的女生团员筛选出来,则其具体操作步骤如下:

(1) 打开"学生信息"表数据表视图,依次单击菜单栏的"记录"→"筛选"→"按窗体筛选",此时屏幕出现"按窗体筛选"窗口(1),如图 3-75 所示。

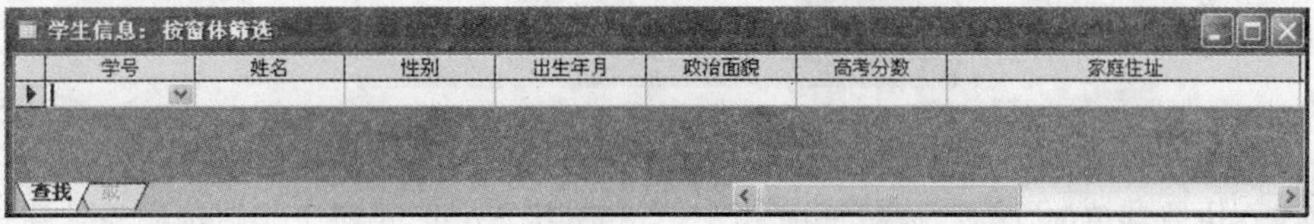

图 3-75　"按窗体筛选"窗口(1)

(2) 将光标定位到"性别"字段,单击出现的下拉箭头,在出现的下拉列表框中选择"女",用同样的方法,在"政治面貌"字段框内选择"团员",如图 3-76 所示。

图 3-76　"按窗体筛选"窗口(2)

(3) 依次单击菜单栏上的"筛选"→"应用筛选/排序",或者单击工具栏上的"应用筛选"按钮 ,筛选结果如图 3-77 所示。

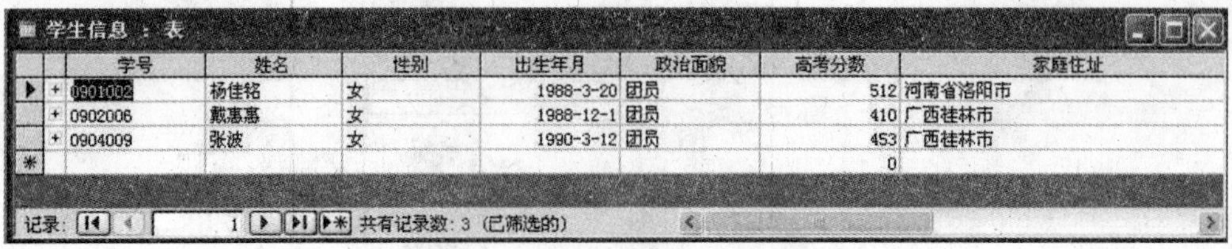

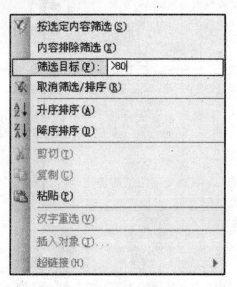

图 3-77 "按窗体筛选"的结果

3. 按筛选目标筛选

例如,若要将"选课表"中成绩 80 分以上的记录筛选出来,则其具体操作步骤如下:

(1) 打开"学生信息"表数据表视图,将光标定位到"成绩"字段列的任一位置,然后单击鼠标右键,弹出"筛选"快捷菜单,如图 3-78 所示。

图 3-78 "筛选"快捷菜单

(2) 在快捷菜单的"筛选目标"框中输入">80",按 Enter 键即完成筛选操作。筛选结果如图 3-79 所示。

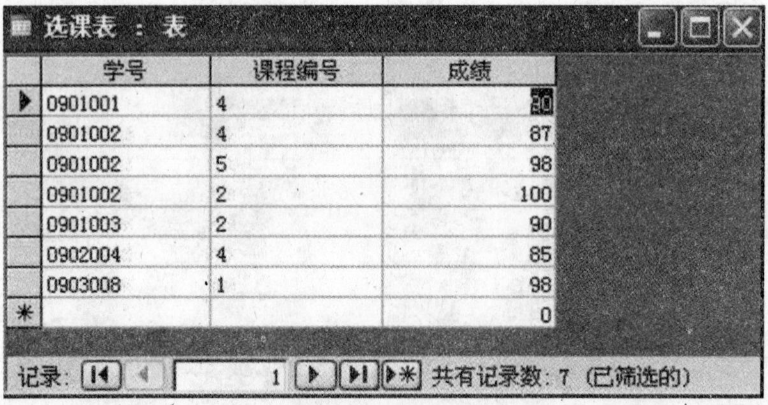

图 3-79 "按筛选目标筛选"的结果

4. 高级筛选

前面介绍的三种筛选方法条件单一、操作简单,但在实际应用中,常常涉及复杂的筛选条件,此时应该使用高级筛选。使用高级筛选的方法与上一节介绍的"高级筛选/排序"类似,所不同的只是,要在如图 3-70 所示的"筛选"窗口下半部分设计窗格的"条件"和"或"行中,输入要筛选的具体条件。这里我们就不再举例讲述。

3.6 数据库管理

3.6.1 数据库的安全性

数据库的安全性就是指数据库中数据的保护措施,一般包括的登陆的身份验证管理、数据库的使用权限管理和数据库中对象的使用权限管理三种安全性保护措施。在这里,我们只介绍通过"手动设置数据库密码"的方式来保证数据库的安全。

下面以给"教学管理"数据库加密为例,其具体操作步骤如下:

(1)如果数据库处于打开状态,则应先关闭数据库。然后,单击"文件"菜单中的"打开"命令重新打开数据库。在"打开"对话框中,找到数据库,单击"打开"按钮旁边的箭头,然后单击"以独占方式打开"。如图 3-80 所示。

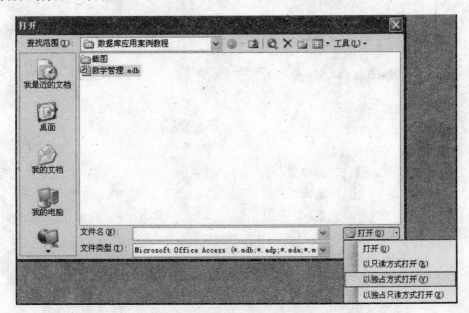

图 3-80 "以独占方式打开"数据库

(2)进入"以独占方式打开"的数据库后,依次单击工具栏上的"工具"→"安全"→"设置数据库密码"命令,这时屏幕上出现如图 3-81 所示的"设置数据库密码"对话框。

(3)在"密码"框中,键入密码(注意:密码区分大小写)。在"验证"框中,重新键入密码以确认,然后单击"确定"按钮。这样就设置好了数据库密码。下次用户打开数据库时,会出现一个"要求输入密码"的对话框,如图 3-82 所示。只有输入正确的密码后方可进入数据库。

如果想取消对数据库密码的设置,则"以独占方式"进入数据库后,依次单击工具栏上的

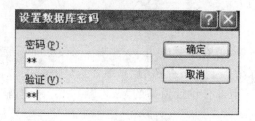
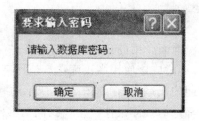

图 3-81 "设置数据库密码"对话框   图 3-82 "要求输入密码"对话框

"工具"→"安全"→"撤销数据库密码"命令。这时,屏幕上会出现一个对话框,要求输入原先设定的密码。输入正确的密码后,单击"确定"按钮即可。

值得指出的是,使用密码保护数据库或其中对象的安全性,也称为共享级安全性,不能使用"以独占方式"为用户或组分配权限,因此任何掌握密码的人都可以无限制地访问所有 Access 数据和数据库对象。若想对数据库中的各个对象设定访问的权限,可以考虑设置模块密码、使用 MDE 文件、使用 Security Wizard 设置 Access 数据库的安全性等方法。

3.6.2　管理数据库

随着数据库的逐步开发,数据库中的对象将会越来越多,必须对其进行妥善地管理。管理包括两个层次,即对象内部的管理和对象整体的管理。其中,对象内部的管理操作,包括对具体对象结构和数据的管理。在前面,已经介绍了数据表的管理;而本书的后续章节将会陆续介绍数据库中其他对象的管理。本小节着重介绍对象(如表、查询、报表等)的整体管理方法,即把对象作为一个整体来管理的方法。

1. 数据库对象的备份和恢复

1) 在数据库内部备份

若要为"教学管理"数据库中的"学生信息"表在同一个数据库中作一个表名为"学生信息1"的备份,则其具体操作步骤如下:

(1) 打开"教学管理"数据库,如图 3-58 所示。先选择"表"对象,再选中"学生信息"。

(2) 依次单击菜单栏上的"编辑"→"复制"命令,将"学生信息"表复制到剪贴板上。

(3) 依次单击菜单栏上的"编辑"→"粘贴"命令,这时屏幕上出现"粘贴表方式"的对话框,如图 3-83 所示。

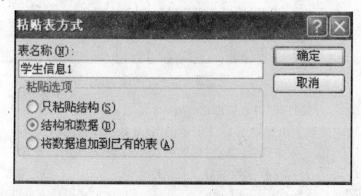

图 3-83 "粘贴表方式"对话框

（4）在"表名称"框中输入"学生信息 1"，然后选择粘贴选项"结构与数据"，单击"确定"按钮，即完成备份的操作。

2）备份放到其他的数据库文件中

若要为"教学管理"数据库中的"学生信息"表作一个名为"学生信息 2"的备份，放到另一个数据库（如 db1.mdb）中，则其具体操作步骤如下：

（1）打开"教学管理"数据库，如图 3-58 所示，选择"表"对象。

（2）选中"学生信息"表，单击右键，在弹出的菜单中选择"导出"命令，这时屏幕上出现"将表'学生信息'导出为"对话框，如图 3-84 所示。

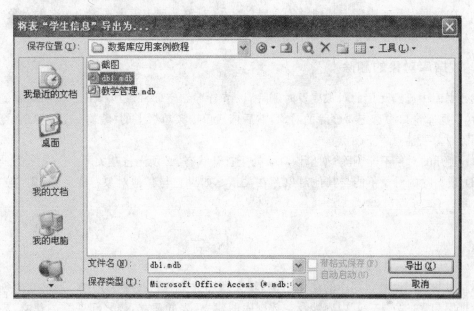

图 3-84　"将表'学生信息'导出为"对话框

（3）在该对话框中，通过"保存位置"，找到接收"学生信息"表的数据库文件 db1.mdb 的存储路径后，选择数据库文件"db1.mdb"，再单击"导出"按钮，这时屏幕上出现"导出"对话框，如图 3-85 所示。

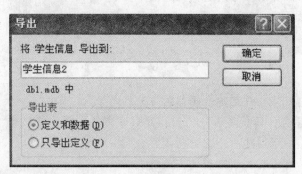

图 3-85　"导出"对话框

（4）在"将学生信息导出到"文本框中输入"学生信息 2"，然后选择"导出表"标签中的"定义和数据"选项，单击"确定"按钮即完成备份的操作。

注意：这时必须打开数据库文件 db1.mdb 才能看到表"学生信息 2"。

3) 数据库对象的恢复

在对象的修改过程中,如果不慎作了误操作,想要恢复原先的对象,则可有以下两种方法:

(1) 依次单击菜单栏上的"编辑"→"撤销"命令,或者单击工具栏的"撤销"按钮。但要注意并不是任何操作都可以撤销的。

(2) 用备份对象取代已被修改的对象,即将备份的对象更名或复制为当前对象。

2. 数据库对象的改名

在对数据库对象改名时,必须要先将其关闭。数据库对象改名的操作步骤如下:

(1) 在数据库窗口中选定某种对象类型,然后在对象名列表框中选中要改名的对象。

(2) 依次单击菜单栏上的"编辑"→"重命名"命令。

3. 数据库对象的删除

在数据库中已经无用的对象要及时删除,以节省存储空间和减少干扰。删除对象的方法是:先在数据库窗口中选定要删除的对象,然后依次单击菜单栏上的"编辑"→"删除"命令。

删除对象要注意以下两点:

(1) 打开的对象不能删除;如果该对象处于打开状态,必须先将其关闭。

(2) 被删除的对象不能与其他对象存在关系。如果它与其他对象存在关系,则应先删除这个关系。

本 章 小 结

本章以"教学管理"数据库的建立为例,较完整和详细地讲述了利用 Access 2003 创建和维护数据库和表的方法。其内容涉及空数据库的建立,表的建立,表之间关系的建立,表的维护,表中数据的操作以及数据库的管理等。

通过对本章的学习,应该能够较全面地掌握利用 Access 2003 创建和维护数据库和表的技术,为后面章节的学习打下良好的基础。至于本章没有详细讲述的内容,例如,对数据库对象分别设定访问权限等,可以参考其他相关的书籍。

本章知识结构图如图 3-86 所示。

思 考 题

1. 在 Access 2003 中,有哪几种创建数据库的方法?

2. Access 2003 数据库文件的扩展名是什么? 数据库文件由哪些对象构成?

3. 在 Access 2003 中,如何创建一个空数据库?

4. 在 Access 2003 中,有哪几种创建表的方法?

5. 表设计器从左到右的构成分别是什么?

6. 字段的数据类型都有哪些?

7. 对于一个表中的主键都有哪些要求?

8. 表之间的关系有哪几种?

9. 保证数据库安全性有哪些措施?

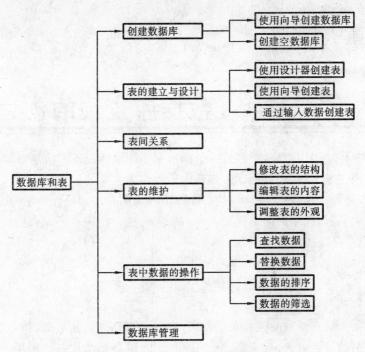

图 3-86　第 3 章知识结构图

第 4 章

Access 数据库查询的创建与使用

在数据库的实际应用中,常常需要从大量的数据中快速找到所需信息,并对相关的信息进行操作。例如,要从"教学管理"数据库中查询政治面貌为党员的学生,或者要对学生的所有课程成绩求平均分,等等。Access 2003 为用户提供了强大的查询和统计数据的能力。

本章结合具体实例,介绍如何通过 Access 2003 创建和使用查询,包括查询的创建过程,对查询的操作,以及高级查询的使用等。

4.1 查 询 概 述

人们使用数据库的主要目的就是在数据表中保存数据,并在需要的时候按照特定的条件从中提取所需要的信息。因此,查询是 Access 2003 的核心操作之一。利用查询不仅可以检索符合特定条件的数据,而且可以通过查询向表中添加新数据。建立查询时,可以从一个或多个数据表中获取数据,在数据库响应了用户的要求并返回相关信息之后,用户可以浏览和分析数据。本节将介绍查询的基础知识,包括查询的类型、功能以及查询视图等。

4.1.1 查询的类型

Microsoft Access 2003 提供了选择查询、参数查询、交叉表查询、操作查询和 SQL 查询等五种类型的查询。

1) 选择查询

选择查询是最常用的查询类型,它根据指定的查询准则,从一个或多个表中获取相应的数据并显示结果。也可以使用选择查询对记录进行分组,作求和、计算平均值以及其他类型的统计计算。例如,统计某专业学生某一门课程的平均成绩。

2) 参数查询

参数查询是一种特殊的查询,它使用对话框来提示用户输入准则,并根据用户输入的准则来检索符合相应条件的记录。例如,可以设计参数查询来提示输入两个日期,然后 Access 检索在这两个日期之间的所有记录。除此之外,也可以将参数查询作为窗体、报表和数据访问页的基础。例如,可以以参数查询为基础来创建月盈利报表。在打印报表时,Access 显示对话框来询问所需报表的月份,在输入月份后,Access 便打印相应的报表。

3) 交叉表查询

交叉表查询把来源于某个表中的字段进行分组,一组列在数据表的左侧,一组列在数据表的上部,然后显示表中某个字段的统计值。换句话说,交叉表查询就是利用表中的行和列来统计数据的。

4) 操作查询

操作查询与选择查询相似,都是由用户指定查找记录的条件。但是,选择查询是获取符合特定条件的一组记录,而操作查询是在一次查询操作中对所得结果进行编辑等操作。例如,若超市中某类产品价格上涨,则这时需要对记录中该类产品的价格执行更新操作。操作查询是仅在一个操作中更改许多记录的查询,并共有 4 种类型:生成表查询,更新查询,追加查询和删除查询。

5) SQL 查询

SQL 查询就是用户使用 SQL 语句创建的一种查询。Access 2003 支持 SQL 语言,它使 Access 数据库的功能得到了很大的加强,并使 Access 与大型数据库(如 SQL server)的数据传递成为可能。

4.1.2　查询的功能

人们通常需要新建一个数据库,并在数据库中新建一个表,用来存储大量的数据。除此之外,还可以通过 Access 2003 提供的强大查询功能,对相关数据进行操作。例如,以"教学管理"数据库为例,如果想"隐藏"学生信息表中高考分数属性列,然后打印该数据表中的其他数据,则可以通过查询的功能实现。Access 2003 提供的查询主要有如下功能:

1) 选择字段

选择字段是指从数据表中选择满足用户需要的部分字段。例如,对于学生信息表,只选择学号、姓名、性别、出生年月和家庭住址建立一个查询。

2) 选择记录

选择记录是指从数据表中选择满足某种准则的部分记录。换句话说,就是根据指定的条件查询表中的记录。例如,在学生信息表中,可以创建一个只显示性别为"女"的学生信息。

3) 排序记录

排序记录就是对数据表的数据进行重新排序,即把查询的结果按照某种顺序显示出来。例如,对学生信息表中的高考分数执行降序排序操作。

4) 修改数据

修改数据是指利用查询添加、修改和删除表中的记录。例如,根据学号,将已毕业的学生从学生信息表中删除。

5) 建立新表

采用生成表查询,可以根据查询结果新建一个查询结果表。例如,在学生信息表中,可以通过创建一个政治面貌为"团员"的查询,建立一个团员信息表。

6) 统计计算

可以使用查询来执行对表中数据的统计计算,如求和(Sum)、求平均值(Average)、求最大值(Max)以及最小值(Min)等。如在选课表中,计算某门课程的平均成绩。还可以建立一个计算字段来保存计算结果。

7) 数据来源

查询的结果还可以作为窗体、报表和数据访问页的数据来源。

4.1.3　查询视图

Access 2003 提供的查询视图有如下 5 种:

1) 设计视图

设计视图也就是查询设计器,如图 4-1 所示。它是 Access 最为强大的功能特征之一。通过该视图不仅可以创建除 SQL 查询之外的任何类型的查询,而且还可以对已有的查询进行修改。

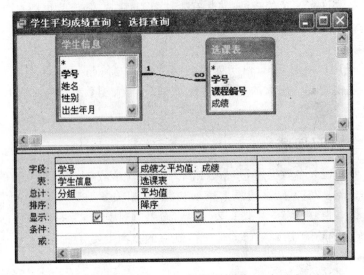

图 4-1 设计视图

2) 数据表视图

"数据表视图"是查询的数据浏览器,如图 4-2 所示。通过该视图可以查看查询的执行结果,浏览所检索的数据。

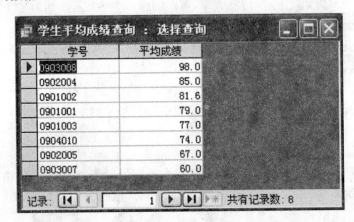

图 4-2 数据表视图

3) SQL 视图

SQL 视图是按照 SQL 语法规范显示查询语句,如图 4-3 所示。该视图主要用于 SQL 查询。

图 4-3 SQL 视图

4）数据透视表视图和数据透视图视图

数据透视表视图和数据透视图视图分别如图 4-4 和图 4-5 所示。在这两种视图中,可以更改查询的版面布局,从而可以用不同的方式分析数据。

图 4-4　数据透视表视图

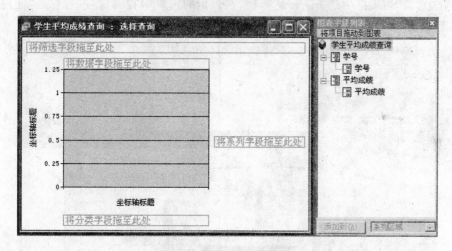

图 4-5　数据透视图视图

4.2　查询的创建

通过前面的介绍,我们知道查询是数据库应用中非常重要的一个部分。Access 提供的查询功能,不仅可以对一个表进行简单的查询操作,而且还可以通过对多个表建立关系,实现整体的查询。

Access 2003 提供创建查询的方法有使用查询向导和使用查询设计视图。下面分别通过实例介绍这两种创建查询的方法和步骤。

4.2.1　使用向导创建查询

【例 4.1】　使用向导创建一个查询,从"教学管理"数据库的"学生信息表"中,查找学号为

"0903007"的学生信息。

具体实现步骤如下：

（1）双击"教学管理"数据库文件夹，打开"教学管理"数据库窗口，如图4-6所示。

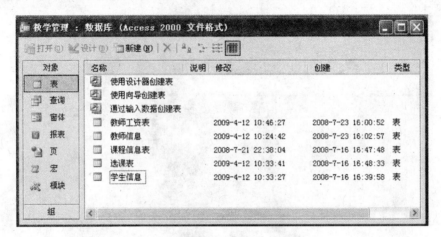

图4-6　"教学管理"数据库窗口

（2）在"对象"列表框中单击"查询"选项，在弹出的窗口的右侧窗格中，双击"使用向导创建查询"选项，弹出"简单查询向导"对话框。如图4-7所示。

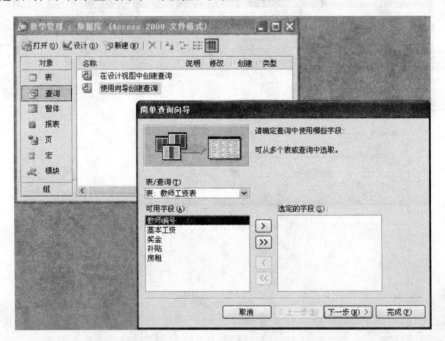

图4-7　"简单查询向导"对话框（1）

（3）在该对话框的"表/查询"下拉列表中，选择表或查询作为查询的对象。若选择一个查询，则表示对一个查询的结果执行进一步的查询操作。这里选择"表：学生信息"选项。然后，单击选定在"可用字段"列表框中要查询的相应字段后，单击 ⟩ 按钮，所选的相应字段就会添加到"选定的字段"列表框中。其中，⟩⟩ 按钮表示对"可用字段"列表框中所有的字段全选，⟨ 按钮表示撤消"选定的字段"列表框中选定的相应字段，⟨⟨ 按钮表示撤消"选定的字段"

列表框中所有的字段。根据本例中的查询要求,选定所有的字段,如图 4-8 所示。

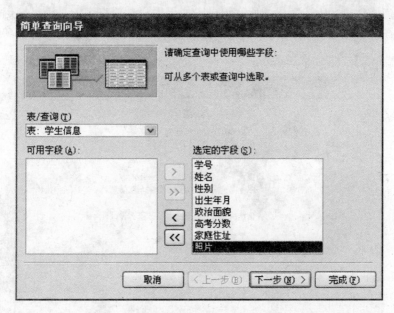

图 4-8　选定所有的字段

　　(4) 单击"下一步"按钮,弹出"简单查询向导"对话框(2),如图 4-9 所示。如果要在查询中显示每个记录的各个字段的值,则选择"明细"单选按钮。如果要对查询中的某些字段进行汇总,可以选择"汇总"单选按钮。这里选择"明细(显示每个记录的每个字段)"单选按钮,如图4-9 中所示。注意,这一步的界面并不总是出现的,只有当选定的字段中有"数字"类型时,该界面才会出现,否则会跳过这一步。

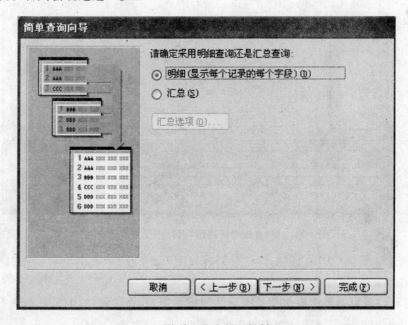

图 4-9　"简单查询向导"对话框(2)

　　(5) 单击"下一步"按钮,弹出"简单查询向导"对话框(3),如图 4-10 所示。在此对话框中,要求用户设置查询的标题,并选择创建标题后的下一步操作。若选择"打开查询查看信息"选项,则查询结果会显示所选字段的所有记录。如果用户希望查询的是满足一定条件的记录,则选择"修改查询设计"选项。因为我们要查询的是"学号"字段中值为"0903007"的记录,所以选择"修改查询设计"选项。

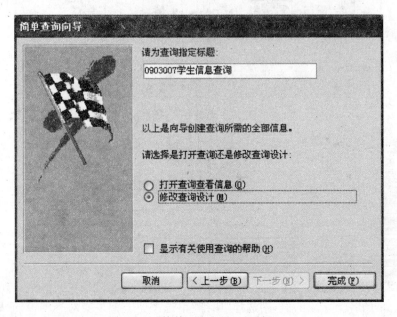

图 4-10 "简单查询向导"对话框(3)

(6) 单击"完成"按钮,打开"查询设计视图"窗口。在"查询设计视图"窗口中,先选择"学号"字段,然后在对应的"条件"一行中输入"="0903007"",如图 4-11 所示。

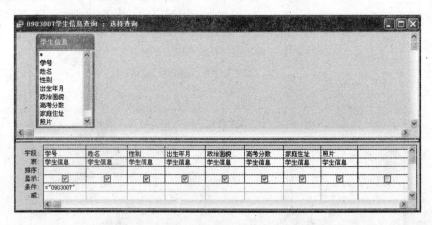

图 4-11 在"查询设计视图"窗口中设置查询条件

(7) 依次选择菜单栏中的"视图"→"数据表视图"命令或者"查询"→"运行"命令,显示查询结果,如图 4-12 所示。

当然,还可以使用向导实现多个关联表的整体查询,即在步骤(3)的"表/查询"下拉列表中依次选择多个表的相应字段进行相关的查询操作。

图 4-12　学号为"0903007"的学生信息

4.2.2　使用设计视图创建查询

与创建表一样,使用"简单查询向导"创建查询有很大的局限性,最好的查询方法是在 Access 2003 的图形化查询"设计视图"窗口中设计查询。查询"设计视图"是 Access 最为强大的功能特征之一。使用查询"设计视图",不仅可以创建各种类型的查询,如选择查询、交叉表查询等,而且可以对已有的查询进行修改。

1. 查询设计视图

查询"设计视图"的窗口,如图 4-13 所示。

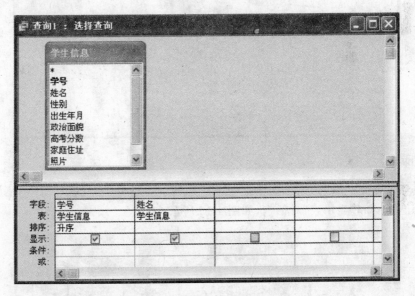

图 4-13　查询"设计视图"的窗口

由图 4-13 知,查询"设计视图"的窗口分两部分,上半部分显示查询所使用的表对象;下半部分定义查询设计的表格,其中:

- 字段:选择查询中要包含的表字段。
- 表:选择字段的来源表。
- 排序:定义字段的排序方式。
- 显示:设置是否在数据表视图中显示所选字段。
- 条件:设置字段的查询条件。
- 或:用于设置多条件之间的"或"条件。

2. 创建查询

使用"设计视图"可以创建基于一个表或多个表的查询。如果选择多个表,则多个表之间应先建立关系。

【例 4.2】 使用"设计视图"创建一个查询，从"教学管理"数据库的"课程信息表"中，查找课程类别为"必修课"的课程信息。

具体实现步骤如下：

(1) 打开如图 4-6 所示的"教学管理"数据库窗口，在其"对象"列表框中单击"查询"选项，弹出查询创建方式选择窗口，如图 4-14 所示。

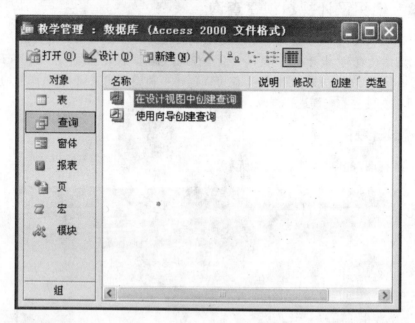

图 4-14　查询创建方式选择窗口

(2) 在右侧窗格中双击"在设计视图中创建查询"选项，或单击"设计"按钮 设计(D)，弹出查询"设计视图"和"显示表"对话框，如图 4-15 所示。

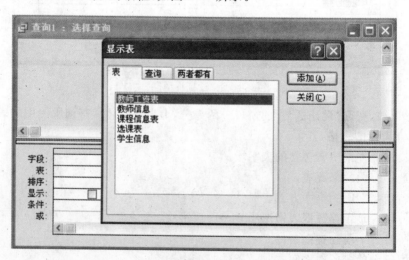

图 4-15　查询"设计视图"和"显示表"对话框

(3) 选择并添加数据表。在"显示表"对话框中，单击建立查询所需的表或查询。若要添加多个关联的表，可以按住"Ctrl"键，同时选择多个表。完成数据表的选择后，单击"添加"按钮,将数据表添加到查询"设计视图"对话框中。也可以通过双击所需数据表的方法添加数据表,这里我们选择"课程信息表"。如图 4-16 所示。

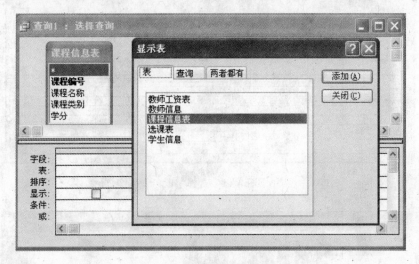

图 4-16　选择并添加数据表

(4) 单击"关闭"按钮,在如图 4-17 所示的查询"设计视图"对话框中进行以下定义查询的操作:

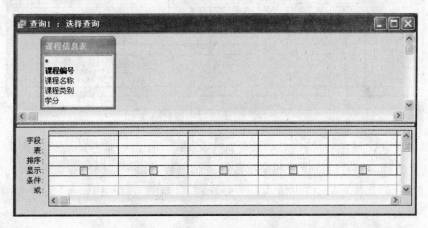

图 4-17　查询"设计视图"对话框

(a) 选择字段。有 3 种方法可将字段添加到查询"设计视图"下半部分的表格中:一是在"设计视图"上半部分的数据表中双击选择所需的字段;二是使用鼠标拖放功能,把要选择的字段拖到查询"设计视图"下半部分的表格中;三是在查询"设计视图"下半部分的"字段"位置单击按钮,弹出下拉列表框,该列表框中显示出的数据表的表名及其全部字段名,如图 4-18 所示,在下拉列表框中选择需要的字段即可。这样,字段名依次显示在"字段"一行,各字段对应的数据表显示在"表"一行。所需字段选取后的结果如图 4-19 所示。

(b) 设置排序。用户可将查询结果按一定的顺序排列。单击所需排序字段的"排序"单元格,这时右边出现一个 ⬇ 按钮。单击 ⬇ 按钮,打开下拉列表框,从列表中选择一种排序方式:升序或降序。其中,系统对字段的排序方式默认值为"不排序"。

(c) 设置是否在数据表视图中显示所选字段。如选择显示所选字段,则单击该字段对应

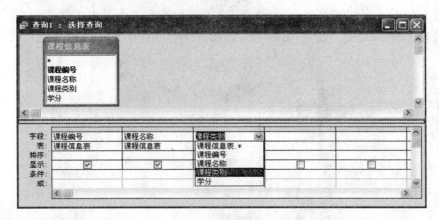

图 4-18　选择字段

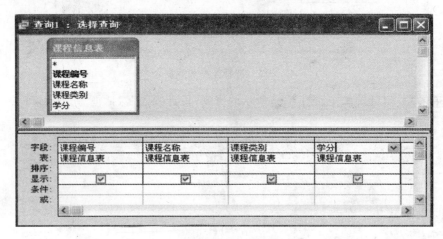

图 4-19　完成选择字段的结果

的"显示"单元格。此时,单元格内显示图标 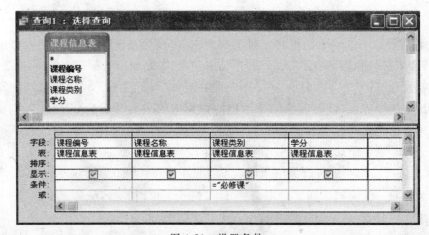,若再次单击,可撤消显示所选字段。

（d）设置条件。用户可以设置相应字段的查询条件。根据示例的查询要求,我们在"课程类别"字段对应的"条件"单元格内输入"＝"必修课"",如图 4-20 所示。注意,"＝"和""""都必须是半角字符。

图 4-20　设置条件

（e）设置多个条件之间的条件。

（5）完成查询的定义后，依次选择主窗口菜单栏中的"文件"→"保存"命令，保存查询，如图 4-21 所示。或单击工具栏中的"保存"按钮 ![], 在弹出的"另存为"对话框的"查询名称"文本框中，为新建的查询命名。

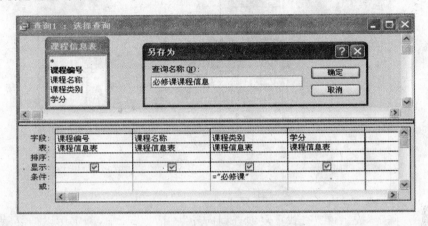

图 4-21　保存查询

（6）单击"确定"按钮，然后打开新创建的查询，浏览查询结果，如图 4-22 所示。

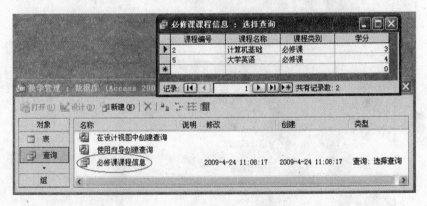

图 4-22　"必修课课程信息"查询结果

如果用户希望在完成查询定义后直接浏览查询结果，则可以单击主窗口工具栏上的"运行"按钮 ![]，就会弹出查询的结果。

4.2.3　创建查找重复项查询

在数据表中，除设置为主键的字段不能重复外，其他字段允许有重复值。因此，所谓查找重复项，就是可以通过创建查询来查找数据表中具有重复字段值的记录。在 Access 2003 中，可能需要对数据表中某些具有相同值的记录进行检索、分类，使用"查找重复项查询向导"可以快速完成查找重复项的查询。

【例 4.3】　使用"查找重复项查询向导"创建一个查询，从"教学管理"数据库的"教师信息"表中，查找同一所属部门的教师信息。

具体实现步骤如下：

（1）双击打开"教学管理"数据库窗口，然后在"对象"列表框中单击"查询"选项。

（2）单击"新建"按钮 **新建(N)**，在弹出的"新建查询"对话框中，选择"查找重复项查询向导"选项，如图 4-23 所示。

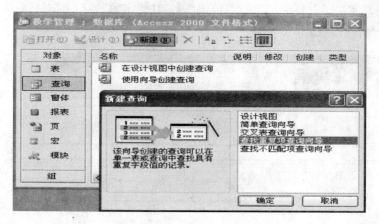

图 4-23 选择"查找重复项查询向导"选项

（3）单击"确定"按钮，在"查找重复项查询向导"对话框（1）中，确定用以搜寻重复字段值的表或查询，如图 4-24 所示。选择列表框中的"表：教师信息"选项，在"视图"选项区中选择"表"选项，然后单击"下一步"按钮。

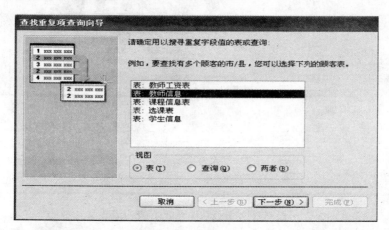

图 4-24 "查找重复项查询向导"对话框（1）

（4）在弹出的"查找重复项查询向导"对话框（2）中，确定可能包含重复信息的字段，如图 4-25 所示。选择"可用字段"列表框中的"所属部门"，单击 **>** 按钮，将其添加到"重复值字段"列表框中。这样，在查询结果中的"所属部门"是分类的唯一依据。单击"下一步"按钮。

（5）在弹出的"查找重复项查询向导"对话框（3）中，确定查询是否显示除带有重复值字段以外的其他字段。换句话说，除了选定重复值字段外，还可为创建的查询添加其他需要显示出来的字段。这里选择"可用字段"列表框中的所有字段，单击 **>>** 按钮，将选定字段添加到"另外的查询字段"列表框中。如图 4-26 所示。

（6）单击"下一步"按钮，在弹出的"查找重复项查询向导"对话框（4）中，为创建的查询指定查询名称为"查找同一所属部门的教师信息"，如图 4-27 所示。对于下一步的操作，如果需要查看查询结果，选择"查看结果"选项；如果还需要进一步修改查询设计，则选择"修改设计"

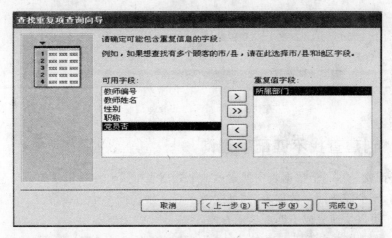

图 4-25 "查找重复项查询向导"对话框(2)

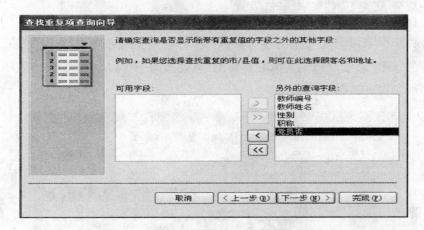

图 4-26 "查找重复项查询向导"对话框(3)

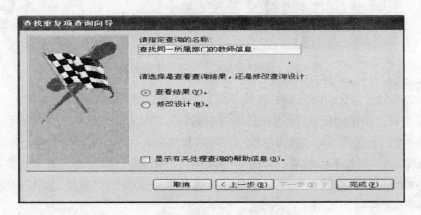

图 4-27 "查找重复项查询向导"对话框(4)

选项。通过前面的步骤,我们已经完成了查询的设计,因此这里选择"查看结果"选项,然后单击"完成"按钮。

(7) 通过重复项查询,可以更直观地查看到同属一部门的教师信息,如图 4-28 所示。

所属部门	教师编号	教师姓名	性别	职称	党员否
外语系	T5	高庆	男	教授	☑
外语系	T3	赵六	男	助教	☑

记录: ⅠⅠ ◀ 　　1　▶ ▶Ⅰ ▶＊ 共有记录数: 2

图 4-28　"查找同一所属部门的教师信息"查询结果

4.2.4　创建查找不匹配项查询

不匹配查询就是在一个数据表中搜索另一个数据表中没有相关记录的记录行。创建查找不匹配项查询,至少需要两个数据表,并且这两个表必须在同一个数据库里。使用"查找不匹配项查询向导"可以快速完成不匹配项的查询。

【例 4.4】　使用"查找不匹配项查询向导"创建一个查询,从"教学管理"数据库的"学生信息"表和"选课表"中,查找其不匹配项。

具体实现步骤如下:

(1) 双击打开"教学管理"数据库窗口,然后在"对象"列表框中单击"查询"选项。

(2) 单击"新建"按钮 🔲 新建(N),在弹出的"新建查询"对话框中,选择"查找不匹配项查询向导"选项,如图 4-29 所示。

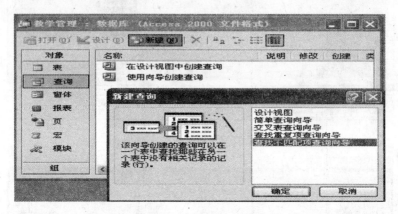

图 4-29　选择"查找不匹配项查询向导"选项

(3) 单击"确定"按钮,在弹出的"查找不匹配项查询向导"对话框(1)中,确定在查询结果中含有哪张表或查询中的记录,即选择列表框中的"表:学生信息"选项,在"视图"选项区中选择"表"选项,如图 4-30 所示。然后,单击"下一步"按钮。

(4) 在弹出的"查找不匹配项查询向导"对话框(2)中,确定哪张表或查询包含相关记录。即选择列表框中的"表:选课表"选项,在"视图"选项区中选择"表"选项,如图 4-31 所示。然后,单击"下一步"按钮。

(5) 在弹出的"查找不匹配项查询向导"对话框(3)中,确定在两张表中都有的信息。即在每张表上选择匹配字段,如图 4-32 所示。然后,单击 <=> 按钮,把匹配字段添加到"匹配字段"文本框。

(6) 单击"下一步"按钮,在"查找不匹配项查询向导"对话框(4)中,选择查询结果中将要显示的字段。即选择"可用字段"列表框中的"学号"和"姓名"字段,如图 4-33 所示。然后,单

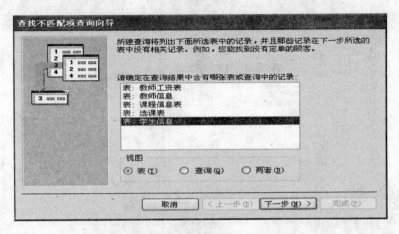

图 4-30　"查找不匹配项查询向导"对话框(1)

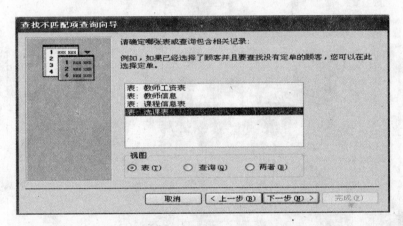

图 4-31　"查找不匹配项查询向导"对话框(2)

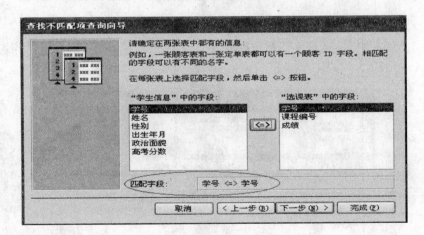

图 4-32　"查找不匹配项查询向导"对话框(3)

击 > 按钮,将选定字段添加到"选定字段"列表框中。

　　(7) 单击"下一步"按钮,在弹出的"查询不匹配项查询向导"对话框(5)中,为创建的查询指定查询名称为"学生不匹配情况",如图 4-34 所示。最后,选择"查看结果"选项,完成了查找不匹配项查询的创建。

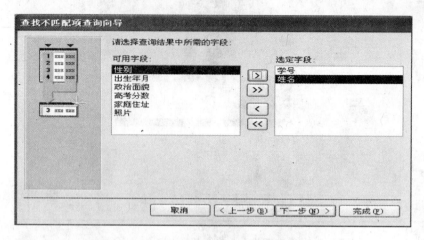

图 4-33　"查询不匹配项查询向导"对话框(4)

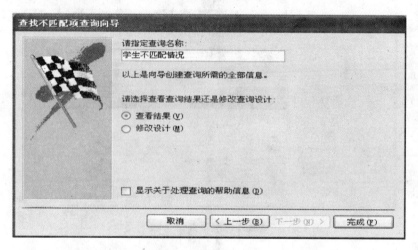

图 4-34　"查询不匹配项查询向导"对话框(5)

(8)单击"完成"按钮,通过不匹配项查询,我们可以更直观地查看到数据库各表中的不匹配项,如图 4-34 所示。

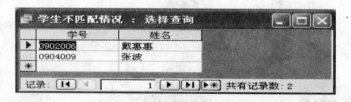

图 4-35　"学生不匹配情况"查询结果

4.3　查询的编辑

查询创建后,可以根据实际需要,在查询"设计视图"中编辑已经创建的查询。既可以在查询"设计视图"窗口中为查询添加、删除、移动字段或者更改字段名称,也可以编辑查询的数据源和修改查询设计窗格中列的宽度。

4.3.1　在查询中增加、删除和移动字段

在查询创建之后,可以对原有的查询设计进行修改,包括在查询中添加、删除和移动字段。对查询的修改,需要在查询设计视图的环境中进行。

1. 添加字段

可以在查询中添加需要显示的字段,其操作步骤如下:

(1) 在数据库窗口中,单击"对象"列表框中的"查询"选项,并且单击选取所需要修改的查询。

(2) 单击数据库窗口工具栏中的"设计"按钮,在查询的"设计视图"中,打开需要修改的查询。

(3) 在"设计视图"上半部分数据表中,双击选取一个字段或按下 Ctrl 键选取多个字段,用鼠标拖到下半部分相应的字段位置上。

(4) 单击"保存"按钮,保存对查询的修改。

2. 删除字段

在查询中,可以根据需要,删除不需要显示的字段。但将一个字段从"设计视图"下半部分表格中删除后,只是将其从查询设计中删除,并没有从原始窗体中删除字段及其数据。

删除字段的具体操作步骤如下:

(1) 在数据库窗口中,单击"对象"列表框中的"查询"选项,并且单击选取所需要修改的查询。

(2) 单击数据库窗口工具栏中的"设计"按钮,在查询的"设计视图"中,打开需要修改的查询。

(3) 在"设计视图"下半部分表格中,单击选取所要删除的字段选择器或按下 Shift 键,以选取多个字段选择器。

(4) 按 Delete 键或依次单击"编辑"→"删除列"命令。

(5) 单击"保存"按钮,保存对查询的修改。

3. 移动字段

在查询中,还可以根据需要,调整查询结果中字段的显示顺序。其操作步骤如下:

(1) 在数据库窗口中,单击"对象"列表框中的"查询"选项,并且单击选取所需要修改的查询。

(2) 单击数据库窗口工具栏中的"设计"按钮,在查询的"设计视图"中,打开需要修改的查询。

(3) 在查询"设计视图"的下半部分表格中,单击选取所要移动的一个或多个字段选择器,然后将它们拖到新的位置。

(4) 单击"保存"按钮,保存对查询的修改。

4.3.2　在选择查询中设置准则

在实际应用中,用户的查询并非只是简单的查询,往往需要指定一定的条件,使查询结果

中仅包含满足查询条件的记录。Access 允许用户按照不同条件创建查询从而获得不同的结果。在查询中加入条件可以更为准确地查找到满足不同要求的记录,而灵活地运用条件则可以大大提高查询的效率。查询可以依据一定的条件限制,从表或已有查询中提取满足条件的结果,这个条件就是查询的准则。查询准则需要通过设置查询条件来实现,而准则可以是运算符、常量、字段值、函数以及字段名和属性的任意组合,查询准则应能够计算出一个结果。

Access 2003 系统提供了算术运算、关系(比较)运算、连接运算和逻辑运算,其相应的运算符有

(1) 算术运算符:+(加),-(减),*(乘),/(除);也就是常用的四则运算符。

(2) 关系运算符:>(大于),<(小于),>=(大于等于),<=(小于等于),<>(不等于)。使用关系运算符连接的两个表达式构成关系表达式,其结果为逻辑值 TRUE(真)或 FALSE(假)。

(3) 连接运算符:& 和+。连接运算符具有连接两个表达式或字符串的功能。

(4) 逻辑运算符:And(与)、Or(或)、Not(非)。逻辑运算符主要用于连接两个表达式,从而实现对表达式逻辑值的判断。还可以使用 And 和 Or 运算符组合多重条件进行查询,使用 And 要求必须同时满足所有条件记录才会包含在查询结果中;使用 Or 则满足其中的任一条件的记录都将包含在查询结果中。

(5) 其他运算符及通配符:特殊运算符和通配符。特殊运算符如表 4-1 所示。这些运算符可根据字段中的值是否符合这个运算符所指定的条件,返回 TRUE 或者 FALSE。其中,TRUE 值时使记录包含在查询内,FALSE 值时拒绝此记录。通配符如表 4-2 所示。

表 4-1　特殊运算符列表

特殊运算符	含义	功能说明
In	在列表中	用于指定一个字段值的列表,列表中的任意一个值可与查询的字段相匹配
Between…And…	在范围中	用于指定一个字段值的范围,指定的范围之间用 And 连接
Like	匹配	用于查找相匹配的文字。用通配符"?"、"*"、"#"和方括号设定文字的匹配条件
Is Null	为空	用于指定一个字段为空
Is Not Null	不为空	用于指定一个字段不为空

表 4-2　通配符列表

通配符	含义	应用示例及其说明	
*	与包含任意多个字符的字符串匹配	计算*	可以是计算机、计算机系、计算机系统等
		wh*	可以是 what,who,where,when 等
?	与任意一个字符(包括汉字和数字)匹配	计算?	可以是计算机、计算尺、计算器等
		Wh?	可以是 who
#	与任意一个数字字符匹配	1#3	可以是 103,113,123,193 等
[]	与方括号内任意一个字符匹配	B[ae]ll	只能是 Ball 或者 Bell
		[白灰黑]衣服	只能是白衣服、灰衣服或者黑衣服

续表

通配符	含义	应用示例及其说明	
!	与不在方括号内的任意一个字符匹配（必须与［］一起用）	B［！ae］ll	不能是 Ball 或者 Bell，可以是 Bill 等
		［！白灰黑］衣服	不能是白衣服、灰衣服、黑衣服，但可以是红衣服、蓝衣服等

　　当然，还可以运用 Access 提供的表达式生成器，方便地设置各种复杂条件。在查询"设计视图"中，在"字段"单元格中需要输入表达式的地方，单击鼠标右键，从菜单中选择"表达式"，就可以打开"表达式生成器"对话框，如图 4-36 所示。"表达式生成器"分为上、下两个部分，其中：上部是输入表达式的地方，下部由分为三级的表达式元素构成，中间的按钮行则提供了快速添加一些常用运算符的方法，如图 4-37 所示。

图 4-36　打开"表达式生成器"对话框

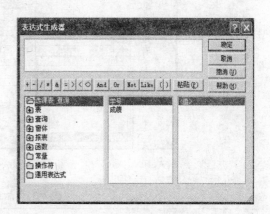

图 4-37　"表达式生成器"对话框

4.4　高级查询

　　通过前面的介绍，大家对查询的基本知识和简单的查询设计有了一定的了解，但在实际工作中，这些简单的查询可能无法满足更高的需求。为此，往往还会使用到高级查询功能，其中包括：在查询中执行计算，创建参数查询，创建交叉表查询，创建操作查询和 SQL 查询等。

4.4.1　在查询中执行计算

　　如果一个数据库系统提供的查询仅仅能完成一些简单的数据检索，将会令人十分失望。在 Access 提供的查询中，可以执行许多类型的计算。例如，可以计算一个字段值的总和或平均值，再乘上两个字段的值，或者计算从当前日期算起的三个月后的日期。

　　一般来说，在查询字段中显示计算结果时，计算结果实际上并不存储在基准窗体中。相反，Access 在每次执行查询时都将重新进行计算，使得计算结果永远都以数据库中最新的数据为准。因此，不需要人工更新计算结果。

　　通常，人们把 Access 提供的查询计算分为两类：预定义计算和自定义计算。

1. 预定义计算

　　预定义计算即所谓的"总计"计算，是系统提供的用于对查询中的记录组或全部记录进行的计算。"总计"计算可用于计算出记录组或全部记录的下列量值:总和、平均值、数量、最小值、最大值、标准偏差或方差。

　　利用"设计视图"下半部分表格中所包含的"总计"行,可以对选择查询、交叉表查询、生成表查询以及追加查询中一个或多个表的记录组或全部记录,进行汇总计算。如图 4-38 所示,在"设计视图"的"总计"行列表中包含了 12 个选项,这 12 个选项的功能以及适用字段类型如表 4-3 所示。

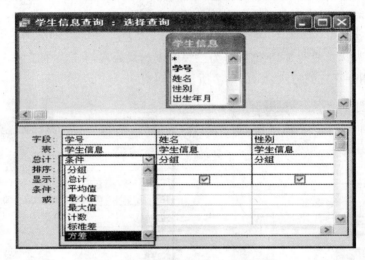

图 4-38 "总计"行列表

表 4-3 "总计"选项表

选项	功能	适用字段类型
总计(Sum)	计算字段中的所有值的总和	数字、日期/时间、货币、自动编号
平均值(Avg)	计算字段中所有值的平均值	数字、日期/时间、货币、自动编号
最小值(Min)	返回字段中所有值的最小值	文本、数字、日期/时间、货币、自动编号
最大值(Max)	返回字段中所有值的最大值	文本、数字、日期/时间、货币、自动编号
计数(Count)	返回字段中非空值的数量	全部
标准差(StDev)	计算字段值的标准偏差	数字、日期/时间、货币、自动编号
方差(Var)	计算字段值的方差	数字、日期/时间、货币、自动编号
第一条记录(First)	返回表或查询中第一个记录的字段值	所有字段类型
最后一条记录(Last)	返回表或查询中最后一个记录的字段值	所有字段类型
分组(Group By)	定义执行计算的组	—
表达式(Expression)	把几个汇总运算分组并执行该组的汇总	—
条件(Where)	对某个字段执行总计时,在计算以前对记录进行限制	—

　　【例 4.5】 创建一个查询,从"教学管理"数据库的数据表中,查询汇总出每个学生的平均成绩。

　　使用查询"设计视图"创建该查询的具体操作步骤如下:

　　(1) 在查询的"设计视图"中,创建一个"每个学生平均成绩"查询,该查询包含学生信息表中的"学号"字段,以及选课表中的"成绩"字段。

（2）单击主窗口工具栏中的"总计"按钮 $\sum$,进行查询设计。在"学号"字段的"总计"单元格中选取"分组"选项;在"成绩"字段的"总计"单元格中选取"平均值"选项,其"排序"单元格中选择"降序"选项。如图 4-39 所示。

（3）完成查询的设计后,用户还可以根据需求,设置字段属性。打开"成绩"字段的"字段属性"对话框,把格式设定为"固定",小数位数设定为"1",标题设定为"平均成绩",如图 4-40所示。设置完毕后,关闭"字段属性"对话框。

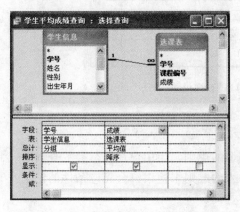

图 4-39　查询设计

图 4-40　字段属性设置

（4）单击主窗口工具栏中的"保存"按钮 ，保存所创建的查询或者对查询的修改,并为新创建的查询命名。

（5）依次选择菜单栏中的"视图"→"数据表视图"命令,显示查询的结果,如图 4-41 所示。

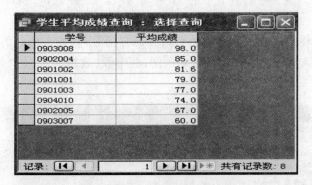

图 4-41　"学生平均成绩"查询结果

2. 自定义计算

用户可以通过自定义计算对一个或多个字段的数据进行数值、日期和文本计算。与预定义计算不同,自定义计算必须直接在"设计视图"下半部分表格中创建新的计算字段。创建的方法是:在查询"设计视图"表格中的空"字段"单元格中输入表达式。其中,表达式可由多个计算数组成,也可在一个表达式中使用不同类型的汇总,以满足用户要求。例如,创建一个计算教师工资总额的查询,其查询设计可如图 4-42 所示。

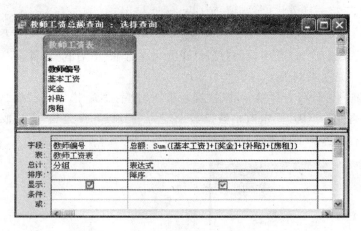

图 4-42 "教师工资总额"查询设计

4.4.2 创建参数查询

使用参数查询，可以在查询过程中自动修改查询的规则。当用户在执行参数查询时，会显示一个对话框以提示用户输入信息，并根据用户输入的准则来检索符合相应条件的记录。

参数查询主要分为两种：单参数查询和多参数查询。

1. 单参数查询

单参数查询只需要设置一个参数。即要求输入一个被设置为参数的字段值。下面以"教学管理"数据库为例，对单参数查询的创建进行介绍。在查询的"设计视图"中，创建一个"学生政治面貌"查询，要求包含学生信息表中的"学号"、"姓名"以及"政治面貌"字段，具体操作步骤如下：

（1）在作为参数使用的字段"条件"单元格中的方括号内，键入相应的提示文本。查询运行时，Access 将弹出该提示文本框。根据本示例，在字段"政治面貌"的"条件"行中输入"[输入学生的政治面貌：]"，如图 4-43 所示。

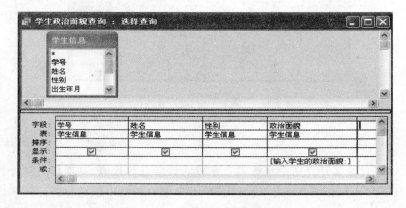

图 4-43 单参数查询参数设置

（2）单击主窗口工具栏中的"运行"按钮 ，可以弹出查询的参数输入文本框，如图 4-44 所示。

（3）根据提示，输入学生的政治面貌"团员"，然后单击"确定"按钮，显示的查询结果将如

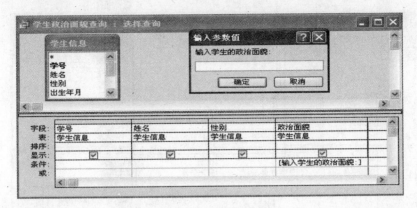

图 4-44 输入参数值

图4-45所示。

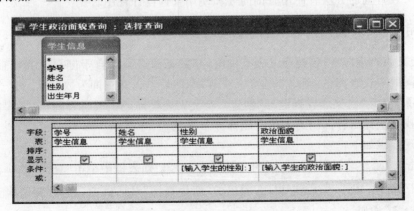

图 4-45 "学生政治面貌"查询结果

2. 多参数查询

多参数查询需要对被设置的多个参数都输入值后,才能得到用户需要的查询结果。即在作为参数使用的字段"条件"单元格中的方括号内键入多个相应的提示文本。例如,可以为上面的示例再添加一些限制条件,如学生性别,以实现多参数查询。如图 4-46 所示。

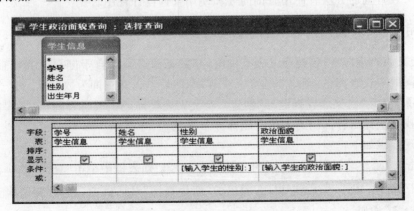

图 4-46 多参数查询的参数设置

Access 默认提示参数的顺序是,根据字段和其参数的位置从左到右排列。也就是说,运行示例时,首先弹出的查询参数输入文本框是"请输入学生的性别"。如果用户希望更改提示参数的顺序,可以通过选择菜单栏中"查询"→"参数"命令,在弹出的"查询参数"对话框中指定一个新的顺序,如图 4-47 所示。

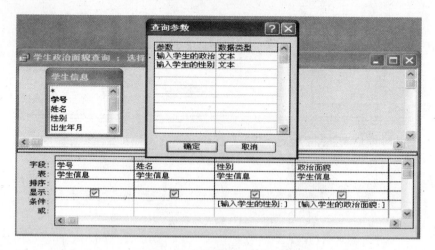

图 4-47　"查询参数"对话框

应该说，Access 的参数查询是建立在选择查询或交叉查询的基础之上的，在运行选择查询或交叉查询之前，为用户提供了一个设置条件的参数对话框，可以方便地更改查询的条件或对象。

4.4.3　创建交叉表查询

使用交叉表查询可以计算并重新组织数据的结构，这样可以更方便地分析数据。在设计交叉表查询时，用户需要指定三种字段：一是放在数据表最左端的行标题，它把某一字段或相关的数据放入指定的一行中；二是放在数据表最顶部的列标题，它对每一列指定的字段或表进行统计，并将统计结果放在该列中；三是放在数据表行与列交叉位置上的字段，用户需要为该字段指定一个总计项，如总计、平均值、计数等。对于交叉表查询，用户只能指定一个总计类型的字段。

创建交叉表查询的方法有使用查询向导和使用查询设计视图。

1. 使用"交叉表查询向导"创建交叉表查询

使用"交叉表查询向导"创建交叉表查询时，其数据源必须来自于同一个表或查询。如果数据源在不同的表或查询中，则应先建立一个查询，然后再以此查询为数据源。

【例 4.6】　使用"交叉表查询向导"创建一个交叉表查询，从"教学管理"数据库的"教师信息"表中，查找并统计出各部门的人数及职称分布情况。

具体实现步骤如下：

（1）双击打开"教学管理"数据库窗口，然后在"对象"列表框中单击"查询"选项。

（2）单击"新建"按钮 ▣ 新建(N)，在弹出的"新建查询"对话框中，选择"交叉表查询向导"选项，单击"确定"按钮。

（3）在弹出的"交叉表查询向导"对话框（1）中，如图 4-48 所示，选择包含查询结果所需字段的表。这里选择"表：教师信息"，然后单击"下一步"按钮。

（4）在弹出的"交叉表查询向导"对话框（2）中，选择作为行标题的字段，如图 4-49 所示。行标题最多可选择 3 个字段。根据示例要求，这里选择"可用字段"列表框中的"所属部门"字段，单击 ▶ 按钮，将它添加到"选定字段"框中。然后，单击"下一步"按钮。

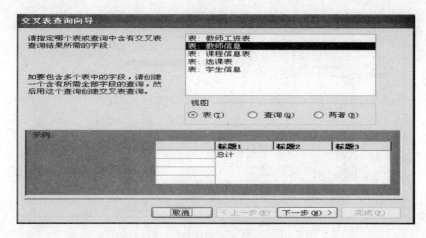

图 4-48　"交叉表查询向导"对话框(1)

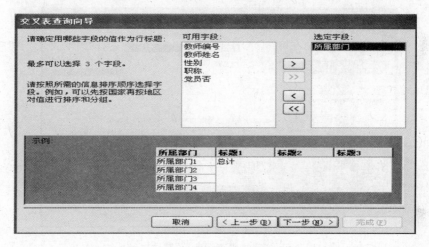

图 4-49　"交叉表查询向导"对话框(2)

(5) 在弹出的"交叉表查询向导"对话框(3)中,选择作为列标题的字段,如图 4-50 所示。列标题只能选择一个字段。为了在交叉表的每一列显示职称情况,单击"职称"字段。然后,单击"下一步"按钮。

(6) 在弹出的"交叉表查询向导"对话框(4)中,确定行、列交叉处显示内容的字段,如图 4-51 所示。为了让交叉表统计每个系的教师职称个数,选择"字段"列表框中的"教师姓名"字段,然后在"函数"列表框中选择"计数"函数。若要在交叉表的每行前面显示总计数,还应选中"是,包括各行小计"复选框。单击"下一步"按钮。

(7) 在弹出的对话框的"请指定查询的名称"文本框中输入所需的查询名称,这里输入"各部门教师职称交叉表查询",然后单击"查看查询"选项按钮,再单击"完成"按钮得到查询结果,如图 4-52 所示。

2. 使用查询"设计视图"创建交叉表查询

根据例 4.6 的查询要求,使用查询"设计视图"创建"各部门教师职称交叉表查询"的操作步骤如下:

(1) 在查询的"设计视图"中,添加"教师信息"表。将该查询所包含教师信息表中的"职

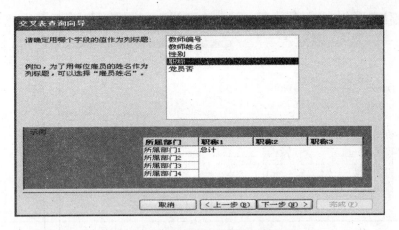

图 4-50 "交叉表查询向导"对话框(3)

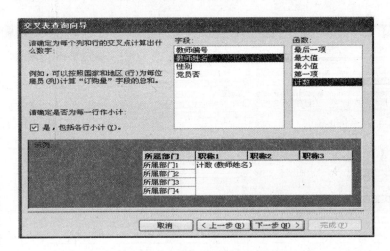

图 4-51 "交叉表查询向导"对话框(4)

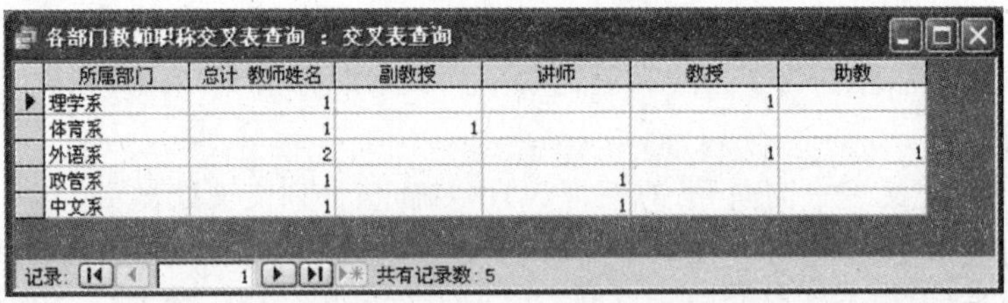

图 4-52 "各部门教师职称交叉表查询"查询结果

称"、"所属部门"以及"教师姓名"字段添加到"设计视图"下半部分的表格中。

(2) 单击菜单栏中的"查询"→"交叉表查询"命令,并通过"设计视图"下半部分表格进行行标题、列标题、行列交叉处显示内容的字段及其计算方式进行设置。完成查询设计后,单击主窗口工具栏中的"保存"按钮 ,保存所创建的查询,并为新创建的查询命名,如图 4-53 所示。

(3) 依次选择菜单栏中的"视图"→"数据表视图"命令,浏览查询结果。

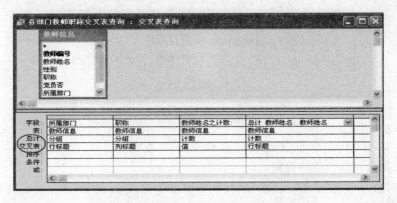

图 4-53　使用"设计视图"设计交叉表查询

4.4.4　创建操作查询

操作查询用于创建新表或者仅在一次操作中就能修改现有表中的数据。Access 2003 提供的操作查询有 4 种类型：生成表查询，更新查询，追加查询和删除查询。

1．生成表查询

查询只是一个操作的集合，其运行的结果是一个动态的数据集。当查询运行结束时，该动态数据集合是不会为 Access 所保存的。所以，如果希望查询所生成的动态数据集能够被固定地保存下来，则就需要使用生成表查询。换句话说，生成表查询可以将查询的结果保存到新建表中。

当查询"教学管理"数据库中的教师信息表时，若需要一张"教师职称情况"生成表，则该生成表查询创建的具体操作步骤如下：

（1）在查询的"设计视图"中，添加"教师信息"表。将教师信息表中的"教师编号"、"教师姓名"以及"职称"字段添加到"设计视图"下半部分的表格中，创建一个教师职称情况查询。

（2）依次单击菜单栏中的"查询"→"生成表查询"命令，弹出"生成表"对话框，完成生成新表的命名，并确定生成表所属的数据库，单击"确定"按钮。如图 4-54 所示。

图 4-54　生成新表命名

（3）单击工具栏上的"视图"按钮![视图按钮]，预览"生成表查询"新建的表。如需修改，则可以再次单击"视图"按钮，返回到"设计视图"进行更改。

（4）单击工具栏上的"运行"按钮![运行按钮]，弹出提示框，如图 4-55 所示。

（5）单击"是"按钮，Access 2003 将开始新建"教师职称情况"生成表，生成新表后不能撤销所做的更改；单击"否"按钮，不建立新表。这里单击"是"按钮。

图 4-55　提示框

（6）单击工具栏上的"保存"按钮，在"查询名称"文本框中输入"教师职称情况查询"，然后单击"确定"按钮保存所创建的查询。

当单击"对象"列表框中的"表"选项时，在右侧窗格中可以看到除了原来已有的表名称外，新增加了"教师职称情况"的表名称。

2. 更新查询

在创建和维护数据库的过程中，常常需要对表中的记录进行更新和修改，有时也需要对数据表中的某些数据按照某种准则成批地进行更新替换，这些工作都可以使用更新查询来实现。更新查询是一种根据某种准则批量修改表中数据的查询。例如，由于市场价格的浮动，需要降低所有产品或某一类特定产品的单位价格。下面仍以"教学管理"数据库为例，其更新学生成绩的查询操作步骤如下：

（1）在查询"设计视图"中创建一个不及格学生名单查询，并选择包含要更新记录和设置条件字段的表或查询，如图 4-56 所示。

图 4-56　创建查询

（2）依次单击主窗口菜单栏中的"查询"→"更新查询"命令，这时在"设计视图"下半部分表格中显示一个"更新到"行，在更新字段的"更新到"单元格中键入用以改变该字段的表达式或数值。在"成绩"字段的"更新到"行单元格中输入新的字段数值"65"。同时，用户还可根据需要，对相应字段的"条件"单元格进行设置。

（3）单击工具栏上的"视图"按钮 ▦ ，预览要更新的一组记录。再次单击工具栏上的"视图"按钮，返回到"设计视图"，可再次对查询进行更改。

（4）单击工具栏上的"运行"按钮 ❗ ，弹出提示框，如图 4-57 所示。

（5）单击"是"按钮，Access 2003 将开始更新属于同一组的所有记录，一旦利用"更新查询"更新记录，就不能用"撤销"命令恢复所做的更改；单击"否"按钮，则不更新表中的记录。这

图 4-57　提示框

里单击"是"按钮。

（6）单击工具栏上的"保存"按钮，保存所创建的查询。

3. 追加查询

追加查询就是将一个或多个表中的一组记录追加到一个或多个表的末尾。这样就无须逐一输入每一条记录，从而提高了工作的效率。例如，有一个新任教师信息表，为了便于管理，需要将该表的记录汇总到原有的教师信息表中。此工作可以使用追加查询完成。

追加查询的操作步骤如下：

（1）新建一个表或查询。新建一个"新任教师信息"表。

（2）在"设计视图"中打开新建表，将所有字段添加到"设计视图"下半部分的"字段"行中。

（3）依次单击主窗口菜单栏中的"查询"→"追加查询"命令，这时弹出"追加"对话框，如图 4-58 所示。在"表名称"文本框中输入被添加记录的表名，即"教师信息"，表示将查询的记录追加到"教师信息"表中，然后选中"当前数据库"选项，单击"确定"按钮。

图 4-58　"追加"对话框

（4）这时在"设计视图"下半部分表格中显示一个"追加到"行，并在"追加到"行上自动填上了"教师信息"表中的相应字段，以便将"新任教师信息"表中的信息追加到"教师信息"表中相应的字段，如图 4-59 所示。

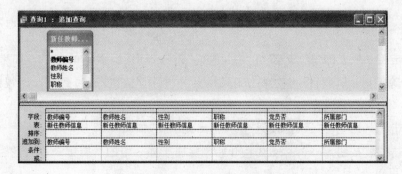

图 4-59　"追加查询"对话框

（5）单击工具栏上的"运行"按钮 ![运行按钮] ，弹出提示框，如图 4-60 所示。

图 4-60　提示框

（6）单击"是"按钮，Access 2003 开始将符合条件的一组记录追加到指定的表中。一旦利用"追加查询"追加了记录，就不能用"撤销"命令恢复所做的更改；单击"否"按钮，则不追加记录。这里单击"是"按钮。

（7）单击工具栏上的"保存"按钮，保存所创建的查询。

4. 删除查询

随着时间的推移，数据库中存储的数据会越来越多，其中有些数据是有用的，而有些数据已无用。对于这些没有用的数据应该及时从数据库中删除，例如，毕业已久的学生信息。如果需要从数据库的某一个或多个数据表中按照某种准则成批删除一组记录，使用删除查询就可以提高删除的效率。但要特别注意的是，删除查询所执行的删除操作无法撤销。

删除查询可以从单个表中删除记录，也可以从多个相互关联的表中删除记录。如果要从多个表中删除相关记录，则多个表之间必须满足以下条件：

（1）在"关系"窗口定义相关表之间的关系。

（2）在"关系"窗口中选中"实施参照完整性"复选框。

（3）在"关系"窗口中选中"级联删除相关记录"复选框。

例如，若要删除"教学管理"数据库中女生的记录，则具体操作步骤如下：

（1）打开"设计视图"，添加"学生信息"表。依次单击主窗口菜单栏中的"查询"→"删除查询"选项，弹出如图 4-61 所示的删除查询"设计视图"。这时，在"设计视图"下半部分表格中显示一个"删除"行。

（2）把"设计视图"上半部分"学生信息"字段列表中的"＊"号拖动到"设计视图"下半部分表格的"字段"行单元格中。这时，系统将其"删除"单元格设定为"From"，表明要对那一个表进行删除操作。

（3）将要设置"条件"的字段"性别"字段拖放到"设计视图"下半部分表格的"字段"行单元格中。这时，系统将其"删除"单元格设定为"Where"。在"性别"的"条件"行单元格中键入表达式："="女""。

（4）单击工具栏上的"视图"按钮 ![视图按钮] ，预览"删除查询"检索到的记录。如果预览到的记录不是要删除的记录，则可以再次单击工具栏上的"视图"按钮，返回到"设计"视图，对查询进行更改。

（5）单击工具栏上的"运行"按钮 ![运行按钮] ，弹出提示框，如图 4-62 所示。

（6）单击"是"按钮，Access 2003 将开始删除属于同一组的所有记录；单击"否"按钮，不删除记录。这里单击"是"按钮。

（7）单击工具栏上的"保存"按钮，保存创建的删除查询。

图 4-61 删除查询"设计视图"   图 4-62 提示框

当打开"学生信息"表时,可以看到所有女生的记录已被删除,其中共删除了 5 条记录。

通过前面的介绍可以看出,不论是哪一种类型的操作查询,在运行操作查询后,将不能使用"撤消"命令来恢复更改。因此,用户在使用操作查询时应注意在运行操作查询前,单击工具栏中的"视图"按钮 ▥,预览更改记录。如果预览的记录符合用户要求,则运行操作查询。另外,在使用操作查询之前应该备份数据,这样,即使不小心更改了记录,还可以从备份中恢复。注意到了这些问题,在使用操作查询时才不会遇到太多的麻烦,从而正确完成对数据的更新。

4.4.5 SQL 查询

SQL 查询就是使用 SQL 语句创建的查询。在 Access 中,所有的查询都是由 SQL 语句实现的。因此可以认为,所有的 Access 查询都是 SQL 查询。

在查询"设计视图"中,依次单击菜单栏中的"视图"→"SQL 视图"选项,可以从当前视图转换到 SQL 视图。此时,可以在 SQL 视图的命令编辑窗中查看和编辑 SQL 命令。任何类型的查询都可以在 SQL 视图中打开,并通过修改查询的 SQL 语句,就可以对现有的查询进行修改,从而满足用户的要求。

例如,若要将已创建的"学生政治面貌信息"查询条件改为"女学生政治面貌信息",则具体操作步骤如下:

(1) 打开"学生政治面貌信息"查询,依次单击菜单栏中的"视图"→"SQL 视图"选项,从当前视图转换到如图 4-63 所示的 SQL 视图(1)。

图 4-63 "学生政治面貌信息"SQL 视图(1)

(2) 根据用户需求,修改查询条件。这里添加"WHERE(((学生信息.性别)="女"));"语句,如图 4-64 所示。

图 4-64 "学生政治面貌信息"SQL 视图(2)

(3) 单击工具栏上的"运行"按钮，浏览运行结果，如图 4-65 所示。

学生政治面貌信息 : 选择查询

学号	姓名	性别	政治面貌
0901002	杨佳铭	女	团员
0902004	兰云霞	女	党员
0902006	戴惠惠	女	团员
0903007	陈宁	女	预备党员
0904009	张波	女	团员

记录: 1 共有记录数: 5

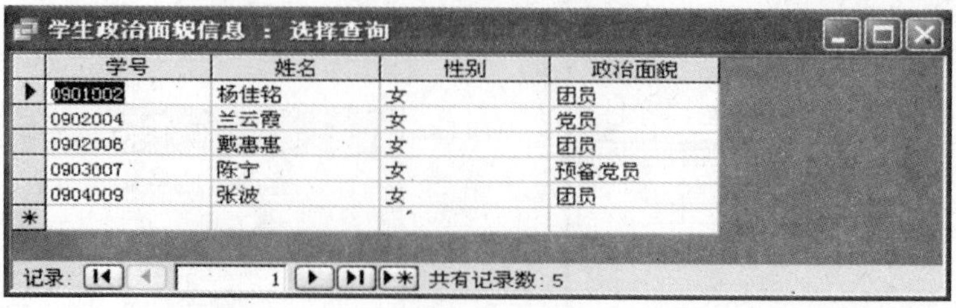

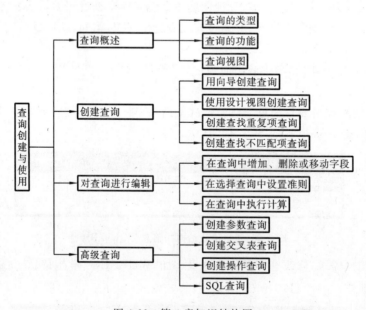

图 4-65 "女学生政治面貌信息"查询结果

本章小结

查询是以数据库中的数据作为数据源的。它根据给定条件从指定的数据表或查询中检索出符合用户要求的记录，形成一个新的数据集合。查询的结果是动态的，它随着查询所依据的表或查询的数据的改动而变动。在 Access 2003 中，常见的查询类型有选择查询、参数查询、交叉表查询、操作查询和 SQL 查询 5 种。

本章结合具体实例，详细地介绍了如何通过 Access 2003 创建和使用以上查询，包括查询的创建过程，具体操作步骤，以及高级查询的使用等。

Access 2003 提供创建查询的方法有使用"查询向导"和使用"设计视图"两种，读者应通过实验练习，以便熟练地掌握这两种方法。

本章知识结构图如图 4-66 所示。

图 4-66 第 4 章知识结构图

思 考 题

1. 查询的功能是什么？查询与表有何不同？
2. 在 Access 2003 中，查询分为几种类型？各具有什么特点？
3. 什么是操作查询？分为几类？
4. 什么是查询准则？
5. 简述利用查询设计视图创建选择查询的步骤。
6. 简述利用查询向导创建交叉表查询的步骤。
7. 简述利用查询设计视图创建参数查询的步骤。

第 5 章

Access 数据库的窗体

用户在使用数据库时,常常需要快速有效地添加和查看数据,然而在大型数据库表中,数据常常难于查找。为了帮助用户能快速地输入和查看数据,Access 提供了数据库窗体对象。窗体是用户访问数据库的窗口,好的窗体可以加快用户使用数据库的速度,而视觉上有吸引力的好窗体,可以使数据库具有更实用、更高效的性能。

本章首先介绍窗体的概念、组成、类型等,然后详细介绍创建窗体的不同方法,以及窗体中常用控件的设计和属性的设置。同时,还较详细地介绍了如何在主-子窗体中对照查看数据,如何在切换面板下组织多个窗体等。

5.1 窗 体 概 述

窗体是建立在基本表或查询基础上的,是用户输入或显示数据的窗口。窗体是用户和 Access 应用程序之间的主要接口,用户可以根据不同的目的设计不同的窗体。也就是说,可以使用不同的窗体完成不同的功能。一般来说,窗体可以完成下列功能:显示和编辑数据;控制应用程序流程,接收输入,显示信息。在窗体中,只有少量的与基本表或查询无关的信息才保存在窗体的设计中(例如窗体的标题),而窗体的大部分内容都来自于它所基于的数据源(基本表或查询)。

5.1.1 窗体的功能

窗体的主要功能是用于输入和显示数据库中的数据。窗体也可以作为切换面板用来打开数据库中的其他窗体和报表,或者作为自定义对话框用来接受用户的输入及根据输入执行操作。窗体的具体功能如下:

1) 显示和编辑数据

窗体的基本功能之一是显示和编辑数据。通过窗体,用户可以修改、添加和删除数据库中的数据,并可以设置数据的属性,甚至可以利用窗体的编程语言(Visual Basic)创建数据库。在窗体中显示的数据清晰且易于控制,尤其是在大型表中,数据可能难于查找,而窗体可使数据容易被查找和使用。

2) 显示信息和打印数据

在窗体中,可以显示一些解释性或警告性的信息,使用窗体还可以直接打印数据库中的各种数据。

3) 接收输入

用户可以根据需要设计一种数据输入窗体,利用它可以向表或查询中添加各种数据。

4) 控制程序流程

窗体可以与函数、子程序相结合。在 Access 的每一个窗体中,都可以使用 VBA 编码,并利用代码执行相应的功能。例如,在窗体中设计命令按钮,并对其编程,当单击命令按钮时,即可执行相应的操作(如打开另一个窗体),从而达到控制程序流程的目的。

5.1.2　窗体的组成

窗体是由控件和节组成的,如图 5-1 所示。

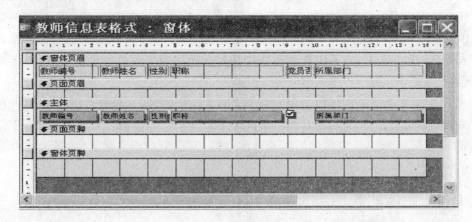

图 5-1　窗体的组成

1) 控件

控件是大部分用户所能看见和使用的窗体组成部分。控件可以显示数据或接收数据输入,可以对数据执行计算,以及显示消息。在控件中也可以添加视觉效果(比如线条和图片),以使窗体的使用更容易。

2) 节

窗体由多个部分组成,每个部分称为一个"节"。所有窗体都有主体节,如果需要,窗体还可以包含窗体页眉节、页面页眉节、页面页脚节和窗体页脚节,参见图 5-1。

• 主体节:它可以包含大多数控件,用来查看或输入数据的控件,如文本框和列表框等通常都在这里。但是,主体节也包含固定的控件,如标签和说明。主体节通常显示记录数据,可以在屏幕或页面上只显示一条记录,也可以显示多条记录。

• 窗体页眉节:它包括对所有记录都要显示的内容,一般用于设置窗体的标题。在窗体视图中,窗体页眉节显示在窗体的顶部,打印时,则显示在第一页的顶部。

• 窗体页脚节:它通常包含导航信息或提示性文字,包括对所有记录都要显示的内容,一般用于设置对窗体的操作说明。在窗体视图中,窗体页脚节显示在窗体的底部,打印时,则显示在最后一页的最后一个主体节之后。

• 页面页眉节:它用于设置窗体在打印时的页头信息,一般用于显示标题。

• 页面页脚节:它用于设置窗体在打印时的页脚信息,一般用于显示日期或页码。

在窗体中,页面页眉节和页面页脚节仅当打印窗体时显示,在窗体视图中不显示。在组织显示多个网页的复杂窗体时,页眉节和页脚节非常有用。

5.1.3　窗体的视图

Access 窗体有 5 种视图:设计视图,窗体视图,数据表视图,数据透视表视图和数据透视图视图。

- 设计视图：它用于创建窗体和修改窗体。
- 窗体视图：它是窗体默认的视图类型，用于显示记录数据的窗口，也可以在其中添加或修改表中的数据。
- 数据表视图：它以行和列的格式显示窗体中的数据，可以在其中同时看到表中的许多条记录，用户可对这些记录作添加、删除，修改、查找等操作。

窗体的数据表视图与表的数据表视图在显示形式上很相近。当然，窗体所依附的数据应该和表中的数据相同，但是两者之间也存在一定的差别。即对于表的数据表视图，如果该表与另一个表具有一对多关系，则其数据表视图中的每一条记录之间有一个"＋"号，单击该"＋"号，即可显示与该记录有一对多关系的所有记录。

- 数据透视表视图：它类似 Excel 的数据透视表，是一种对大量数据进行分析，并可创建一种交叉式数据透视表格，从而可查看明细数据或汇总数据，其形式可参见图 5-10。
- 数据透视图视图：它以图表的形式显示数据，便于用户作数据分析，其形式可参见图 5-12。

5.1.4 窗体的其他类型

由于窗体的功能决定其形式，尽管窗体主要被用于输入或查看数据，但窗体还有其他一些有价值的用途，所以每个用途都有它自己的窗体类型。

1）切换面板

可以创建一个当其他用户打开特殊数据库时作为切换面板打开的窗体。切换面板为打开窗体、报表和其他对象提供了友好和受控制的方法。切换面板可引导其他用户执行你需要他们执行的操作，并屏蔽你不希望其他用户进行读、写的数据库部分。

2）消息

窗体能显示关于一个数据库的消息。窗体可以为数据库的使用提供说明，或者为排错提供帮助。

3）子窗体

子窗体的外观类似于另一个窗体的一部分。实际上，当更大的主窗体连接到一个表时，子窗体却连接到另一个表。用户可以在一个窗体中输入数据，并在另一个窗体中查看相关的数据，而不会知道它们实际上是分开的和相等的。

5.2 创 建 窗 体

5.2.1 引 例

当了解了窗体的基本知识后，可能很想自己制作一个窗体，但又不知道如何在 Access 2003 中创建窗体。不过，在窗体工作区中你可看到"从向导创建窗体"命令。因此，你可使用向导，一步一步地来创建一个窗体。为此，本节详细介绍以下创建窗体的方法：

(1) 使用"窗体向导"创建窗体。

(2) 使用"自动创建窗体"创建窗体。

(3) 使用"自动窗体"创建数据透视表/图。

5.2.2　使用"窗体向导"创建窗体

"窗体向导"是通过对话框的形式,让用户选择窗体的各种参数的。比如:窗体数据来自哪个表或查询? 窗体使用哪些字段? 应用哪个窗体布局? 应用哪个外观样式? 等等。通过对这些问题的回答,用户可以创建一个符合自己需求的新窗体。用"窗体向导"创建窗体时,数据源可以是一个表或查询的若干字段,也可以是多个表或查询的若干字段。

【例5.1】 以"教学管理"数据库中的"学生信息"表为数据源,使用"窗体向导"创建一个纵栏式的"学生信息"窗体。

具体实现步骤如下:

(1) 在数据库窗口中,选择"窗体"对象,双击"使用向导创建窗体";或者在"新建窗体"对话框中,双击对话框右侧列表中的"窗体向导",都可以出现"窗体向导"对话框,即弹出"窗体向导"对话框(1),如图 5-2 所示。

(2) 在"窗体向导"对话框(1)中,选择窗体所用的字段,以确定窗体的数据源。在这里,首先选择"表/查询"下拉列表框中的某个表或查询作为数据源,如"表:学生信息",然后,借助对话框中的 4 个移动按钮,将"可用字段"列表框中的字段移动到"选定的字段"列表框。这里选择"学生信息"表中的所有字段,然后单击"下一步"按钮。

(3) 在弹出的如图 5-3 所示的"窗体向导"对话框(2)中,确定窗体的布局。窗体的布局即窗体版式。该对话框中提供了 6 种窗体版式,分别是纵栏表、表格、数据表、两端对齐、数据透视表、数据透视图。这里选择系统默认的"纵栏表",然后单击"下一步"按钮。

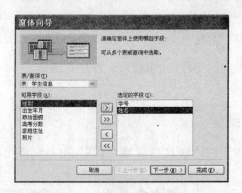

图 5-2　"窗体向导"对话框(1)　　　　　　图 5-3　"窗体向导"对话框(2)

(4) 在弹出的如图 5-4 所示的"窗体向导"对话框(3)中,确定样式。向导提供了 10 种样式选项,当选择不同的样式时,对话框的左侧提供了所选窗体样式的预览。这里选择"国际"样式,单击"下一步"按钮。

(5) 在弹出的如图 5-5 所示的"窗体向导"对话框(4)中,设定窗体标题。在该对话框的文本框中输入窗体名称"学生信息"。在对话框的下部询问用户在创建完窗体后,是"打开窗体查看或输入信息"还是"修改窗体设计",用户可以根据实际情况作出选择。如果选择"打开窗体查看或输入信息",则单击"完成"按钮,即完成用窗体向导创建窗体的过程。创建的"学生信息"窗体如图 5-6 所示。

上述步骤中,创建的窗体是基于某个表(或查询)的窗体。使用向导创建窗体不仅可以创建基于单表(或查询)的窗体,而且还可以创建基于多表(或查询)的窗体,其方法是重复执行步骤(2)。例如,将一个表中某些字段移动到"可选的字段"列表框中之后,再在"表/查询"下拉列

图 5-4　"窗体向导"对话框(3)

图 5-5　"窗体向导"对话框(4)

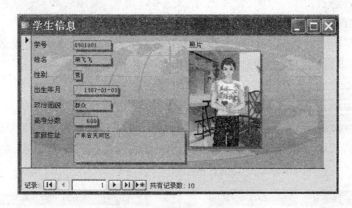

图 5-6　"学生信息"窗体

表框中选择另外一个表,将其某些字段也移动到"可选的字段"列表框中。要注意的是,这两个被选择的表应该已经建立了关系,否则将显示错误信息。

5.2.3　使用"自动创建窗体"创建窗体

使用"自动创建窗体"是创建窗体中最为简单的方法。在这种向导方式中,用户只需作出简单的选择就能完成创建窗体的操作。

【例 5.2】 以"教学管理"数据库中的"教师信息"表作为数据源,使用"自动创建窗体"的方法创建一个表格式的"教师信息"窗体。

具体实现步骤如下:

(1) 打开"教学管理"数据库。

(2) 在数据库窗口中,选择"窗体"对象,单击数据库窗口工具栏上的"新建"按钮 **新建(N)**,打开"新建窗体"对话框,如图 5-7 所示。

(3) 在"新建窗体"对话框上方的列表框中,选择"自动创建窗体:表格式"。

(4) 在"新建窗体"对话框下方的下拉列表框中,选择"教师信息"数据表作为窗体的数据来源,然后单击"确定"按钮。创建的结果如图 5-8 所示。

(5) 单击工具栏上的"保存"按钮,在弹出的"另存为"对话框中,为窗体命名为"教师信息表格式"。

在"新建窗体"对话框上方的列表框中,可供选择的三种不同版式的区别是:

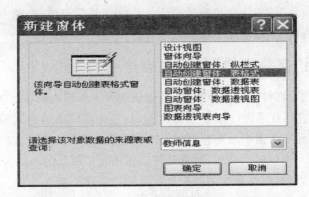

图 5-7　"新建窗体"对话框

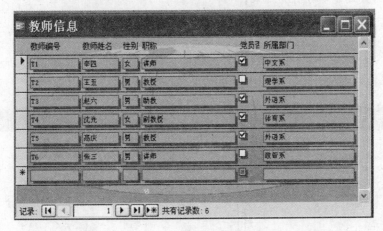

图 5-8　"教师信息"表窗体

• "自动创建窗体:纵栏式":一个页面显示一条记录,各字段垂直排列在窗体中;当字段较多时自动分为几列,并且每个字段左边带有一个标签。通过窗体下面的浏览按钮可以浏览记录,其布局如图 5-6 所示。

• "自动创建窗体:表格式":与纵栏式窗体不同的是,表格式窗体中一个页面显示所有记录,每条记录的所有字段显示在一行上,字段标签显示在窗体顶端,如图 5-8 所示。

• "自动创建窗体:数据表":其形式同表格式窗体。而与表格式窗体不同的是:在数据表窗体中,用户可以根据需要调整字段的显示宽度,还可以隐藏不需要的列或对数据进行排序等操作,如图 5-9 所示。

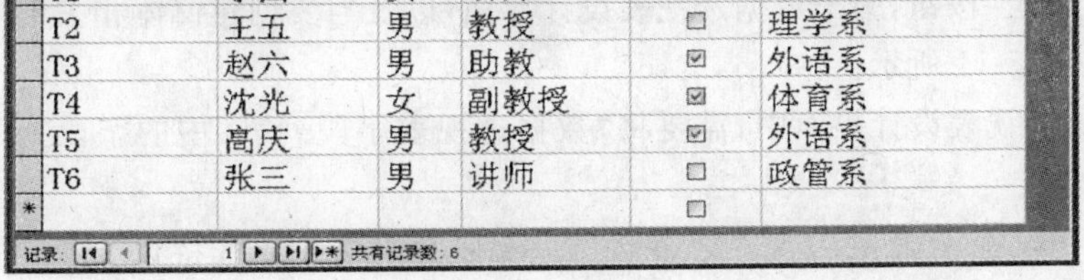

教师编号	教师姓名	性别	职称	党员否	所属部门
T1	李四	女	讲师	☑	中文系
T2	王五	男	教授	☐	理学系
T3	赵六	男	助教	☑	外语系
T4	沈光	女	副教授	☑	体育系
T5	高庆	男	教授	☑	外语系
T6	张三	男	讲师	☐	政管系

记录：14 ◄ 1 ► ►► ►※ 共有记录数: 6

图 5-9　数据表窗体

使用"自动创建窗体"的方法创建窗体的优点是操作简单且快捷,缺点是新窗体中包含了指定数据来源(表或查询)中的所有字段和记录,用户不能作出选择。

5.2.4　使用"自动窗体"创建数据透视表/图

Access 2003 提供了两种自动窗体视图:数据透视表和数据透视图。

• 数据透视表:它具有强大的数据分析功能,是一种能用所选格式和计算方法汇总大量数据的交互式表。创建数据透视表窗体时,用户可以动态地改变透视表的版式以满足不同的数据分析方式和要求。当版式改变时,数据透视表窗体会按照新的布局重新计算数据。反之,当源数据发生更改时,数据透视表中的数据也可以随之自动更新。

• 数据透视图:它与数据透视表具有相同的功能,两者可以相互转换。但不同的是,数据透视图以图表的方式显示分析的结果。

1. 使用"自动窗体"创建数据透视表

【例5.3】　对"教学管理"数据库中的"教师信息"数据表作一个如图 5-10 所示的教师信息透视表。要求,按性别统计不同部门的党员情况及人数。

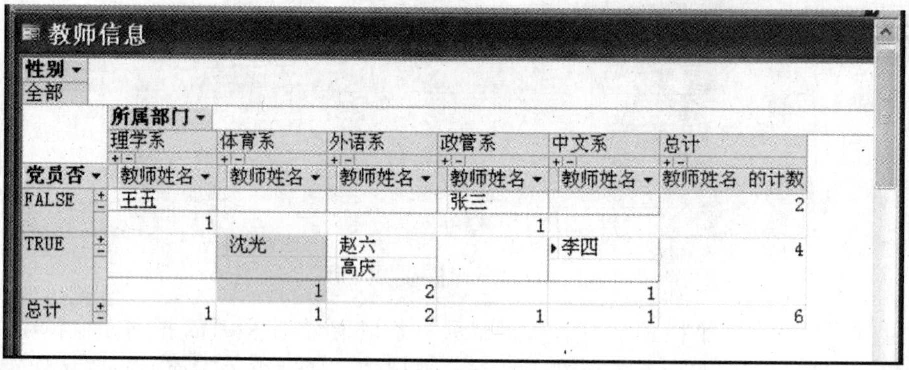

图 5-10　教师信息透视表

使用"自动窗体"创建教师信息透视表的具体步骤如下:

(1) 打开"教学管理"数据库。

(2) 在数据库窗口,选择"窗体"对象,单击数据库窗口工具栏上的"新建"按钮 **新建 (N)**,打开"新建窗体"对话框,如前面的图 5-7 所示。

(3) 在"新建窗体"对话框上方的列表框中,选择"自动窗体:数据透视表"。

(4) 在"新建窗体"对话框下方的下拉列表框中,选择一个数据表或查询作为窗体的数据源,如"教师信息"数据表。

(5) 单击"确定"按钮,弹出数据透视表设计界面,以及与要创建窗体相关的数据源表的字段列表窗口,如图 5-11 所示。

(6) 在数据透视表设计界面中,需要将"数据透视表字段列表"中的字段拖放到其左边的 4 个区域中,其中:

• "将行字段拖至此处":将"党员否"字段拖至此处,窗体将以"党员否"字段的值(FALSE 或 TRUE)和(自动增加的)一个"总计"字段作为透视表的行字段。

• "将列字段拖至此处":将"所属部门"字段拖至此处,窗体将以"所属部门"字段的所有

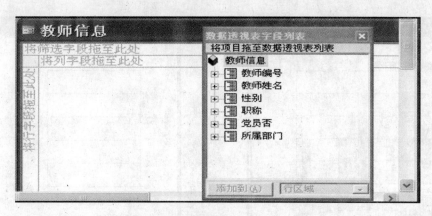

图 5-11　数据透视表设计界面

值(理学系,体育系,外语系,政管系,中文系)和(自动增加的)一个"总计"字段作为透视表的列字段。

- "将筛选字段拖至此处":将"性别"字段拖至此处,窗体将以"性别"字段的所有值(男,女)和(自动增加的)一个"全部"字段作为透视表的页字段。带有页字段项的数据透视表如同一叠卡片。每张数据透视表就如同一张卡片,选不同的页字段项就是选出不同的卡片。

- "将汇总或明细字段拖至此处":先将"教师姓名"字段拖至此处,再次将"教师姓名"字段拖至"总计"列字段下方的"无汇总信息"(新产生)所在列。

(7) 保存窗体,并取名为"教师信息透视表",其结果如图 5-10 所示。

用户可以利用"数据透视表"工具栏上的按钮编辑该透视表,也可以直接用透视表中行、列字段旁的"＋"和"－"符号作显示和隐藏明细数据的操作。直接拖动行或列字段名,可改变字段的显示次序。在列字段"姓名的计数"处右击鼠标,并在弹出的快捷菜单中选择"属性"。在"属性"对话框的"标题"选项卡下的"标题"文本框中,编辑列标题的名字为"教师人数"等。此处不再赘述。

2. 使用"自动窗体"创建数据透视图

数据透视图可以用图形的方式表达数据。要创建数据透视图,可以将一个已经设计好的数据透视表转换成相应的数据透视图。其方法是:打开数据透视表,单击"数据透视表"工具栏上的"视图"按钮 ⬛ 右侧的三角符号,在弹出的下拉列表中选择"数据透视图视图",即可生成数据透视图,如图 5-12 所示。反之,也可以将一个已经设计好的数据透视图转换成相应的数据透视表。如果要从头开始创建数据透视图,则与创建数据透视表的主要不同之处是,设计界面的不同。

【例 5.4】　对数据表"教师信息"作一个如图 5-12 所示的教师信息透视图。要求,按性别统计不同部门的党员情况及人数。

使用"自动窗体"创建教师信息透视图的具体步骤如下:

(1) ～(3)同例 5.3 中的步骤(1)～(3)。

(4) 在"新建窗体"对话框上方的列表框中,选择"自动窗体:数据透视图"。

(5) 单击"确定"按钮,弹出如图 5-13 所示的数据透视图设计界面,以及与要创建窗体相关的"图表字段列表"窗口。

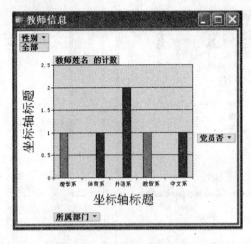

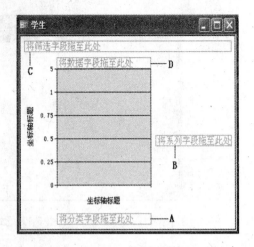

图 5-12　教师信息透视图　　　　　　　　图 5-13　数据透视图设计界面

（6）将"图表字段列表"中的相关字段拖放到数据透视图设计界面中的 4 个区域中，其中：

• "将分类字段拖至此处"：将"所属部门"作为分类字段拖至图中的 A 区，这里的"类"是指相邻的一组柱形图，相当于数据透视表中的行字段。

• "将系列字段拖至此处"：将"党员否"作为系列字段拖至图中的 B 区，不同系列在图形中用不同颜色来区分，相当于数据透视表中的列字段。

• "将筛选字段拖至此处"：将"性别"作为筛选字段拖至图中的 C 区，同数据透视表中的页字段。

• "将数据字段拖至此处"：将"教师姓名"字段拖至图中的 D 区，以计数方式统计不同姓名的人数。

（7）保存窗体，并取名为"教师信息透视图"，其结果如图 5-12 所示。

用户可以利用"数据透视图"工具栏上的按钮编辑该透视图，也可以在透视图的"绘图区"或"图表区"右击鼠标，并在弹出的快捷菜单中选择"属性"命令，出现"属性"对话框。在该对话框的"常规"选项卡下的"选择"下拉列表框中选择"分类轴 1 标题"，再切换到"格式"选项卡下，然后在"标题"文本框中修改"坐标轴标题"字样或删除；还可以在快捷菜单中选择"图表类型"更改已设计好的图表类型，等等。

除了可用以上 3 种向导创建窗体之外，在"新建窗体"对话框下，也可以选择"数据透视表向导"选项，创建一个数据透视表窗体。还可以选择"图表向导"选项，根据向导对话框完成一个带有图表的窗体，并且通过图表可以直观地比较数据表中的数据值。此处不再具体讲述它们的操作步骤。

5.2.5　在设计视图中创建窗体

前面已经介绍了，使用自动功能和窗体向导可以快速地创建比较简单的窗体。如果需要创建较复杂的窗体，则需要自定义窗体的布局和内容，或者修改已有的窗体，这就需要使用"设计视图"来完成。

使用"设计视图"创建窗体只能基于一个表或查询。如果要基于多个表，则可以先建立基于多个表的查询，再创建基于该查询的窗体。

在设计视图中可以灵活地创建窗体，其一般过程如下：

1）打开窗体设计视图

打开窗体设计视图的方法是：在"新建窗体"对话框中双击"设计视图"选项，或者在数据库窗口的"窗体"对象中双击"在设计视图中创建窗体"选项，都可以打开窗体的设计视图，并在屏幕上出现"工具箱"，如图 5-14 所示。如果没有出现"工具箱"，则可以单击"视图"菜单下的"工具箱"选项即可。

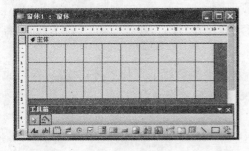

图 5-14　窗体设计视图

图 5-15　窗体的属性窗口

2）确定窗体的数据源

如果要创建一个数据窗体，则必须指定一个表或查询作为窗体的数据源。通常，确定窗体的数据源有以下两种途径：

（1）在"新建窗体"对话框下方的下拉列表框中选择一个表或查询。

（2）单击"窗体设计"工具栏中的"属性"按钮 ，出现窗体属性窗口，窗口的标题为"窗体"，如图 5-15 所示。在其"数据"选项卡的"记录源"下拉列表框中，选择一个表或查询作为数据源。

例如，当选择"学生信息"表作为数据源时，屏幕上出现"学生信息"表的字段列表框，其中包含表中的所有字段。如果字段列表框没有被打开，则可以单击"窗体设计"工具栏中的"字段列表"按钮 。

3）在窗体上添加控件

在窗体上添加控件常用以下两种方法：

（1）从数据源的字段列表框中选择需要的字段拖放到窗体上，Access 会根据字段的类型自动生成相应的控件，并在控件和字段之间建立关联。

（2）从"工具箱"中将需要的控件添加到窗体上。

例如，从字段列表中选择字段"学号"、"姓名"、"专业编号"、"性别"和"入学成绩"等，将其拖动到窗体设计视图的主体节的下方，如图 5-16 所示。注意，控件的放置不要太靠近左边垂直标尺。

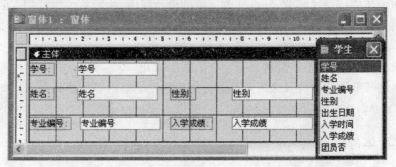

图 5-16　在窗体上添加控件

4）设置对象的属性

激活当前窗体对象或某个控件对象，单击"窗体设计"工具栏中的"属性"按钮，设置窗体或控件的属性。

5）查看窗体的设计效果

单击"窗体设计"工具栏上的"视图"按钮 ，可切换到窗体视图查看设计效果。

6）保存窗体对象

执行"文件"菜单下的"保存"命令，或单击工具栏的"保存"按钮，在弹出的"另存为"对话框中输入窗体名称，按"确定"按钮退出。

如果要修改已创建的窗体，则打开数据库窗口，先选择要修改的窗体名称，再单击窗口上方的"设计"按钮 设计(D)，可打开该窗体的设计视图，然后再进行修改。

5.2.6 窗体和节的操作

1．窗体和节的选择与操作

窗体和节各有自己的选定器，用于选择窗体或某个节，并调整节背景区的大小，以及显示属性表等操作。窗体选定器位于窗体水平标尺与垂直标尺的交叉处，节选定器位于节栏左侧的垂直标尺上。窗体和节的具体操作如表 5-1 所示。其中，显示属性表操作是为了设置窗体和节的属性，以便控制它们的特征和行为。

表 5-1　窗体和节的操作

操作目的	操作方法
选择窗体	单击窗体选定器，或窗体背景区外部（深灰色区）
显示窗体属性表	双击窗体选定器，在窗体中单击鼠标右键，在弹出的菜单中选择"属性"选项
选择节	单击节选定器、节栏或节背景区中的任意空白位置
显示节属性表	双击节选定器，在节中单击鼠标右键，在弹出的菜单中选择"属性"选项
调整节的高度与宽度	拖动节的下边缘调整节高，拖动节的右边缘调整节宽，拖动节的右下角调整节高与节宽

2．添加节

所有窗体都含有主体节，创建窗体之初，仅产生一个主体节。窗体除了有主体节之外，还可以含有窗体页眉节、窗体页脚节、页面页眉节和页面页脚节。

当需要在窗体中添加这些节时，打开该窗体的设计视图，执行菜单"视图"下的"窗体页眉/页脚"和"页面页眉/页脚"命令。这些节用途和区别前面已作介绍，但要注意的是，窗体页眉节和窗体页脚节只能同时添加或删除，同样，页面页眉节和页面页脚节也只能同时添加或删除。如果仅仅添加其中一个节，不妨设置另一个节的高度为 0。

每个节都包括节栏和节背景区两个部分。节栏的左端显示了节的标题和一个向下的箭头 ，以指示下方为该节栏的背景区。

3．设置窗体的属性

窗体的属性设置会影响对窗体的操作和显示外观。例如，是否允许对记录进行编辑，是否允许添加记录,是否允许删除记录,是否显示滚动条,等等。

打开窗体的设计视图,单击窗体选定器或窗体背景区外部(深灰色区),选中该窗体。单击工具栏上的"属性"按钮 ,可弹出该窗体的属性窗口。窗体的属性窗口同样有 5 个选项卡,下面主要介绍其中的格式属性选项卡和数据属性选项卡。

1)"格式"属性选项卡

窗体"格式"属性选项卡列举的是若干格式属性,如图 5-17 所示。其中:

- 标题:指定窗体标题栏中显示的文字。
- 默认视图:指定窗体的显示样式。例如,"单一窗体"样式将显示窗体中所有已作设置的节,但在主体节中只显示数据表的一条记录。
- 滚动条:指定窗体上是否显示滚动条。
- 记录选择器:指定窗体上是否显示记录选择器,即窗体最左端的箭头标记 ▶。
- 导航按钮:指定窗体上是否显示导航按钮。导航按钮出现在窗体的最下端,如图 5-6、图 5-8 的下方都有导航按钮。利用导航按钮可以方便地浏览窗体中的各条记录。如果用户自己创建了更为美观的按钮,则可在该属性下拉列表框中选择"否",使该导航按钮不出现。
- 分隔线:指定窗体上是否显示各节之间的分隔线。
- 自动居中:窗体显示时是否自动在 Access 窗口内居中。
- 边框样式:指定窗体边框的样式。样式有"无边框"、"细边框"、"可调边框"、"对话框边框"4 个选项。
- 宽度:用于设置窗体中各节的宽度。

图 5-17　窗体的"格式"属性

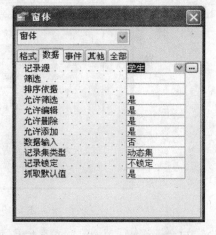

图 5-18　窗体的"数据"属性

2)"数据"属性选项卡

窗体"数据"属性选项卡列举的是若干数据属性,如图 5-18 所示。其中:

- 记录源:用于指定窗体信息的来源,可以是数据库中的一个表或查询。
- 筛选:对数据源中的记录设置筛选规则。打开窗体对象时,系统会自动加载设定的筛选规则,但是并没有应用筛选规则。若要应用筛选规则,则可以执行菜单"记录"下的"应用筛选/排序"命令。
- 排序依据:对数据源中的记录设置其排序依据和排序方式。打开窗体对象时,系统会自动加载设定的排序依据。若要应用排序依据,则可以执行菜单"记录"下的"应用筛选/排序"

命令。

• 数据输入：若取值为"是"，则窗体打开时，只显示一个空记录，用户可以输入新记录值；若取值为"否"，则打开窗体时，显示数据源中已有的记录。默认取值为"否"。

• 记录集类型：指定窗体数据来源的记录集模式，一般取默认值即可，不需要更改。

• 记录锁定：指定在多用户环境下打开窗体后的锁定记录的方式。

在窗体属性窗口中，还列出了窗体能识别的所有事件，如打开、加载、单击等。当窗体的某个事件被触发后，就会自动执行谈事件的响应代码，完成指定的动作。在 Access 中，有 3 种处理事件的方法：设置一个表达式，指定一个宏操作和编写一段 VBA 代码。其相关内容将在第 8 章中详细介绍。

5.3　控件及其使用

5.3.1　引　例

通过上面的学习，你可能已体会到了窗体"设计视图"的作用，也明白了控件在窗体设计过程中的重要性，并希望进一步学习控件的属性，以便能设计出一个如图 5-19 所示的具有丰富功能、清晰明了的"学生基本信息"窗体。

图 5-19　"学生基本信息"窗体示例

可是，在 Access 中，那么多控件工具，什么情况下该选择什么样的控件呢？为此，你应学习一下不同控件的作用及相关属性，包括：标签控件，文本框控件，组合框和列表框控件，命令按钮控件，选项组控件，选项卡控件，图像、未绑定对象框和绑定对象框控件，直线、矩形控件等。

5.3.2　控件的基本操作

控件是在窗体、报表或数据访问页上用于显示数据、执行操作或作为装饰的对象。例如，可以在窗体或报表中使用文本框显示数据，在窗体上使用命令按钮打开另一个窗体或报表，或者使用线条或矩形来隔离和分组控件，以增强它们的可读性。

下面介绍控件的类型和有关操作。

1. 创建控件

工具箱可用于创建控件。在窗体设计视图中,单击"窗体设计"工具栏中的"工具箱"按钮,或者执行"视图"菜单下的"工具箱"命令,都能够显示或取消如图 5-20 所示的"工具箱"窗口。

图 5-20　"工具箱"窗口

工具箱中有 20 个按钮。将鼠标移至某个控件按钮上,鼠标下方可显示该控件的名称。除了第一排中的"选择对象"、"控件向导"两个按钮是辅助按钮外,其他按钮都是控件定义按钮,各控件的作用如表 5-2 所示。

表 5-2　工具箱中的控件及其作用

控件名称	图标	作用
选择对象		用于选定窗体控件
控件向导		打开或关闭控件向导
标签		显示说明文本
文本框		显示、输入或编辑数据
选项组		与复选框、选项按钮或切换按钮配合使用,显示一组可选值
切换按钮		表示开或关两种状态
选项按钮		用于单项选择
复选框		用于多项选择
组合框		由一个文本框或一个列表框组成,用于输入和选择数据
列表框		用于从列表中选择数据
命令按钮		用于执行一项命令
图像		用于在窗体或报表中显示图像
未绑定对象框		用于显示未绑定型 OLE 对象
绑定对象框		用于显示绑定型 OLE 对象
分页符		用于创建多页窗体,或者在打印窗体及报表时开始一个新页
选项卡控件		用于创建一个带选项卡的窗体或对话框,显示多页信息
子窗体/子报表		用于在窗体或报表中显示来自多个表的数据
直线		用于绘制直线

控件名称	图标	作用
矩形	▢	用于绘制矩形框
其他控件	⚒	用于显示 Access 已经加载的其他控件

利用工具箱向窗体添加控件的基本方法是：首先，在工具箱中单击要添加的控件按钮，将鼠标移动到窗体上，鼠标变为一个带"＋"号标记的形状（左上方为"＋"，右下方为选择的控件图标，如添加标签控件时的鼠标形状为⁺A），然后在窗体的合适位置单击鼠标，即可添加一个控件，控件大小由系统自动设定。

注意：如果要使用向导来帮助创建控件，则需要按下工具箱中的"控件向导"按钮 🪄。该工具按钮在默认情况下是启动的，其作用是在工具按钮的使用期间启动所对应的辅助向导。如文本框向导、命令按钮向导等。

在创建控件的过程中，还需要对控件进行下面一些必要的操作。

2. 选择控件

直接单击控件的任何地方，可以选择该控件。此时，控件的四周出现 8 个控点符号，其中左上角的控点符号形状较大，称为"移动控点"；其他控点称为"尺寸控点"。

如果要选择多个控件，可以按住 Shift 键，再依次单击各个控件。或者，直接拖动鼠标使它经过所有要选择的控件。单击已选定控件的外部某处，可以撤消该选定。

3. 移动控件

移动控件可使用以下两种方法：

（1）把鼠标放在控件左上角的"移动控点"处，当出现手形图标时，按住鼠标将其拖动到指定的位置即可。但无论当前选定的是一个或多个控件，这种方法只能移动单个控件。

（2）将鼠标在选中的控件上移动（在非"移动控点"处），当出现手形图标时，按住鼠标将其拖动到指定的位置即可。这种方法能将所有选中的控件一起移动。

4. 调整控件大小

首先选中要调整大小的一个或多个控件，然后将鼠标移动到控件的尺寸控点上。当鼠标变为双箭头时，拖动尺寸点，直到控件变为所需的大小。

当控件的标题长度大于该控件的宽度时，单击菜单"格式"下的"大小"选项，在子菜单中选择"正好容纳"命令，可以自动调整控件大小，使其正好容纳其中内容。例如，当标签标题的长度大于该标签控件的宽度时，执行此命令，标签控件就会自动加宽到正好完整显示标题。

5. 控件的对齐

在设计窗体布局时，若要以窗体的某一边界或网格作为基准对齐某（多）个控件，则首先应选择需要对齐的控件，然后再单击菜单"格式"下的"对齐"选项，并在其子菜单中选择"靠左"、"靠右"、"靠上"、"靠下"或"对齐网格"等选项。

说明：如果打开的窗体没有网格，则可以执行菜单"视图"下的"网格"命令，在窗体中添加网格以作对齐参照。

6. 调整控件间距

使用"格式"菜单下的"水平间距"选项,可以调整控件之间的水平间距。当选择子菜单中的"相同"命令时,系统将在水平方向上平均分布选中的控件,使控件间的水平距离相同;若选择"增加"或"减少"命令时,可以增加或减少控件之间的水平距离。

使用菜单"格式"下的"垂直间距"命令,可以调整控件之间的垂直间距。当选择子菜单中的"相同"命令时,系统将在垂直方向上平均分布选中的控件,使控件间的垂直距离相同;若选择"增加"或"减少"命令时,可以增加或减少控件之间的垂直距离。

7. 删除控件

选中要删除的一个或多个控件,按 Delete 键,或者执行"编辑"菜单下的"删除"命令,可删除选中的控件。

8. 复制控件

选中一个或多个控件,执行"编辑"菜单下的"复制"命令。然后,确定要复制的控件位置,执行"编辑"菜单下的"粘贴"命令,可将已选中的控件复制到指定的位置上。最后,修改副本的相关属性,这样可大大加快控件的设计速度。

9. 更改控件的 Tab 次序

Tab 次序确定了在窗体视图下按 Tab 键时,如何在窗体中移动焦点。一个合理并且容易使用的 Tab 次序是非常重要的。通常,最简单的次序是从左至右、从上至下。

可以在"设计"视图中更改 Tab 次序。单击窗体的任意位置,然后在"视图"菜单上单击"Tab 键次序"打开其对话框。在"节"下面,单击要更改其 Tab 次序的窗体节的名称。通过在"自定义次序"列表中上、下拖动控件名称,即可设置新的 Tab 次序。

如果希望 Access 创建一个从左至右和从上至下的 Tab 次序,则可以单击"Tab 键次序"对话框中的"自动排序"实现。

10. 设置控件的属性

窗体的控件是窗体设计的主要对象,它们都具有一系列的属性。这些属性决定了对象的特征,以及如何对对象进行操作。对窗体和控件的属性进行修改,是窗体设计后一个非常必要的操作。前面图 5-15 所示的就是一个控件的属性窗口。

对控件属性进行设置,可以改变控件的大小、颜色、透明度、特殊效果、边框、文本外观等,所以控件属性的设置对于控件的显示效果起着重要的作用。

打开窗体的设计视图,选中要设置属性的控件,单击工具栏上的"属性"按钮 ,将弹出该控件的属性窗口。控件的属性窗口对话框中通常有以下 5 个选项卡:

· "格式"选项卡:它用于设置控件的显示方式,如控件的大小、位置、背景色、标题、边框等属性。

· "数据"选项卡:它用于设置控件的数据来源、有效性规则等。

· "事件"选项卡:它用于设置控件可以的响应事件,如单击、双击、鼠标按下、鼠标移动、鼠标释放等。事件是 Access 预先定义好的并能够被对象识别的事件。每个对象都可以识别和响应多种事件。不同对象所能识别和响应的事件不完全相同。

- "其他"选项卡：它用于设置控件的名称等属性。
- "全部"选项卡：它包括了另外 4 个选项卡的所有属性内容。

不同的控件对象，其显示的属性名称会有所不同。后面会详细介绍常用控件的建立及其属性设置方法。

11. 控件的类型

控件有三种基本类型：绑定控件，计算控件和未绑定控件。

（1）绑定控件：它与所选的表或查询中的具体字段直接连接。这种直接连接意味着绑定控件可以添加、更改或显示实时数据。当在绑定的窗体控件中输入或更改数据时，新数据或更改后的数据将立即被输入表中。反之，一旦表中的数据发生更改，绑定控件所显示的数据也将改变。

（2）计算控件：它使用数据库数据执行计算，但是它不更改数据。

（3）未绑定控件：它包含信息但是不与数据库数据直接连接，如提示信息、线条、矩形和图像等。

如果想让窗体或报表中的控件成为绑定控件，则首先应确保该窗体或报表是基于表或查询的。

5.3.2　标　签

标签（Label）是在窗体、报表或数据访问页上显示文本信息的控件，常用作提示和说明信息。标签不显示字段或表达式的数值，它没有数据来源，而且当从一个记录移到另一个记录时，标签的值都不会改变。例如，图 5-20 所示"学生信息"窗体中的"学生基本信息"字样。

标签可以附加到其他控件上。在创建绑定型控件时，若从字段列表框中将选定的字段拖到窗体中，则用于显示字段名的控件就是标签，而用于显示字段值的控件则是文本框。例如，在创建"学生基本信息"窗体时，若从字段列表中选择"学号"等字段并拖动到窗体的设计视图中，这时会有一个标签附加在文本框控件上同时出现，并且其默认字段名"学号"作为该标签的标题。

标签控件的常用属性有：

- "名称"：名称是控件的一个标识符。在属性窗口的对象名称框和"其他"选项卡下的"名称"文本框中显示的就是各控件的名称。在程序代码中也是通过名称来引用各个控件的。按标签添加到窗体上的顺序，其默认的名称依次是 Label1，Label2，…同一个窗体中各个控件的名称不能相同，用户可以重新指定标签的名称。
- "标题"：它指定标签中显示的文本内容。

如果要在标签上显示多行文本，可以在输入完所有文本后重新调整标签的大小，文本会依照标签的长度自动换行；如果需要在某个特定的地方换行时，应使用"Ctrl＋Enter"键实现在标签中换行。

如果要在窗体或报表的标签中使用"&"符号，则必须键入两个连词符号。例如，如果希望标签显示文本"产品 & 供应商"，则应键入"产品 && 供应商"。

- "背景样式"：它指定标签的背景是否是透明的。

- "前景色"、"背景色"：前景色是标签内文字的颜色,背景色是标签的底色。
- "宽度"、"高度"：它们用于设置标签的大小。
- "边框样式"、"边框颜色"、"边框宽度"：它们用于设置标签边框的格式。
- "字体名称"、"字号"、"字体粗细"：它们用于设置标签内文字的格式。

5.3.3　文本框

文本框(TextBox)是一个交互式控件,既可以显示数据,也可以接收数据的输入。创建文本框时,其默认的名称依次是 Text1,Text2,…。在 Access 中,文本框有三种类型:绑定型,非绑定型和计算型文本框。具体要创建哪种类型的文本框,这取决于用户的需要。

1. 文本框控件的创建

1) 创建非绑定型文本框控件

利用工具箱中的文本框工具,在设计视图中为窗体创建文本框控件。文本框控件在窗体视图中用于显示或输入数据。

2) 创建绑定型文本框控件

在设计视图中,先为窗体设置记录源,然后从字段列表中将字段拖至窗体中。此时,就会产生一个关联到该字段的文本框,或创建未绑定型文本框,并在其"控件来源"属性框中选择一个字段。在窗体视图下,绑定型文本框用于显示字段值,并可以输入数据更改字段值。

3) 创建计算型文本框控件

在设计视图中,先创建非绑定型文本框,然后在文本框中输入以等号"="开头的表达式;或在其"控件来源"属性框中输入以等号"="开头的表达式,也可以利用该框右侧的生成器按钮 **···** 来打开"表达式生成器"对话框来产生表达式。在窗体视图下,计算型文本框用于显示表达式的计算结果,但不能在窗体视图中进行修改。

2. 文本框控件的属性

文本框控件的常用属性有:
- "控件来源"：对于绑定型文本框,它指定其控件来源为表或查询数据源中的某个字段;对于计算型文本框,它指定其控件来源为一个计算表达式,表达式前必须以"="开头;而对于非绑定型文本框,不需要指定控件来源。当从窗体数据源的"字段列表"中将文本类型的字段拖放到窗体上时,会自动产生绑定型文本框控件,并自动将其控件来源属性设置为对应的字段。
- "输入掩码"：用于设置绑定型或非绑定型文本框控件的数据输入格式,仅对文本型或日期型数据有效。可以单击属性框右侧的生成器按钮 **···** ,启动输入掩码向导设置输入掩码。
- "默认值"：用于对计算型文本框和非绑定型文本框控件设置初始值。
- "有效性规则"：用于设置在文本框控件中输入或更改数据时的合法性检查表达式。
- "有效性文本"：当在该文本框中输入的数据违背了有效性规则时,它将显示有效性文本中填写的文字信息。
- "可用"：它指定文本框控件是否能够获得焦点。只有获得焦点的文本框才能输入或编辑其中的内容。

- "是否锁定"：如果文本框被锁定，则其中的内容就不允许被修改或删除。
- "滚动条"：当需要显示多行文本时，可将该属性设置为"垂直"，文本框中将包含垂直滚动条。
- "垂直显示"：用于设置文本框中的文字是否以竖排显示。

Access 提供了"文本框向导"，使用"文本框向导"创建文本框可以快速地对文本框的常用属性进行设置。其方法是：单击"工具箱"上的"控件向导"按钮和"文本框"按钮，再在窗体上创建文本框，这时将会弹出如下"文本框向导"对话框。

"文本框向导"对话框(1)，如图 5-21 所示。在该对话框中，可设置如下功能：字体、字号和字形；平面、凸起、凹陷、蚀刻、阴影、凿痕共 6 种关于边框的特殊效果；左、居中、右、分散共4 种文本对齐方式；行间距；左、上、右、下共 4 种边距，表示文本与边框的距离；垂直文本框。每一个设置效果当时都可显示在左上方的"示例"区中。

"文本框向导"对话框(2)，如图 5-22 所示。该对话框用于选择"输入法模式"，其下拉列表框中有三个选项："随意"，"输入法开启"和"输入法关闭"。若选择"输入法开启"选项，则当光标在该文本框中时，系统将自动打开中文输入法。

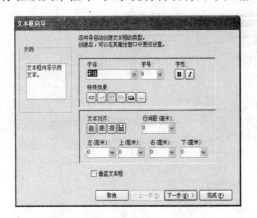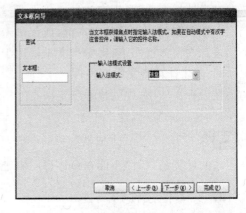

图 5-21 "文本框向导"对话框(1)	图 5-22 "文本框向导"对话框(2)

【例 5.5】 以"教学管理"数据库中的"课程信息表"为数据源，创建一个"课程信息表"窗体，要求显示"课程信息表"的所有记录，并在窗体的上方建立一个内容为"课程学分统计"标签，在窗体的下方创建一个计算文本框，用于显示总学分。如图 5-23 所示。

具体实现步骤如下：

(1) 打开"教学管理"数据库窗口，双击"自动创建窗体：表格式"选项。

(2) 选择"数据来源表/查询"下拉列表框中的"表：课程信息表"。

(3) 将窗体视图转换成设计视图。

(4) 在设计视图中，扩大窗体页眉节的背景区，移动该节中的 3 个标签控件至窗体页眉节的最下方。

(5) 在窗体的属性窗口下，设置格式属性"记录选择器"和"分隔线"均为"否"。

(6) 在工具箱中选中"标签"控件，然后在窗体页眉节的中间位置单击鼠标，添加一个标签控件。可以直接在标签中输入文字"课程学分统计"，也可以在标签控件的"标题"属性框中输入该行文字。

图 5-23　"课程学分统计"窗体　　　　　　图 5-24　"课程学分统计"设计视图

　　(7)选中该标签控件,利用格式工具栏或属性窗口设置标签的显示格式:"字体名称"为黑体,字号为 18;再依次执行菜单"格式"→"大小"→"正好容纳"命令,使标签自动调整大小以容纳其内容。

　　(8)确保"控件向导"工具按钮未被选中,选择文本框控件,在窗体页脚节中,选择一个合适位置,点击或拖动鼠标,出现一个文本框和附加标签。

　　(9)设置标签的"标题"为"总学分:",选中文本框控件(当前显示"未绑定"字样),在文本框属性窗口的"数据"选项卡下的"控件来源"框中输入"=sum(学分)"(也可直接在文本框中输入),统计所有课程的总学分,即完成计算型文本框控件的创建。然后,将文本框的"是否锁定"属性设置为"是",不允许用户修改或删除该项数据。

　　说明:当表达式中包含窗体、报表、字段或其他对象的名称时,系统会自动在这些名称的外边加上方括号(如:=sum([学分]))。

　　(10)调整"总学分:"标签至合适位置,设置文本框为适当大小。

　　(11)保存退出。其结果如图 5-23 所示。

5.3.4　组合框和列表框

　　在许多情况下,从列表中选择一个值,要比记住一个值然后键入它更快、更容易。选择列表还可以帮助用户确保在字段中输入的值是正确的。组合框(ComBox)和列表框(ListBox)控件都提供一个值列表,用户可从列表中选择数据完成输入工作。

　　列表框在窗体中,可以包含一列或几列数据,每行可以有一个或多个字段。列表框只能显示值,不接受用户输入的新值。

　　组合框可以看作是文本框和列表框的组合,它既是一个文本框,可以接受用户输入新的值,也是一个列表框,用户也可以从列表中选择一个值。

　　在窗体中使用列表框还是组合框,既要考虑有关控件如何在窗体中显示,也要考虑用户如何使用。列表框和组合框均有各自的优点:在列表框中,列表随时可见,但是控件的值只限于列表中的可选项;在组合框中,由于列表只有在打开时才显示内容,因此该控件在窗体上占用的地方较小,用户可以选择组合框中已有的值,也可以输入一个新值。

　　组合框和列表框的常用属性有

　　•"列数":该属性的默认值为 1,表示只显示 1 列数据。如果属性值大于 1,则表示显示多列数据。

- "行来源类型"：该属性指定数据类型，有 3 个选项：表/查询，值列表和字段列表。
- "行来源"：该属性为每一数据类型决定数据来源。

【例 5.6】　对于 5.2.2 节中利用窗体向导创建的如图 5-6 所示的"学生信息"窗体，现要求将显示"政治面貌"字段值的文本框变为列表框。

具体实现步骤如下：

（1）在窗体设计视图中打开"学生信息"窗体。

（2）选中显示"政治面貌"字段值的文本框，再单击鼠标右键，在弹出的菜单中选择"更改为"为"列表框"。

（3）设置该列表框的属性：将"行来源类型"设置为"表/查询"，"行来源"设置为"select distinct 政治面貌 from 学生信息"；或者将"行来源类型"设置为"值列表"，"行来源"设置为"群众；党员；团员；预备党员"。

由于本例中"政治面貌"的值只有几种情况，在窗体的使用中，只需要选择值，因此使用了列表框。组合框的使用方式类似列表框，只是在窗体视图下可以输入新的值，其他的使用方法相同，故不再赘述。

如果需要在窗体上新建一个组合框或列表框，也可以利用列表框和组合框向导来创建。即可以在向导对话框中选择"自行键入所需的值"选项，依次输入列表框（或组合框）中显示的值就可以了。如果需要和某个字段关联，则可单击"将该数值保存在这个字段中："，并选择一个字段，于是该列表框（或组合框）与设置的字段就关联起来了。

5.3.5　命令按钮

在窗体上可以使用命令按钮（Command button）来启动一项操作或一组操作。例如，可以创建一个命令按钮来打开另一个窗体。若要使命令按钮在窗体上实现某些功能，则需要编写操作代码。通常，操作代码是用 VBA 编写的程序，其相关内容请参见第 8 章。

【例 5.7】　在前面创建的如图 5-6 所示的"学生信息"窗体中，创建命令按钮。

使用"命令按钮向导"创建命令按钮的操作步骤如下：

（1）打开"学生信息"窗体，在属性窗口中将"导航按钮"设置为"否"。

（2）确保工具箱中的"控件向导"工具已经按下。选择"命令按钮"控件，在窗体页脚节的合适位置单击，系统将自动启动并弹出"命令按钮向导"对话框（1），如图 5-25 所示。

（3）定义按下按钮时产生的动作，如在类别框中选择"记录导航"，操作框中选择"转至前一项记录"。

（4）单击"下一步"按钮，弹出"命令按钮向导"对话框（2），如图 5-26 所示。选择在按钮上显示文本"上一记录"。

（5）单击"下一步"按钮，在弹出的对话框中为按钮命名，以便于以后对该按钮的引用。这里命名为"previous"。

（6）单击"完成"按钮，结束"上一记录"命令按钮的创建。

（7）依次创建其他命令按钮，"下一记录"命令按钮的类别选择"记录导航"，操作选择"转至下一项记录"；"添加记录"命令按钮的类别选择"记录操作"，操作选择"添加新记录"；"保存记录"命令按钮的类别选择"记录操作"，操作选择"保存记录"；"退出"命令按钮的类别选择"窗体操作"，操作选择"关闭窗体"。

（8）使用 Shift 键选择这 5 个命令按钮，并依次选择菜单"格式"→"对齐"命令，选择一种

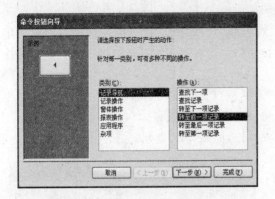

图 5-25　"命令按钮向导"对话框(1)

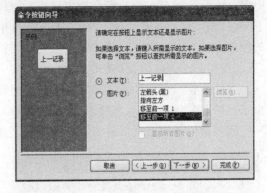

图 5-26　"命令按钮向导"对话框(2)

对齐方式;再依次执行菜单"格式"→"水平间距"→"相同"命令。

(9) 保存,结束创建。

5.3.6　选项组

"选项组"控件(Frame)由一个组框架及一组选项按钮、复选框或切换按钮组成。选项组为用户提供必要的选择选项,用户只需进行简单的选取即可。

【例 5.8】　使用"选项组向导"创建如图 5-27 所示的"课程"选项按钮。

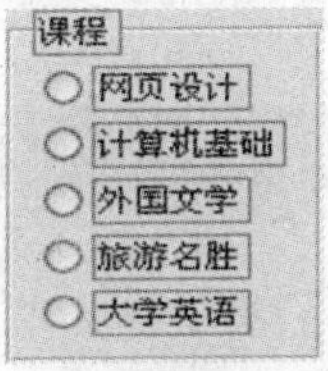

具体实现步骤如下:

(1) 确保工具箱中的"控件向导"工具已经按下。

(2) 单击工具箱中的"选项组"按钮 。在窗体上单击要放置选项组的左上角位置。

图 5-27　"课程"选项按钮

(3) 在弹出的"选项组向导"对话框(1)的"标签名称"框内分别输入"网页设计"、"计算机基础"、"外国文学"等课程名称。如图 5-28 所示。

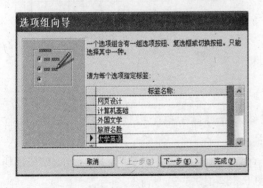

图 5-28　"选项组向导"对话框(1)

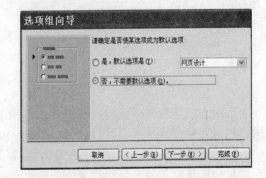

图 5-29　"选项组向导"对话框(2)

(4) 单击"下一步"按钮,弹出"选项组向导"对话框(2),如图 5-29 所示。该框要求用户确定是否需要默认选项,这里选择"否",不指定默认项值。

(5) 单击"下一步"按钮,弹出"选项组向导"对话框(3),如图 5-30 所示。这里为各个选项依次赋值,分别为"1"、"2"、"3"、"4"、"5"。

(6) 单击"下一步"按钮,弹出"选项组向导"对话框(4),如图 5-31 所示。选择"在此字段中保存该值"，并在右边的组合框中选择"课程编号"字段。

（7）单击"下一步"按钮，弹出"选项组向导"对话框（5），如图 5-32 所示。选项组中可选用的控件的类型有"选项按钮"、"复选框"和"切换按钮"，左边有不同控件类型的示例。这里选择"选项按钮"类型和"蚀刻"样式。

（8）单击"下一步"按钮，弹出"选项组向导"对话框（6），如图 5-33 所示。在"请为选项组指定标题"文本框中输入选项组的标题"课程"，然后单击"完成"按钮。

回到窗体视图中可以看到创建的"课程"选项按钮，如图 5-27 所示。

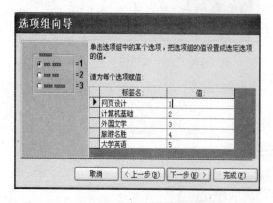

图 5-30　"选项组向导"对话框（3）

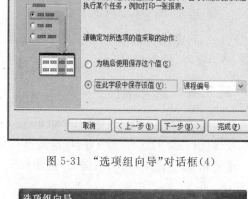

图 5-31　"选项组向导"对话框（4）

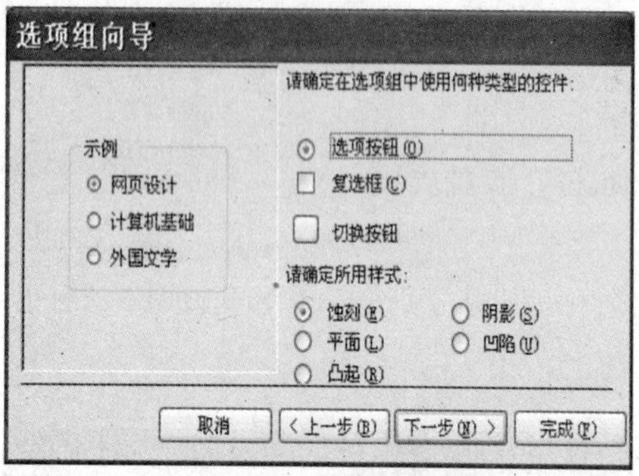

图 5-32　"选项组向导"对话框（5） 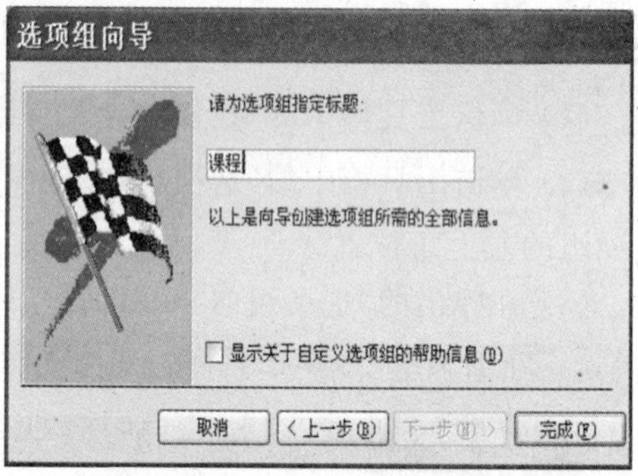　　　　　　　图 5-33　"选项组向导"对话框（6）

5.3.7　选项卡

选项卡也称为页（Page）。可以使用选项卡控件来分页显示单个窗体中的多个信息，并且用户只需要单击选项卡，就可以切换到另一个页面。

【例 5.9】　以"教师信息"表为数据源，创建一个"教师信息分页浏览"窗体，要求教师的基本信息和联系方式分别显示在窗体的两页上，如图 5-33 和图 5-34 所示。

具体实现步骤如下：

（1）打开"设计"视图，在窗体属性中选择"教师信息"表作为数据的记录源。

（2）单击工具箱中的"选项卡控件"按钮，然后在窗体中单击要放置选项卡控件的位置，系统将自动添加有两页的选项卡控件。

（3）在第 1 页的选项卡名处双击，打开其属性窗口。在"格式"下的"标题"属性中，输入"基本信息"作为选项卡第 1 页的标签名称。

（4）单击选项卡的第 1 页,将"教师姓名"、"所属部门"、"职称"字段拖动到选项卡的第 1
页上,将标签控件都删除,只留下文本框控件,并做适当调整,如图 5-34 所示。

（5）在第 2 页的选项卡名处双击,打开其属性窗口。在"格式"下的"标题"属性中输入"联
系方式"作为选项卡第 2 页的标签名称。

（6）单击选项卡的第 2 页,将"基本工资""奖金"、"补贴"、"房租"字段拖动到选项卡的第 2
页上。增加一个文本框控件,将其设置为计算控件,在文本框中输入"＝基本工资＋奖金＋补
贴-房租",如图 5-35 所示。

（7）适当调整选项卡控件的大小,并切换到"窗体视图"中查看操作结果。

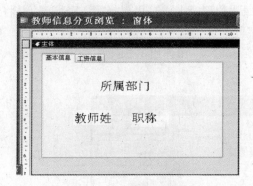

图 5-34　"基本信息"页

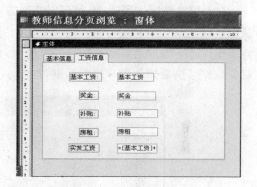

图 5-35　"联系方式"页

注意:选项卡控件按钮默认只产生两页,如果要添加更多的页,则可用右键单击选项卡,在
弹出的快捷菜单中选择"插入页",即可在选项卡上增加一个新页。

5.3.8　图像、未绑定对象框和绑定对象框

1. 图像控件

图像控件是一个放置图形对象的控件。在工具箱中选取图像控件后,再在窗体的合适位
置上单击鼠标,会出现一个"插入图片"的对话框,用户可以从磁盘上选择需要的图形、图像文
件进行插入。图像控件的常用属性有

- "图片":该属性指定图形或图像文件的路径和文件名。
- "图片类型":该属性指定图形对象是嵌入到数据库中,还是链接到数据库中。
- "缩放模式":该属性指定图形对象在图像框中的显示方式,并有"裁剪"、"拉伸"和"缩
放"三个选项。

2. 未绑定对象框控件

未绑定对象框控件显示不存储到数据库中的 OLE 对象。例如,可能要在窗体中添加使用
Microsoft Paint 创建的图案。当移动到新记录时,对象不会发生变化。

在工具箱中选择未绑定对象框控件后,再在窗体的合适位置上单击鼠标,会出现一个"插
入对象"的对话框,用户可以通过选择"新建"或"由文件创建"两种方法插入一个对象。

3. 绑定对象框控件

绑定对象框控件显示数据表中 OLE 对象类型的字段内容。当移动到新记录时,显示在窗

体中的对象就会发生变化。是绑定还是未绑定,实际上是指对象在记录间进行移动时,是否会发生变化。

【例 5.10】 为"学生信息"表添加照片字段,并在"学生基本信息"窗体中添加学生图片,要求结果如图 5-19 所示。

具体实现步骤如下:

(1) 在"学生信息"表的设计视图中,添加名为"照片"字段,数据类型为"OLE 对象"。

(2) 切换到"学生基本信息"窗体的设计视图中,拖动"字段列表"中的"照片"字段到设计视图的合适位置,产生一个标题为"照片:"的绑定对象框。

(3) 切换到窗体视图,将光标定位到需要添加照片的记录上。这里选择第 1 条记录,并将鼠标移动到第 1 条记录要插入图片记录的"照片"字段上。

(4) 选择"插入"菜单下的"对象"选项,或单击鼠标右键,在弹出的快捷菜单中选择"插入对象"命令,出现插入图片的对话框,如图 5-36 所示。

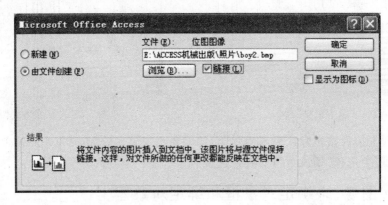

图 5-36　插入图片对话框

(5) 选择"由文件创建"选项按钮,在"文件"框中输入或点击"浏览"按钮确定照片所在的位置,并选中"链接"复选框,使该图片与源文件保持链接。这样,对文件所作的更改就可以反映在窗体中,然后单击"确定"按钮,此时可看到照片的效果。

(6) 再次切换到设计视图,根据照片的大小,设置对象框控件的高度和宽度,或直接拖动"尺寸控点"改变控件的大小。或者设置图片的缩放模式,一般选择"拉伸"或"缩放",直到图片满意为止。结束操作。

5.3.9　直线和矩形

在窗体上,可按信息的不同类别将控件放在相对独立的区域。这样,窗体就不会显得杂乱无章。在 Access 中,通常使用线条和矩形框来分隔信息。

1. 直线

直线(Line)用在窗体中时,可以突出相关的或特别重要的信息,或者将窗体分割成不同的部分。

如果要绘制水平线或垂直线,则可单击"直线"按钮,以便到窗体设计视图中拖动鼠标创建直线。如果要细微调整线条的位置,则选中该线条,同时按下 Ctrl 键和方向键。如果要细微调整线条的长度或角度,则选中该线条,同时按下 Shift 键和方向键。

如果要改变线条的粗细,则可选中该线条,再单击"格式"工具栏中的"线条/边框宽度"按钮,然后选择所需的线条粗细。同样地,使用其他的按钮可以改变线条的颜色和为线条设置特殊效果。也可以在线条的属性表中修改线条的宽度、高度、特殊效果、边框样式、边框颜色、边框宽度等属性。

2. 矩形

矩形(Box)用于显示图形效果,可以将一组相关的控件组织在一起。例如,"学生基本信息"窗体中就有两个矩形控件,分别组织学生的基本信息和一组命令按钮,这样可显得整体布局紧凑而不零散。

如果要绘制矩形,则单击"矩形"按钮,以便到窗体设计视图中拖动鼠标创建矩形。矩形控件的常用属性有宽度、高度、背景色、特殊效果、边框样式、边框颜色、边框宽度等。

5.4 使用窗体处理数据

5.4.1 引 例

学习了前面几节内容后,你应该能够设计出使数据库工作界面焕然一新的较美观的窗体了。此时,你可能还想,窗体虽提供了显示数据的友好界面,但在窗体上如何查看数据呢? 为此,本节将介绍窗体中的数据处理,具体内容包括浏览记录、编辑记录、查找和替换数据、排序记录、筛选记录等。

下面,首先介绍一下与数据处理有关的"窗体视图"工具栏。当用户在数据库窗口下打开某窗体时,窗体是以窗体视图的形式显示的,并且在屏幕上弹出"窗体视图"工具栏,如图 5-37 所示。利用该工具栏上的这些按钮,可以方便地进行数据的各种操作。

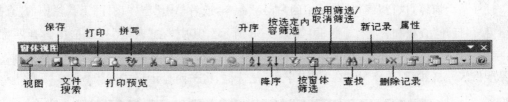

图 5-37 "窗体视图"工具栏

5.4.2 浏览记录

在默认设置下,窗体下方都有一个导航按钮栏,单击其中的有关按钮可以浏览记录。在导航栏中间的文本框中输入记录号,则可以快速地定位到指定的记录。

5.4.3 编辑记录

编辑记录主要包括添加、删除、修改记录等工作。

1) 添加记录

单击窗体导航条上的"新记录"按钮 ▶米 ,系统会自动定位到一个空白页或一个空白记录行。在窗体的各控件中输入数据后,单击工具栏的"保存"按钮;或者将插入点移到其他记录上,Access 都会将刚输入的数据保存到数据源表中,也就是在表中添加了一条新记录。

2)删除记录

先将光标定位至需要删除的记录上,然后单击工具栏上的"删除记录"按钮 ，即可将该记录从数据表中删除。

3)修改记录

在窗体的各控件中直接输入新的数据,然后单击工具栏上的"保存"按钮,或者将插入点移到其他记录上,即可将修改后的结果保存到数据表中。

注意:当有以下几种情况时,不允许对窗体中的数据进行编辑操作。

(1)窗体的"允许删除"、"允许添加"和"允许编辑"属性设置为"否"时。

(2)控件的"是否锁定"属性设置为"是"时。

(3)窗体的数据来源为查询或 SQL 语句时,数据可能是不可更新的。

(4)不能在"数据透视表"视图或"数据透视图"视图中编辑数据。

当添加和修改记录时,可以使用 Tab 键选择窗体上的控件,使焦点(光标插入点)从一个控件移动到另一个控件。控件的 Tab 键顺序决定了选择控件的顺序,如果希望按下 Tab 键时,焦点能按指定的顺序在控件之间移动,则可以设置控件的"Tab 键索引"属性。在控件的属性窗口中可以看到,默认情况下,第 1 个添加到窗体上且可以获得焦点的控件的 Tab 键索引属性为 0,第 2 个控件为 1,第 3 个控件为 2,……,依次类推。用户可以根据实际需要,重新设置该属性值。例如,在"学生信息浏览"窗体的所有控件创建完毕之后,可以设置这些控件的"Tab 键索引"属性,从而可人为地改变焦点在控件间的移动次序。

5.4.4 查找和替换数据

如果已知道表中的某个字段值,要查找相应的记录,则可以通过单击"编辑"菜单中的"查找"命令来实现。而"编辑"菜单中的"替换"命令则可以实现成批记录中某个字段值的替换。

打开某个窗体,执行"编辑"菜单中的"查找"命令,或者单击"窗体设计"工具栏中的"查找"按钮 ，打开"查找和替换"对话框,如图 5-38 所示。其中,在"匹配"列表框中选择匹配模式:字段任何部分,字段开始,整个字段。如果要区分大小写,则选择"区分大小写"复选框。如果要严格区分格式,则选择"按格式搜索字段"复选框,将按照显示格式查找数据。

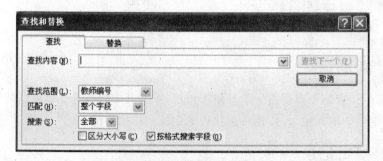

图 5-38 "查找和替换"对话框

如果要对查找的字段值作替换,则将"查找和替换"对话框切换到"替换"选项卡。在"替换值"文本框中输入要替换的新数据,单击"替换"按钮或逐一替换,单击"全部替换"按钮则可替换所有查找的内容。

5.4.5　排序记录

如果要依据一个字段设置窗体的浏览顺序,则可首先在窗体视图中打开要设置浏览顺序的窗体,然后选择要排序的字段,单击"记录"菜单下的"排序"选项,在子菜单中选择"升序排序"命令,记录的浏览顺序将依据该字段,按照从小到大的顺序排列。单击菜单"记录"下的"排序"选项,在子菜单中选择"降序排序"命令,则记录的浏览顺序将依据该字段按照从大到小的顺序排列。

如果要依据多个字段设置浏览顺序,则必须通过"高级筛选/排序"命令来实现。

5.4.6　筛选记录

在默认情况下,窗体中显示基表或查询中的全部记录。但是,如果只关心其中一部分记录,则可以使用窗体的筛选功能。

在 Access 窗体中可以使用的筛选方法有:按选定内容进行筛选、按内容排除筛选、按窗体进行筛选和使用"高级筛选/排序"完成筛选,不同的筛选方法适合不同的场合。这些筛选与第3章中介绍的数据表记录的筛选操作类似。不同的只是,此处的筛选在窗体视图下完成,筛选的结果也只能在窗体视图下查看。

5.5　主-子窗体和切换面板

5.5.1　引　例

通过前面的学习,你已经掌握了单个窗体的创建以及如何处理窗体中的数据。但你可能会想到,数据库的表通常是彼此有关联的,能否同时在两个窗体中分别查看两个(或多个)相关联的表呢? 例如,在一个窗体中查看学生基本信息的同时,可以打开另一个窗体,以便查看这位学生的选课情况。同时,你还可能会想到,能否把前面做的窗体都链接到一个主界面下,这样查看不同的窗体就更为方便了。为此,可继续学习下面介绍的有关创建主-子窗体、切换面板窗体等方面的知识。

5.5.2　创建主-子窗体

在 Access 中,有时需要在一个窗体中显示另一个窗体中的数据。窗体中的窗体称为子窗体,而包含子窗体的窗体称为主窗体。使用主-子窗体的作用是:以主窗体的某个字段为依据,在子窗体中显示与此字段相关的记录;而在主窗体中切换记录时,子窗体中的内容也会随着切换。因此,当要显示具有一对多关系的表或查询时,主-子窗体特别有效,但是并不意味着主窗体和子窗体必须相关。

下面通过实例,介绍用两种方法创建主-子窗体:一是同时创建主窗体和子窗体,二是先建立子窗体,再建立主窗体,然后将子窗体插入到主窗体中。

1. 同时创建主窗体和子窗体

【例 5.11】　创建一个主-子窗体,要求主窗体显示"学生信息"表的"学号"、"姓名"信息,子窗体显示"课程名称"、"成绩"、"学分"和"课程类别",其结果如图 5-39 所示。

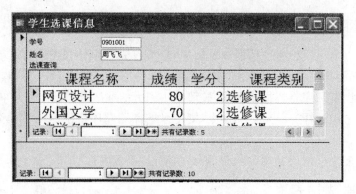

图 5-39　"学生选课信息"主-子窗体

具体实现步骤如下：

（1）在"教学管理"数据库窗口下，双击"使用向导创建窗体"，弹出"窗体向导"对话框（1），如图 5-40 所示。

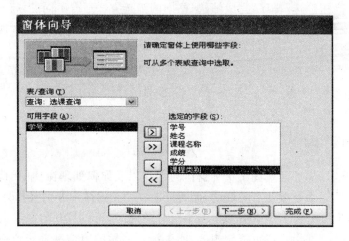

图 5-40　"窗体向导"对话框（1）

（2）在对话框（1）中的"表/查询"下拉列表框中选择"表:学生信息"，并将"学号"、"姓名"添加到"选定的字段"框中。

（3）再次在"表/查询"下拉列表框中选择"查询:选课查询"，并将"课程名称"、"成绩"、"学分"和"课程类别"字段添加到"选定的字段"框中。（假设已建立了名为"选课查询"的查询，该查询包括"学号"、"姓名"、"课程名称"、"成绩"、"学分"和"课程类别"字段。）

（4）单击"下一步"按钮，弹出"窗体向导"对话框（2），并在该框中确定查看数据的方式，如图 5-41 所示。

（5）单击"下一步"按钮，弹出"窗体向导"对话框（3），并在该框中选择子窗体的布局，其默认为"数据表"。如图 5-42 所示。

（6）单击"下一步"按钮，在弹出的对话框中选择窗体的样式。这里选择"标准"样式。

（7）单击"下一步"按钮，在弹出的对话框中为窗体指定标题。这里分别为主窗体和子窗体添加标题:"学生选课信息"和"选课查询子窗体"。

（8）单击"完成"按钮，结束窗体向导，创建的主-子窗体如图 5-39 所示。

这时，在"教学管理"数据库窗口下，会看到新增的两个窗体。如果双击"选课查询子窗

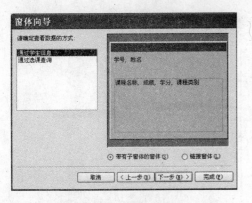

图 5-41　"窗体向导"对话框(2)

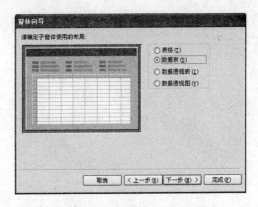

图 5-42　"窗体向导"对话框(3)

体",则只打开单个子窗体。如果双击"学生选课信息",会打开主-子窗体,并且当主窗体中查看不同学生的记录时,子窗体中会随之出现该学生的选课情况。

　　值得注意的是,在选择主-子窗体的数据源时,可以都是表,也可以都是查询,或者一个是表,一个是查询。如果两个表(查询)之间没有建立关系,则会出现一个提示对话框,要求建立两表之间的关系。确认后,可打开关系视图,同时退出窗体向导。

　　如果两表之间已经正确设置了关系,则会进入窗体向导的下一个对话框,确定查看数据的方式,如图 5-41 所示。

2. 在主窗体中创建子窗体

　　如果某个窗体已经存在,希望在该窗体上再关联一个窗体,则可以使用工具箱上的"子窗体/子报表"控件按钮,在该窗体上创建一个子窗体。

　　【例 5.12】　创建一个"教师信息"纵栏式窗体,要求在该窗体上加入子窗体,显示教师的工资信息。其结果如图 5-46 所示。

　　具体实现步骤如下:

　　(1) 在窗体对象中,使用"自动创建窗体:纵栏式"创建"教师信息"窗体,命名为"教师信息",然后保存并退出。

　　(2) 在窗体设计视图中,打开"教师信息纵栏式"窗体,适当调整主体节的大小。

　　(3) 在工具箱中确保按下了"工具向导"按钮,再选择"子窗体/子报表"控件按钮 。在窗体主体节的合适位置单击鼠标,启动子窗体向导,弹出"子窗体向导"对话框(1),如图 5-43 所示。然后,选择"使用现有的表和查询"。

　　(4) 单击"下一步"按钮,在弹出的"子窗体向导"对话框(2)中,选择"教师工资表"中的"基本工资"、"奖金"、"补贴"字段,如图 5-44 所示。

　　(5) 单击"下一步"按钮,在弹出的"子窗体向导"对话框(3)中,确定主-子窗体的链接字段,如图 5-45 所示。

　　(6) 单击"下一步"按钮,在弹出的对话框中,指定子窗体的名称,这里取默认值"教师工资表子窗体"。

　　(7) 单击"完成"按钮,"教师工资子窗体"插入到"教师信息"窗体中。其主-子窗体视图效果如图 5-46 所示。

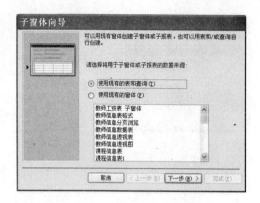

图 5-43 "子窗体向导"对话框(1)

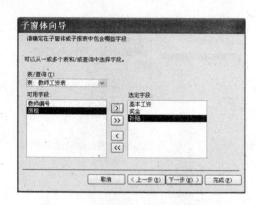

图 5-44 "子窗体向导"对话框(2)

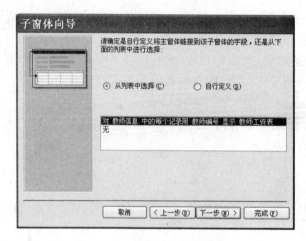

图 5-45 "子窗体向导"对话框(3)

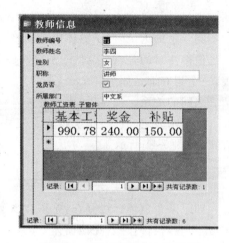

图 5-46 "教师信息"主-子窗体

5.5.3 切换面板窗体

切换面板是一种特殊的窗体,它的用途主要是为了打开数据库中其余的窗体和报表。因此,可以将一组窗体和报表组织在一起形成一个统一的与用户交互的界面,而不需要一次又一次地单独打开和切换相关的窗体和报表。

1. 创建切换面板窗体

【例5.13】 创建一个切换面板,将前面章节中已经建立的"学生基本信息"窗体、"教师信息分页浏览"窗体、"学生选课主窗体"和"学生选课子窗体"联系在一起,以形成一个界面统一的数据库系统,所创建的切换面板如图 5-47 所示。

具体实现步骤如下:

(1) 打开"教学管理"数据库窗口。

(2) 执行菜单"工具"下的"数据库实用工具"命令,在子菜单中选择"切换面板管理器"命令。如果是第一次创建切换面板,则会出现一个询问是否创建切换面板的对话框,选择"是"按钮,系统弹出"切换面板管理器"窗口,如图 5-48 所示。

(3) 单击"新建"按钮,在弹出对话框的"切换面板页名"文本框内输入"教学管理系统"。

(4) 此时,在"切换面板管理器"窗口添加了"教学管理系统"项。

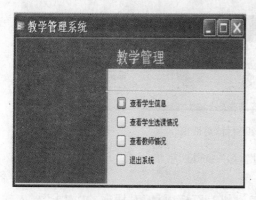

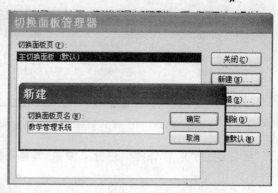

图 5-47　切换面板　　　　　　　　　　　图 5-48　"切换面板管理器"窗口

（5）选择"教学管理系统"，单击"创建默认"，这时"教学管理系统"切换面板页被设置为默认打开面板，如图 5-49 所示。

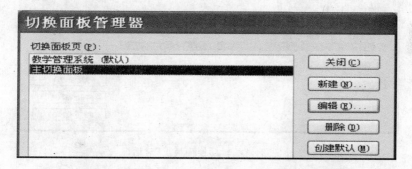

图 5-49　"教学管理系统"切换面板页被设置为默认打开面板

（6）选中"教学管理系统（默认）"，单击"编辑"按钮，弹出"编辑切换面板页"对话框，如图 5-50 所示。

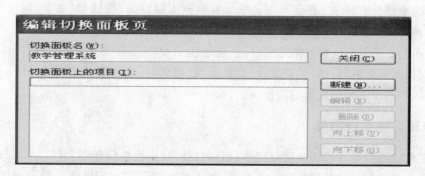

图 5-50　"编辑切换面板页"对话框

（7）单击"新建"按钮，弹出"编辑切换面板项目"对话框，如图 5-51 所示。

（8）在"编辑切换面板项目"对话框的"文本"框内输入"查看学生信息"；在"命令"下拉列表框中选择"在'编辑'模式下打开窗体"；在"窗体"下拉列表框中选择已创建的"学生基本信息"窗体。然后，单击"确定"按钮，回到"编辑切换面板页"对话框。

（9）此时，"编辑切换面板页"对话框中已经有了一个"查看学生信息"项目。重复步骤（7）和步骤（8），新建"查看学生选课情况"项目，使其联系窗体"学生选课主窗体"；新建"查看教师

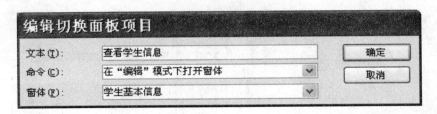

图 5-51　"编辑切换面板项目"对话框

情况"项目,使其联系"教师信息分页浏览"窗体。此时,"编辑切换面板页"下产生了 3 个项目,如图 5-52 中所示。

(10) 在图 5-52 中再次单击"新建"按钮,在"编辑切换面板项目"对话框的"文本"框内输入"退出系统",在"命令"下拉列表框中选择"退出应用程序"。

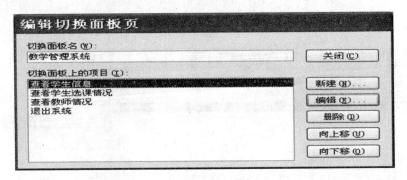

图 5-52　"编辑切换面板页"对话框

(11) 单击"确定"按钮,回到如图 5-52 所示的"编辑切换面板页"对话框。此时,编辑切换面板页中已生成了 4 个项目。单击"关闭"按钮。

(12) 返回到"切换面板管理器"窗口,单击"关闭"按钮。

此时,切换面板的创建工作已全部完成。在数据库窗口的"窗体"对象下,双击打开"切换面板"窗体,将出现如图 5-47 所示的切换面板。

注意:在创建完切换面板窗体的同时,系统还生成一个名为"Switchboard Items"的表,该表记录着切换面板的信息。如果要删除"切换面板"窗体,一定先要将表"Switchboard Items"一同删除后,然后才能再创建新的切换面板。

2. 修改切换面板窗体

如果要修改已创建好的切换面板窗体,则可打开"切换面板管理器"窗口,单击"编辑"命令进行修改。如果觉得创建的切换面板不美观,则还可以在切换面板窗体的设计视图中对切换面板进行美化。

"切换面板管理器"生成的"切换面板"窗体与一般的窗体有所区别:在设计视图中,切换面板项目的有关内容看不见了,用户只能看到空白的标签,并且也可以改变这些空白标签的属性及标签文本的样式。只有在启动切换面板之后,这些标签的内容才会变成切换面板项目中的文本并可见。

本 章 小 结

　　窗体是 Access 和用户进行交互的数据库对象。窗体的作用主要是用于在数据库中输入和显示数据,也可以用作切换面板来打开数据库中的其他窗体和报表,或者用作自定义对话框来接受用户的输入及根据输入执行操作。

　　本章在简介窗体的概念、组成、功能、属性等的基础上,较详细地介绍了使用"自动创建窗体"和使用"向导"创建窗体的方法。用向导创建窗体简单、易懂,但是向导的功能简单,对于复杂的窗体还需要在设计视图中进行修改。控件在窗体设计中是很重要的。在设计视图下,灵活地使用各种控件,合理地设置窗体及控件的属性,会使窗体更加丰富和美观。

　　同时,本章还介绍了主-子窗体和切换面板窗体的概念、组成、功能及其创建和应用方法。在已建立的主窗体中插入子窗体,可以在浏览窗体的记录时,同时在子窗体中显示与主窗体相关的数据。切换面板窗体常常用作应用系统的主界面,它可将多个窗体组织在一起。

　　本章知识结构图如图 5-53 所示。

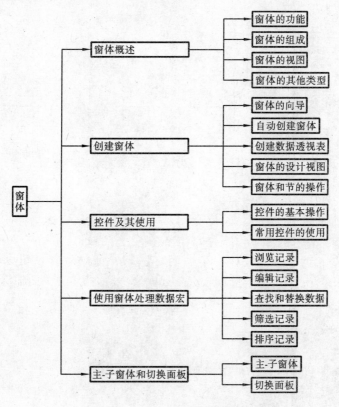

图 5-53　第 5 章知识结构图

思 考 题

1. 什么是窗体? 它有哪几个组成部分? 窗体的具体功能有哪些?
2. 窗体有哪几种视图? 它们的主要区别是什么?

3. 什么是窗体的数据源？当数据源中的记录发生变化时,窗体中的信息是否会随之变化？

4. 如何设置窗体的数据源？

5. 窗体中的控件是指什么？控件有哪几种类型？

6. 组合框和列表框的区别是什么？

7. 什么是子窗体？其作用是什么？

8. 如何将子窗体插入到已经创建的主窗体上？能否对这个新添加的子窗体单独进行编辑操作吗？

9. 什么是切换面板窗体？如何创建及修改切换面板窗体？

第6章

Access 数据库的报表

在 Access 数据库应用中,用窗体显示数据虽然很好,但若需要把这些数据打印在纸上,则使用窗体并不理想。为此,Access 数据库提供了"报表"对象。报表是 Access 中专门用来统计、汇总并且整理打印数据的一种工具。虽然前面章节中介绍的数据表、查询、窗体等都可以实现打印,但如果需要打印大量的数据或者对打印格式等有较高的要求时,则必须使用报表。

本章首先介绍报表的功能、组成和类型,然后结合实例较详细地介绍如何创建、编辑和打印报表,并对高级报表的创建方法也作了简要的介绍。

6.1 报 表 概 述

报表是 Access 数据库的一个对象,它根据指定的规则打印输出格式化的数据信息。报表的功能非常强大,利用它可制作出精致、美观的专业性报表。

用户可以控制报表上所有内容的大小和外观,按照所需的方式显示要查看的信息。例如,创建邮件标签,在图表中显示总计,将记录按类别分组,计算总计等。

通常,多数报表的数据源是数据库中的表或查询,报表除了显示数据源中的字段外,也可以显示其他的附加信息,如标题、日期和页码等。

6.1.1 报表的功能

报表的功能包括:呈现格式化的数据;分组组织数据并进行汇总;打印输出标签、发票、订单和信封等多种样式报表;对输出数据进行计数、求平均值、求和等统计计算;创建主-子报表;嵌入图像或图片来丰富数据显示的内容。

6.1.2 报表的视图

如同前面介绍的 Access 几种对象一样,报表操作也提供了三种视图:设计视图,打印预览视图和版面预览视图。

• 设计视图:报表的设计视图用于创建和编辑报表的结构,其形式如图 6-1 所示。报表的设计窗口和窗体的设计窗口非常相似,只是工具栏上增加了"排序与分组"按钮。在报表的设计视图中,用户可以进行各方面的设置。例如,使用"格式"工具栏可以更改字体或字体大小,对齐文本,更改边框或线条宽度、应用颜色或特殊效果;用标尺对齐控件;使用工具箱为报表添加控件,如标签和文本框等。

在设计视图中创建报表后,可以在"打印预览"或"版面预览"视图中预览报表,查看报表设计效果。

• 打印预览视图:它用于查看报表输出时的样式,并且可以按不同的缩放比例对报表进行预览。

• 版面预览视图:它用于查看报表的版面设置,与打印预览视图不同的是,在版面预览视图中,报表只显示几个记录作为示例。

三种视图之间的切换方法是:先单击如图 6-1 所示工具栏上的"视图"按钮,再从其下拉菜单中选择一种视图,则系统就会自动地将当前的视图切换到相应的视图界面。

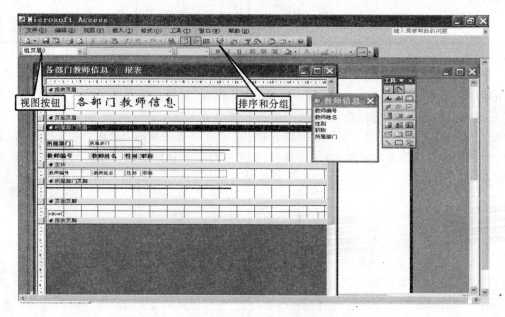

图 6-1 报表的设计视图

6.1.3 报表的组成

如同窗体一样,报表也由多个节组成,并且所有报表都有主体节。除了主体节以外,报表还可以包含报表页眉节、页面页眉节、组页眉节、组页脚节、页面页脚节和报表页脚节。每个节都有特定的用途,并且按报表中预览的顺序打印。在设计视图中每个节只显示一次,但是在打印时,有些节可能会重复显示多次。

显示节的类型和名称的水平条称为节栏。通过节栏可访问节的属性表,并且拖动节栏可以改变相应节的大小。

下面分别介绍组成报表的各个节。

1) 主体节

主体节是报表中显示数据的主要区域,用来处理每条记录。记录的字段数据通过文本框或其他控件绑定显示,也可以包含字段的计算结果。每当显示一条记录时,在该节中设置的其他信息会重复显示。

2) 报表页眉节

报表页眉节位于报表的开始处,是整个报表的页眉,打印时出现在报表第一页的页面页眉的上方。报表页眉节一般用于设置报表的标题,如公司名称、地址和徽标等。报表页眉节中的内容可以作为报表封面。

3) 页面页眉节

页面页眉节中的内容在报表的每一页顶端显示。因此,如果希望在每一页顶端显示的内容应添加到页面页眉中,如字段名称等。

4）组页眉节

在设计视图中单击"排序与分组"按钮后,就出现了组页眉节和组页脚节。组页眉节和组页脚节用于报表数据的分组统计和输出。其中,组页眉节一般安排分组字段,打印时在开始位置显示一次。图 6-1 中所示的所属部门页眉节即为组页眉节。

5）组页脚节

组页脚节出现在每组记录的结尾,常用于显示诸如小计等项目。图 6-1 中所示的所属部门页脚节即为组页脚节。

6）页面页脚节

页面页脚节显示在每一页的底端,可以包含页码、日期等。

7）报表页脚节

报表页脚节在报表的末尾显示一次。报表页脚节可以包含整个报表的结论,例如总计或汇总说明等。报表页脚节是报表设计视图中的最后一节,打印时在报表最后一页的页面页脚之前显示。

用户在设计报表时可以根据需要将内容添加到各节中。每个节都可以调整其大小,添加图片,或设置节的背景色等。另外,还可以设置节的属性及自定义节内容的打印方式等。

6.1.4　报表的类型

报表主要有 4 种类型:纵栏式报表,表格式报表,图表报表和标签报表。

1）纵栏式报表

纵栏式报表也称为窗体报表,一般是在一页中的主体节内显示一条或多条记录,而且以垂直方式显示。纵栏式报表中的每个字段占 1 行,其左边是字段的名称,右边是字段的值,如图 6-2 所示。纵栏式报表适合记录较少、字段较多的情况。

2）表格式报表

表格式报表以整齐的行、列形式显示记录数据,通常每行显示一条记录,一页显示多行记录,其字段的名称显示在每页的顶端,如图 6-3 所示。表格式报表适合记录较多、字段较少的情况。

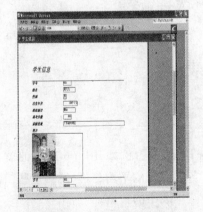

图 6-2　纵栏式报表

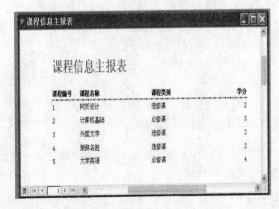

图 6-3　表格式报表

3）图表报表

图表报表是指包含图表显示的报表类型,如图 6-4 所示。在报表中使用图表,可以更直观地表示数据之间的关系。图表报表适合综合、归纳、比较和进一步分析数据的情况。

4) 标签报表

标签报表是一种特殊类型的报表,它将报表数据源中少量的数据组织在一个卡片似的小区域,其打印预览效果如图 6-5 所示。标签报表通常用于显示名片、书签、邮件地址等信息。

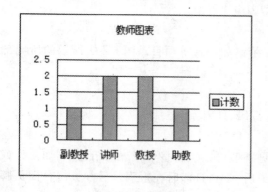

图 6-4　图表报表

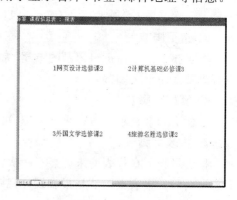

图 6-5　标签报表

6.1.5　报表和窗体的异同

报表和窗体具有很多共同特征,例如:

(1)"报表向导"和"窗体向导"的功能几乎相同。

(2)报表的页眉和页脚只在报表的开头和结尾处出现一次,而页面页眉和页面页脚在报表的每一页的顶部和底部都会出现。报表和窗体在节的名称和用法上都很相似。

(3)像窗体一样,用户也可以通过工具箱将控件添加到报表上,然后通过句柄移动控件。

(4)可以创建主-子报表,就像创建主-子窗体那样。

但是,报表和窗体的有些功能却大不一样,例如:

(1)报表主要用来在纸张上打印数据,而窗体主要用来在窗口中显示数据。

(2)报表的数据不能修改。报表不会处理用户通过组合框、选项按钮、复选框等控件输入的数据。

(3)报表没有数据表视图,却有打印预览视图和版面预览视图。

(4)报表可以排序和分组,有组页眉节和组页脚节。

6.2　创 建 报 表

6.2.1　引　例

使用报表打印数据时,常常希望能对数据进行分类统计、汇总。例如,图 6-6 所示的就是根据"课程编号"将选课表中的数据分类汇总,并计算出了各门课程的平均分,以便对这些信息做进一步的分析。从图中可以看出,这个报表用到了两个基本表中的数据。

在 Access 中,创建报表的方法主要有以下三种:

(1)使用"自动创建报表"工具创建报表:根据给定的表或查询,自动创建报表。

(2)使用"报表向导"创建报表:依次回答向导的问题而自动地创建报表。

(3)使用"设计视图"创建报表:通过指定记录源、添加控件、设置控件属性等人工方法设

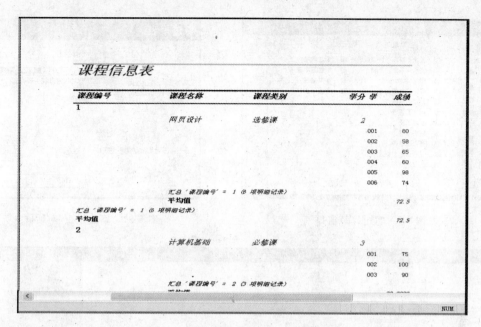

图 6-6　按课程编号统计、汇总的报表

计报表。

创建报表,需要使用一个或多个表或查询中的数据。若要使用多个表,则首先要创建一个查询以便从这些表中检索出数据。

6.2.2　使用"自动创建报表"创建报表

当需要快速浏览表或查询中的数据,或快速创建一个初步的报表以便随后再修改时,可以使用"自动创建报表"工具创建报表。用这种方法创建出来的报表只有纵栏式和表格式两种类型,并且包含所选表或查询中的全部字段。下面举例说明。

【例 6.1】　以"教学管理"数据库中的"学生信息"表为数据源,使用"自动创建报表"方法创建一个纵栏式的"学生信息"报表。

具体实现步骤如下:

(1) 打开"教学管理"数据库。

(2) 在数据库窗口,单击"对象"下的"报表"。

(3) 单击"数据库"窗口工具栏上的"新建"按钮,如图 6-7 所示。

(4) 在弹出的"新建报表"对话框中,选择"自动创建报表:纵栏式"选项,在下方的列表框中选择"学生信息"表为数据源,如图 6-8 所示。

(5) 单击"确定"按钮,向导自动创建一个纵栏式的"学生信息"报表,将表中的所有字段显示在报表中,并在报表末尾显示当前时间和页码,如图 6-9 所示。

(6) 依次单击"文件"→"保存"命令,出现"另存为"对话框。在该框的文本框中输入一个名称"课程",然后单击"确定"按钮保存新建的报表。新建的报表名将显示在如图 6-7 所示的"数据库"窗口中。

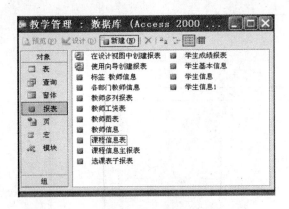

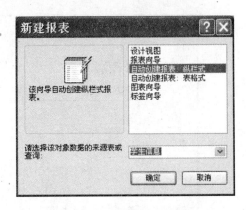

图 6-7 "数据库"窗口   图 6-8 "新建报表"对话框

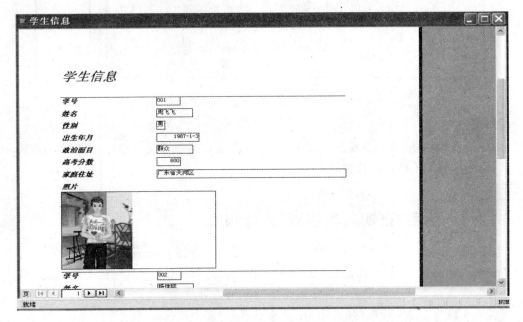

图 6-9 "学生信息"报表

6.2.3 使用"报表向导"创建报表

使用"自动创建报表"工具创建出来的报表包含了数据源中的所有字段。如果只需显示部分字段,则需使用"报表向导"。相对于"自动创建报表"的方法,"报表向导"给了用户更多的选择机会。Access 提供了"报表向导"、"图表向导"、"标签向导"三种方式。使用"报表向导"可以创建标准报表。使用"图表向导"还可以创建图表报表。图表报表用图形的形式直观地反映数据,可以很方便地查看数据的差异、预测发展趋势等。

使用"标签向导"可以创建各种不同尺寸和类型的标签,如邮件标签、胸牌等。

向导可提示用户输入有关记录源、字段、版面以及所需格式,便于用户确定是否对数据进行分组,以及如何对数据进行排序和汇总,可让用户根据自己的需要和回答来创建报表。

下面用实例说明如何用"报表向导"创建报表。

【例 6.2】 用"报表向导"创建一个学生成绩报表。

具体实现步骤如下：

(1) 打开"教学管理"数据库,选择"报表"对象。

(2) 单击"数据库"窗口工具栏上的"新建"按钮。

(3) 在如图 6-10 所示的"新建报表"对话框中,选择"报表向导",在下方的列表框中选择"学生信息"表为数据源,单击"确定"按钮。

(4) 在弹出的如图 6-11(a)所示的"报表向导"对话框(1)中,从"学生信息"表的可用字段中选择需要使用的字段。本例选择"学号"、"姓名"、"性别"等字段。

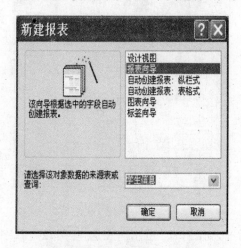

图 6-10 "新建报表"对话框   图 6-11(a) "报表向导"对话框(1)

如果所需报表中的字段来自多个表或查询,则在选择完第 1 个表或查询的字段后,还要重复执行选择第 2 个表或查询、选择字段的步骤,直至已选择出所有需要的字段。在这里,我们选择第 2 个表"选课表",并挑选"课程编号"和"成绩"字段,如图 6-11(b)所示。选择好字段后,单击"下一步"按钮。

(5) 在弹出的如图 6-12 所示的"报表向导"对话框(2)中,选择查看数据的方式。因为,如果选择的字段来自多个表或查询,则进入选择查看数据方式步骤,否则直接进入步骤(6)。本例中选择"通过学生信息"查看数据。单击"下一步"按钮。

图 6-11(b) "报表向导"对话框(1)   图 6-12 "报表向导"对话框(2)

（6）在弹出的如图 6-13 所示的"报表向导"对话框（3）中，设置是否添加分组级别。一般来说，只有包含有重复值的字段，才能作为分组字段，因此本例中不选择分组字段。单击"下一步"按钮。

（7）在打开的如图 6-14 所示的"报表向导"对话框（4）中，确定明细信息使用的排序次序和汇总信息。可以按多个字段对记录进行排序。本例中，设置课程的编号为"升序"。

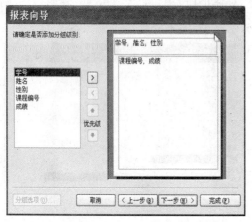

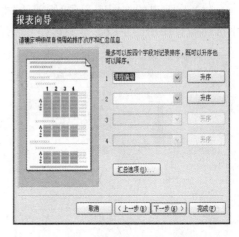

图 6-13　"报表向导"对话框（3）　　　　　　　图 6-14　"报表向导"对话框（4）

（8）单击"汇总选项"按钮，弹出"汇总选项"对话框，如图 6-15 所示。在这里，可以对数字类型的字段进行计算和汇总。本例中，选择"平均"对成绩求平均值。

（9）单击"下一步"按钮，在弹出的如图 6-16 所示的"报表向导"对话框（5）中，确定报表的布局方式。

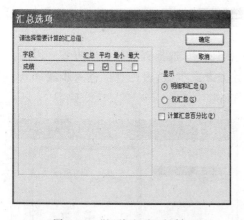

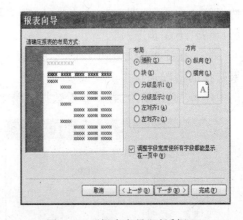

图 6-15　"汇总选项"对话框　　　　　　　　　图 6-16　"报表向导"对话框（5）

（10）单击"下一步"按钮，在弹出的如图 6-17 所示的"报表向导"对话框（6）中，确定报表的样式。

（11）单击"下一步"按钮，在弹出的如图 6-18 所示的"报表向导"对话框（7）中，为报表指定一个标题"学生成绩情况"。

（12）选择"预览报表"命令，然后单击"完成"按钮，系统将打开报表打印预览视图，供用户查看效果，如图 6-19 所示。如果选择"修改报表设计"，然后单击"完成"按钮，则系统将打开报表设计视图，以方便用户进一步修改。

图 6-17　"报表向导"对话框(6)　　　　　　图 6-18　"报表向导"对话框(7)

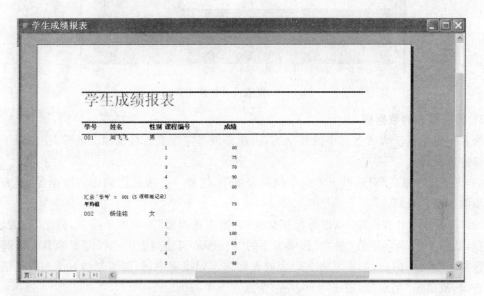

图 6-19　预览"学生成绩报表"

　　"图表向导"和"标签向导"的使用方法与"报表向导"类似,其具体操作步骤这里不再一一赘述。

6.2.4　使用报表设计视图创建报表

　　"自动创建报表"和"报表向导"可以方便、快捷地创建报表,但是创建的报表类型只有固定几种,不能满足用户创建个性化报表等的需要。为了既快又好地创建出一些用户喜好的个性化报表,可以先使用上面介绍的两种方法快速地创建报表,然后再使用"设计视图"对报表做进一步的修改,或直接使用报表"设计视图"创建报表。

　　使用报表设计视图创建报表的一般过程如下:

1) 打开报表设计视图

在"数据库"窗口中,单击"对象"下的"报表"。单击"数据库"窗口工具栏上的"新建"按钮。

在"新建报表"对话框中,选择"设计视图"选项,然后单击包含报表所需数据的表或查询。本例选择"学生信息"表。单击"确定"按钮,工作窗口中将打开报表设计视图,如图6-20所示。或者在数据库窗口中双击"在设计视图中创建报表"选项。

图6-20　报表设计视图窗口

2) 确定报表的数据源

报表一般是基于表或查询中的数据的,因此必须指定报表的数据源。通常,使用以下两种方法确定数据源:

(1) 在"新建报表"对话框下方的下拉列表框中,选择一个表或查询作为数据源,其方法在上一步骤中已经介绍。

(2) 在报表设计视图中,双击标尺相交处的"报表选择器"选择整个报表,弹出"报表属性"对话框,如图6-21所示。在"数据"选项卡下的"记录源"属性列表中选择需要的表或查询。

这里需要说明的是,如果要将多个表或查询绑定到报表中,则需要创建一个包含所需数据的新查询,或单击"生成器"按钮用SQL命令创建一个查询。

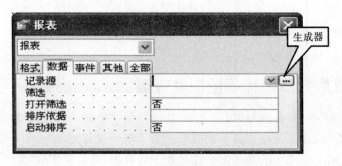

图6-21　"报表属性"对话框

3) 在报表上添加控件

用鼠标将需要的字段逐一地从"字段列表"拖放到设计视图的主体节中。本例选择"学号"、"姓名"、"性别"、"出生日期"、"照片"字段添加到主体节中,系统可自动为所选的字段创建标签、文本框和图像。其中,标签显示字段的名称,文本框显示字段的值,图像显示照片,如图 6-22 所示。也可以从工具箱中选择需要的控件添加到报表上。

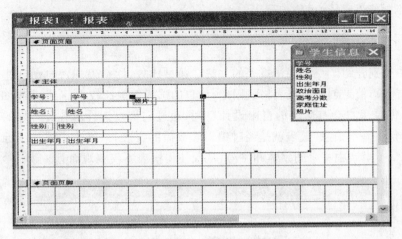

图 6-22　在主体节中添加字段

4) 编辑报表

编辑报表包括设置对象的属性、调整控件的位置、调整报表布局、修饰报表等。

5) 查看报表的设计效果

切换到"打印预览"视图下,查看设计效果,如图 6-23 所示。

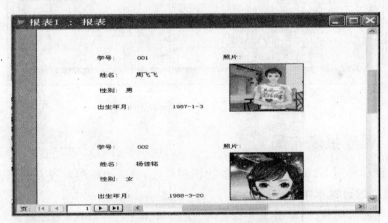

图 6-23　报表预览视图

6) 保存、打印报表

单击工具栏中的"保存"按钮,将报表保存为"学生基本情况",报表就建好了。如果需要打印,则单击"打印"按钮。

要修改已有的报表,只要在"数据库"窗口中选择该报表的名称,单击窗口上方的"设计"按钮,即进入该报表的设计视图,就可以修改报表了。

6.3　编　辑　报　表

报表"设计视图"如同一个工作台,通过它可以对已经创建的报表进行编辑和修改。编辑和修改报表主要指以下一些工作：给报表添加封面，添加标题；将数据按标题分组，或分隔报表的各部分；调整报表各部分的大小、更改报表格式，如字体或颜色等；或者为报表添加节、设置报表属性以控制外观和行为等。

6.3.1　引　例

上一节中分别介绍了三种创建报表的方法。通过比较，你会发现，"自动创建报表"和"报表向导"使用简单，但是创建的报表格式固定，用户的选择范围比较小；而报表视图虽然使用起来比较复杂，但是用户会有更多的自由设计空间，通过它可以设计出各种各样的报表。如图6-24 所示的"学生基本信息"报表就是经过编辑修改后的报表，该报表中添加了标题、时间、页数等信息，调整了报表中文字的字体和字号，从而使得报表不仅美观而且易读。

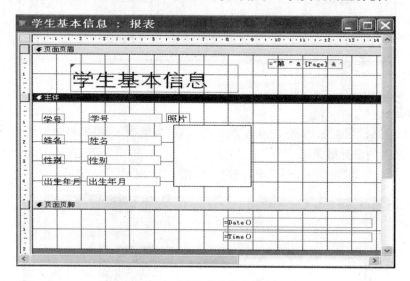

图 6-24　"学生基本信息"报表

6.3.2　调整报表布局

在报表的设计视图中，可以为控件添加边框和样式，调整控件的对齐方式，具体方法如下：

1) 改变控件的边框和样式

先选中需要修改的控件，单击工具栏上的"线条/边框颜色"按钮，为控件指定一种边框颜色；单击工具栏上的"线条/边框宽度"按钮，为控件指定边框的宽度；单击工具栏上的"特殊效果"按钮，为控件设置具有特殊效果的边框样式。

2) 调整报表中字段的对齐方式

先选中控件，然后选择"格式"菜单下的"对齐"命令，再从子菜单中选择相应的命令即可。

对于多个控件，还可以通过"格式"菜单中的"水平间距"和"垂直间距"命令，调整控件之间在水平方向和垂直方向的间距。

3) 插入报表页眉/页脚节

页面页眉节、主体节、页面页脚节是在创建报表时自动包含的节。不论以何种方式创建报表，在报表设计视图中都会显示，而报表页眉/页脚节需要用户自己添加。组页眉/页脚节是在对报表中的数据进行分组后自动出现的。

如果要插入报表的页眉/页脚节，则应先依次单击"视图"→"报表页眉/页脚"命令，然后才可以编辑报表的页眉/页脚节。

6.3.3　修饰报表

修饰报表主要指以下一些工作:

1. 添加当前日期和时间

在报表中添加报表生成的时间,便于查阅报表的人了解数据统计时间。这一点,对于那些每天都要出报表的单位,或对数据的实时性有较高要求的用户来说非常重要,同时也有利于文档的存档和以后的查找。

在报表中添加当前日期和时间的方法是:在"设计视图"中打开报表,选择"插入"菜单中的"日期与时间",弹出"日期和时间"对话框,如图 6-25 所示;若要包含日期,则应选中"包含日期"复选框,再单击相应的日期格式;若要包含时间,则应选中"包含时间"复选框,再单击相应的时间格式。

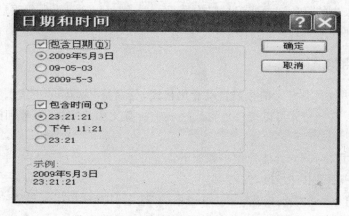

图 6-25　"日期和时间"对话框

2. 添加页码

为报表添加页码的具体操作步骤如下:

(1) 在"设计视图"中打开报表。

(2) 在"插入"菜单中,单击"页码"命令,弹出"页码"对话框,如图 6-26 所示。在该对话框中,选择页码的格式、位置和对齐方式。如果要在第 1 页显示页码,则应选中"首页显示页码"复选框。

在作了上述设置之后,报表的页面页眉或页面页脚节中会添加一个文本框用于显示页码。用户可以移动该文本框调整其大小和位置,并设置其属性,以自定义该文本框的外观。

3. 添加分页符

在报表中,如果需要另起一页,则可以在某一节中添加分页符控件,用来标志需要另起一页的位置。例如,如果需要将报表标题页和前言信息分别打印在不同的页上,则可以在报表页眉中添加一个分页符,将第 1 页和第 2 页的内容分开。其具体操作步骤如下:

(1) 在"设计"视图中打开报表。

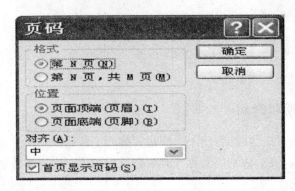

图 6-26　"页码"对话框

（2）单击工具箱中的"分页符"工具。

（3）选择要放置分页符的位置，单击。一般将分页符放在某个控件之上或之下，以避免拆分该控件中的数据。Access 将在报表的左边框以短虚线标识分页符。

如果希望报表中的每条记录或记录组均另起一页，则可以通过设置组页眉、组页脚或主体节的"强制分页"属性来实现。

4．自动套用格式

Access 提供了 6 种预定义的报表自动套用格式，分别是"大胆"、"正式"、"浅灰"、"紧凑"、"组织"和"随意"。这些格式可以统一地更改报表中所有文本的字体、字号和线条粗细等外部属性。

使用"自动套用格式"的具体操作步骤如下：

（1）在"设计视图"中打开报表。

（2）若要设置整个报表的格式，可以单击报表"选定"按钮；如果只设置一节的格式，则单击该节的"选定"按钮；如果仅设置一个控件的格式，就选中该控件。

（3）在"格式"菜单上，单击"自动套用格式"命令，弹出如图 6-27 所示的"自动套用格式"对话框。在该对话框中，单击列表中所需的自动套用格式选项。单击"选项"按钮，可以指定需要修改范围，如字体、颜色或边框。

（4）单击"自定义"按钮，可以选择所需的自定义选项。

图 6-27　"自动套用格式"对话框

5. 自定义格式

如果"自动套用格式"没有选中满意的外观,还可以在"设计视图"中通过将自定义格式应用于报表来进行调整。

报表的节和控件的大小、外观、背景色、边框以及文本样式都可以自定义格式。其方法是,通过设置报表中各对象的属性来自定义它们的外观。报表中的每个报表节和每个控件(例如文本框)都有属性。要查看节的属性,可以双击节名称或"节选择器",也可以用鼠标右键单击"控件"、"节选择器"或"报表选择器",然后单击"属性"。

例如,先单击"报表页眉节",再单击工具栏上的"属性"按钮,或单击"视图"菜单中的"属性"命令,弹出"节:报表页眉-属性"对话框,如图 6-28 所示。报表页眉节常用的属性有强制分页、新行或新列、保持同页、可见性、可以扩大、可以缩小、格式化和打印等。

对于整个报表,也可以设置许多属性。双击标尺相交处的"报表选择器",系统弹出如图 6-29 所示的"报表-属性"对话框。在这里,可以查看或更改报表的属性。例如,报表的页面页眉属性,可以确定页面页眉是否打印在以报表页眉开始的页面上。

图 6-28　"节:报表页眉-属性"对话框

图 6-29　"报表-属性"对话框

6. 添加背景图片

报表中的背景图片可以应用于全页。添加背景图片的操作步骤如下:

(1) 在"设计视图"中打开报表。

(2) 双击报表选定器打开报表的属性表

(3) 将图片属性设置为.bmp,.ico,.wmf,.dib,.emf 文件。

(4) 在"图片类型"属性框中,指定图片的添加方式为"嵌入"或"链接"。

设置图片的缩放模式、对齐方式。设置"图片出现的页"属性可以指定图片在报表中出现的页码位置。

7. 绘制线条和矩形

在报表中绘制线条的方法如下:

(1) 在"设计视图"中打开报表。

(2) 单击"工具箱"中的"直线"工具,然后用鼠标单击选择线条的起始位置,拖动鼠标创建所需大小的线段。

若要对报表中线段的长度或角度作细微的调整,则可以先选择该线段,再按住 Shift 键,并按任意箭头键进行;若需要对线段的位置作细微的调整,则先按住 Ctrl 键,再按某个箭头键进行。

用类似的方法,可以在报表中绘制矩形。若要更改矩形边框或线段的粗细,则可先单击矩形或线段,然后单击"格式工具栏上的"线条/边框宽度"按钮旁的箭头,选择所需的线条粗细。

若要更改矩形边框或线条的线条样式(点、虚线、双线等),则可先单击该矩形或线条,再单击工具栏上的"属性"按钮打开属性表,然后单击"边框样式"属性框中的边框样式。

6.3.4　排序、分组

报表能够对数据源中的数据进行分组和排序。其中,分组是指把数据按照某种条件分成若干组。比如,可以将学生按照性别分组,将教师按照部门分组。排序是按照某种顺序排列数据。比如,可以按学号对学生记录排序。经过分组和排序后的数据将更加条理化,有利于查看、统计和分析。下面通过实例,介绍如何将数据源中的数据进行分组和排序。

【例 6.3】　创建一个"各部门教师信息"报表,要求将教师信息表中的记录按所属部门分组,组内按照教师编号排序。

具体实现步骤如下:

(1)通过"自动创建报表:表格式"创建一个新报表,选择"教师信息表"为数据源。切换到"设计视图"下。

(2)单击工具栏上的"排序与分组"按钮,显示"排序与分组"对话框,如图 6-30 所示。在"字段/表达式"列的第 1 行,选择"所属部门"字段,将"排序次序"设置为"升序"或"降序",本例选择"升序"。

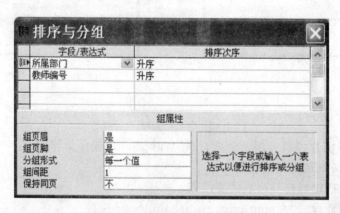

图 6-30　"排序与分组"对话框

第 1 行的字段或表达式具有最高排序优先级(最大的设置),第 2 行则具有次高的排序优先级,依此类推。

本例的要求是按所属部门分组,因此要设置"组属性"。选择组页眉,组页脚属性为"是"。在设计视图中增加了"组页眉节"和"组页脚节"两个节。

在"字段/表达式"列的第 2 行,选择"教师编号"字段,将"排序次序"设置为"升序"。关闭"排序和分组"对话框,回到报表设计视图。报表视图中出现"所属部门页眉"和"所属部门页脚",它们是组页眉/页脚。

（3）编辑报表：修改标题标签，设置字体字号，将教师编号、教师姓名、性别、职称、所属部门标签和直线，从页面页眉节移到所属部门页眉节；将所属部门文本框从主体节移到所属部门页眉节，并调整控件的位置；在所属部门页脚节增加一条直线。如图 6-31 所示。

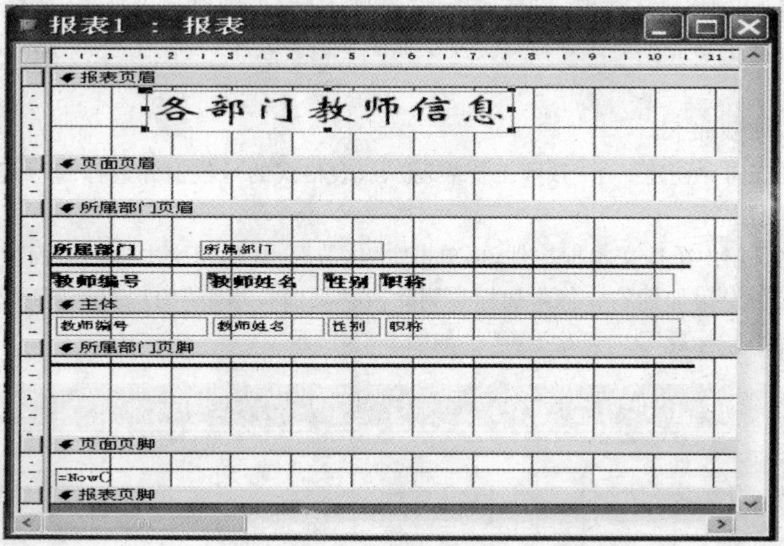

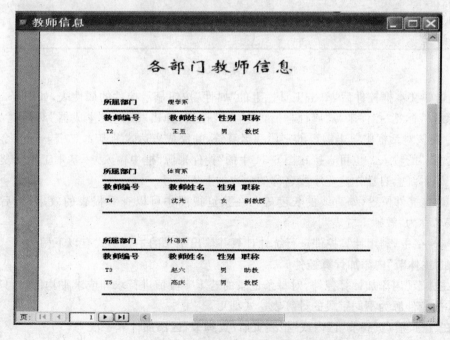

图 6-31　编辑报表

（4）单击工具栏上的"预览"按钮，在弹出的"教师信息"预览视图中可以看到，报表中的记录已经按照"所属部门"进行了分组，每一组记录已经按照"教师编号"进行了排序，如图 6-32 所示。保存该报表，其名称为"各部门教师信息"。

图 6-32　"教师信息"预览视图

6.3.5　使用计算控件

计算控件可以利用表记录中的数值数据生成新的数据,形成新报表。

【例 6.4】　根据"教学管理"数据库中的"教师工资"表创建一个报表,名称为"教师工资表",要求在报表中添加一个计算教师实发工资的字段。其中,实发工资＝基本工资＋奖金＋补贴－房租。

具体实现步骤如下:

(1) 用报表向导创建一个"教师工资表"报表(表格式的),数据源选择"教师工资"。然后,切换到"设计视图"下。

(2) 在工具箱中单击文本框控件,再单击"主体节"。在房租文本框的后面拖动鼠标,出现一个文本框控件及附加标签。将附加标签删除,在"页面页眉节"的房租标签后添加一个新标签,设置该标签的"标题"为"实发工资"。如图 6-33 所示。

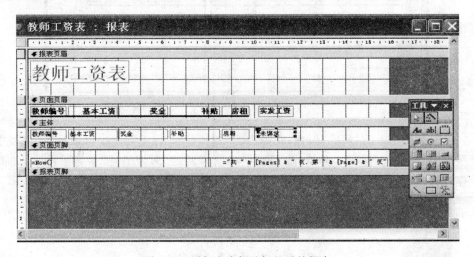

图 6-33　添加文本框及标签后的报表

(3) 选中文本框控件后,单击工具栏上的"属性"按钮显示控件的属性表,如图 6-34 所示。再单击"数据"标签"控件来源"属性框后的"生成"按钮,弹出"表达式生成器"对话框,如图 6-35 所示。在该对话框中单击需要的字段和运算符,并完成表达式"[基本工资]＋[奖金]＋[补贴]－[房租]"的输入。也可直接在图 6-34 中的"控件来源"框中输入"＝基本工资＋奖金＋补贴－房租",系统会自动在这些字段名称的两边加上方括号。

(4) 调整控件位置,如直线的长度等。在预览视图中可以查看报表的效果,然后保存报表。报表名称为"教师工资表"。

在 Access 中,利用计算控件进行统计计算并输出结果的主要形式有以下两种:

1) 在"主体节"内添加计算控件

在"主体节"内添加计算控件,对每条记录的若干字段值进行求和或求平均值时,只要设置计算控件的控件源为不同字段的计算表达式即可。

2) 在"组页眉/页脚节"区内或"报表页眉/页脚节"区添加计算字段

在"组页眉/页脚节"区内或"报表页眉/页脚节"区添加计算字段,可以用某些字段的一组记录或所有字段进行求和或求平均值等。这种形式的统计计算一般是对报表字段列的纵向记录数据进行统计,而且要使用系统提供的内置统计函数来完成相应的计算操作。

图 6-34　文本框属性

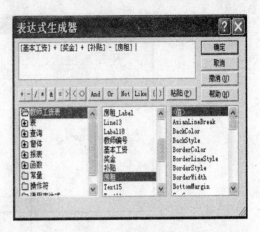

图 6-35　"表达式生成器"对话框

6.3.6　预览、打印报表

在设计视图中创建报表后，可以在"打印预览"视图或"版面预览"视图中对其进行预览。

1."打印预览"视图

在"打印预览"视图中，可以看到报表的打印外观，如图 6-36 所示。使用"打印预览"视图中的工具栏按钮，能以不同的缩放比例对报表进行预览。

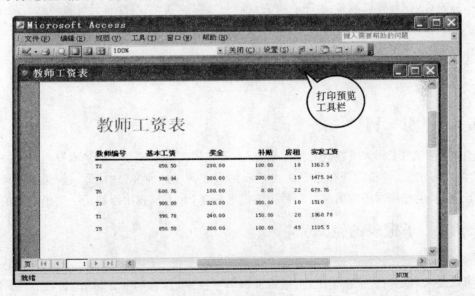

图 6-36　"打印预览"视图

例如，单击工具栏上的"设置"按钮，弹出"页面设置"对话框，如图 6-37 所示。在该对话框中，可以设置页边距、纸张大小和方向等。

2."版面预览"视图

在"版面预览"视图中，可以预览报表的版式。在该视图中，报表只显示几个记录作为示例。

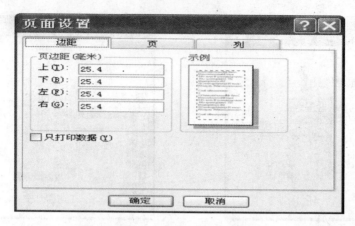

图 6-37 "页面设置"对话框

如果报表有很多页,则可以设置不在报表的第 1 页和最后一页打印报表的页面页眉节和页面页脚节的内容。其设置方法如下:

(1) 选择整个报表对象,打开属性表。

(2) 选择"格式"选项卡,将"页面页眉"或"页面页脚"属性设置为以下之一:

• 所有页(默认):在所有页上打印页眉和页脚。

• 报表页眉不要:对于报表页眉所在的页,不打印页眉和页脚。

• 报表页脚不要:对于报表页脚所在的页,不打印页眉和页脚。

• 报表页眉/页脚都不要:对于有报表页眉和页脚的页,都不打印页眉和页脚。Access 将在新的一页打印报表页脚。

6.4 创建高级报表

6.4.1 引　例

学校教务部门工作人员在查看学生信息时,不仅需要看到该学生的基本资料,还希望了解该学生的学习情况,即希望能有如图 6-38 所示的报表。在这种报表中,每一条课程记录右边,还显示了该学生选修课程的情况。这种报表的实际是,在主报表中添加了一些子报表的信息。

6.4.2 子报表的定义

子报表是指插在其他报表中的报表。包含子报表的报表称为主报表。主报表可以是绑定的,也可以是未绑定的。也就是说,主报表可以基于基本表、查询或 SQL 语句,也可以不基于任何数据对象。通常,主报表和子报表的数据来源有以下几种关系:

(1) 主报表和多个子报表数据源互不相关。这时,未绑定的主报表只是作为容纳无关联子报表的一种容器。

(2) 主报表和子报表数据源相同。当插入包含与主报表相关信息的子报表时,应该把主报表与一个表格查询或 SQL 语句相结合。例如,可以使用主报表来显示一年的销售情况,然后用子报表来显示汇总信息,如每个季度的总销售额。

(3) 主报表和子报表的数据来自相关记录源。主报表也可以包含两个或多个子报表的公

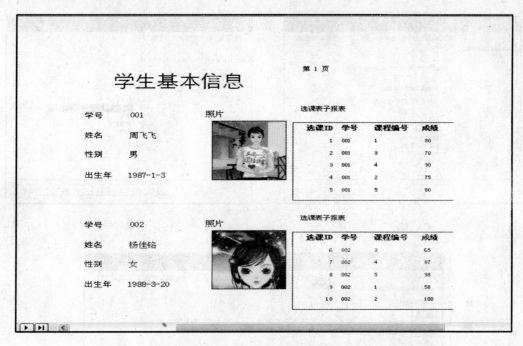

图 6-38 包含子报表的报表

用数据。这时,子报表包含与公共数据相关的详细信息。

主报表中可以包含多个子报表和子窗体,而且子报表和子窗体中也可以包含下一级子报表与子窗体。但是,一个主报表最多只能包含两级子报表和子窗体。

创建主-子报表通常有以下两种途径:

(1) 在已有的报表中创建子报表。

(2) 将某个已有的报表添加到其他已有的报表中,以创建子报表。

6.4.3 在已有的报表中创建子报表

在创建子报表前,要确保已经创建了相关表之间的表间关系。只有这样,才能保证在子报表中显示的记录和主报表中显示的记录有正确的对应关系。

【例 6.5】 在已有的"学生基本信息"报表中,创建一个"选课表子报表"。

具体实现步骤如下:

(1) 在"设计视图"中,打开主报表"学生基本信息"报表。

(2) 确保已按下了工具箱中的"控件向导"工具。

(3) 单击工具箱中的"子窗体/子报表"按钮。在报表上需要放置子报表的位置处拖动鼠标,启动子报表向导。本例拟将子报表添加到照片控件的右边,因此,应注意事先留出足够的位置。

(4) 在弹出的"子报表向导"对话框(1)中,选择"使用现有的表和查询",如图 6-39 所示。单击"下一步"按钮,在弹出的"子报表向导"对话框(2)中,选择"选课表"表,并选择全部字段等,如图 6-40 所示。单击"下一步"按钮。

(5) 在弹出的"子报表向导"对话框(3)中,设置主报表和子报表之间的关联,如图 6-41 所示。单击"下一步"按钮。

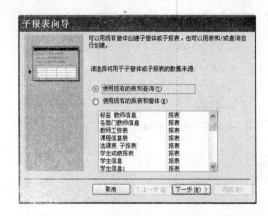

图 6-39　"子报表向导"对话框(1)

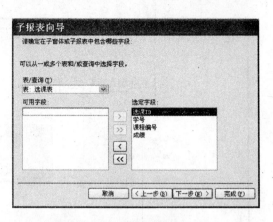

图 6-40　"子报表向导"对话框(2)

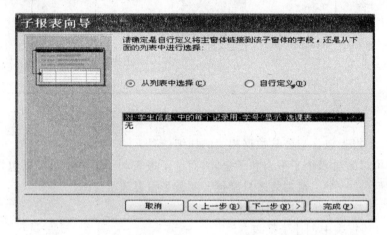

图 6-41　"子报表向导"对话框(3)

(6) 在弹出的"子报表向导"对话框(4)中,指定子报表的名称,这里取"选课表子报表",如图 6-42 所示。

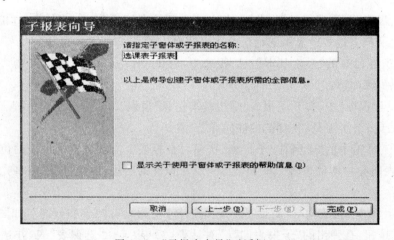

图 6-42　"子报表向导"对话框(4)

(7) 子报表将显示在报表设计视图中。再调整子报表的位置,使各部分内容显示出来,添加了子报表的"学生基本信息"报表如图 6-43 所示。

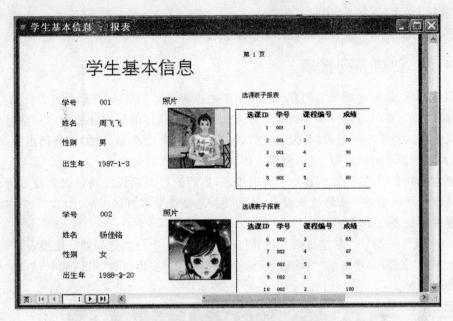

图 6-43　"学生基本信息"报表

6.4.4　将某个已有报表添加到其他已有报表中来创建子报表

在 Access 中,还可以通过将某个已有的报表作为子报表添加到其他已有的报表中,以创建子报表。其方法和上一小节在已有的报表中添加子报表类似。

【例 6.6】　创建一个"课程信息主报表",将例 6.5 中创建的子报表"选课表子报表"添加到该表中。

具体实现步骤如下:

(1) 以"课程信息表"为数据源创建一个表格式报表,名称为"课程信息主报表",如图 6-44 所示。

图 6-44　课程信息主报表

(2) 应注意事先留出适当的位置放置子报表。本例将子报表添加在主体节中,因此要扩大主体节。在"控件向导"按钮已经按下的情况下,单击工具箱中的"子窗体/子报表"按钮。

(3) 弹出"子报表向导"对话框,选择"使用现有的报表和窗体",在列表框中选择"选表课子报表"报表,单击"下一步"按钮。

按照向导的指示,一步一步地操作,直至完成即可。

6.4.5　创建多列报表

一般情况下,通过上面介绍的方法创建出来的报表只有一列,即数据会占 1 页的宽度。但是在实际应用中,有时需要将整个版面划分为几个部分,这样的报表往往由多列信息组成,故称为多列报表。对于多列报表,其报表页眉、报表页脚和页面页眉、页眉页脚仍占满报表的整个宽度,而多列报表的组页眉、组页脚和主体节将占满每列的宽度。

要创建多列报表,首先要创建一个普通报表,然后通过页面设置将该报表设置为多列,最后在报表设计视图中进一步修改该报表,从而使报表能按要求打印出来。

创建多列报表的步骤如下:

(1)在"设计视图"中,创建报表并将其打开,或打开一个已创建好的普通报表。

(2)选择"文件"菜单下的"页面设置"命令,在弹出的"页面设置"对话框中,单击"列"选项卡,如图 6-45 所示。

图 6-45　"页面设置"对话框

(3)在"网格设置"标题下的"列数"文本框中,键入每页所需的列数。

(4)在"行间距"文本框中,键入主体节中每个记录之间所需的垂直距离。如果已在主体节中的最后一个控件与主体节的底边之间留有间隔,则可以将"行间距"设为"0"。

(5)在"列间距"文本框中,键入各列之间所需的距离。在"列尺寸"下的"宽度"框中,为列键入所需的列宽。可以设置主体节的高度,其方法是:在"高度"框中键入所需的高度值;或者在"设计视图"中直接调整节的高度。

(6)在"列布局"标题下,单击"先列后行"或"先行后列"。

(7)单击"确定"按钮,完成设置。

若设置 2 列的教师多列报表,则其形式可如图 6-46 所示。

本 章 小 结

报表是专门为打印而设计的特殊窗体。使用报表对象可以实现打印各种格式数据的功能;将数据库中的表、查询的数据进行组合可形成报表,还可以在报表中添加多级汇总、统计比

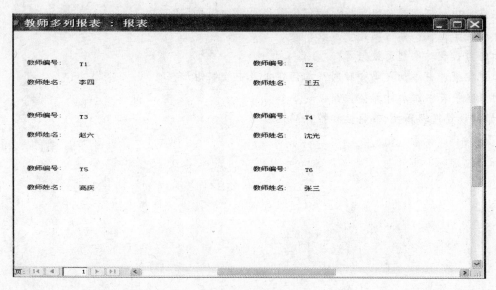

图 6-46　教师多列报表

较、图表等。

本章首先介绍了报表的定义,对报表的功能、视图、组成及分类都作了较全面的介绍,然后结合例题详细介绍了如何创建报表,如何在设计视图下编辑报表,如何创建主-子报表等。最后,对多列报表的概念及创建方法也作了简要的介绍。

本章知识结构图如图 6-47 所示。

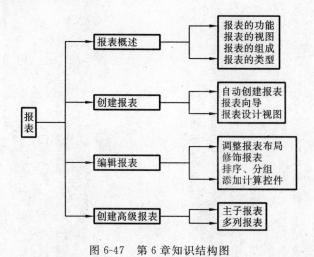

图 6-47　第 6 章知识结构图

思　考　题

1. 报表设计视图可以分为几部分? 各部分的含义是什么?
2. 报表分为哪几类?
3. 创建报表有几种方法? 分别有什么特点?
4. 如何在报表中进行计算和汇总?

5. 在报表中如何设置分组字段？如何设置组页眉和组页脚？

6. 什么是子报表？如何创建子报表？

7. 如何为报表对象制定数据源？

8. 如何在报表中添加页码和时间？如何在报表中绘制矩形？

9. 如何在报表中添加计算控件？

10. 如何设置报表属性、节属性和控件属性？

第7章

Access 的数据访问页

Access 数据库包含表、查询、窗体、报表、页、宏和模块等数据库对象。数据访问页就是用 Access 创建和发布的网页,也称为页,其文件扩展名为. htm。由于页含有与数据库的链接,所以使设计变得非常简单。人们可以通过浏览器用它十分方便地查看、添加、编辑操作数据库表中所存储的数据。页还可以包含来自其他数据源的数据,譬如 Excel 的文件等。

本章通过引例介绍页,页与窗体、报表的差别,以及如何创建和使用页。

7.1 引　　例

当你创建的数据库表需要供给远方的朋友或其他用户通过计算机网络进行查看、使用或修改等时,你可通过创建该数据库表的数据访问页(网页)来实现。图 7-1 所示的是一个数据库表"课程信息表"数据访问页的例子。

在这里,你得首先用 Access 创建数据库表"课程信息表",然后创建该表的数据访问页,并且保存到网页文件"课程表.htm"中。在 Access 或浏览器中都可以运行该文件,以便查看、添加、编辑或操作"课程信息表"中存储的数据。

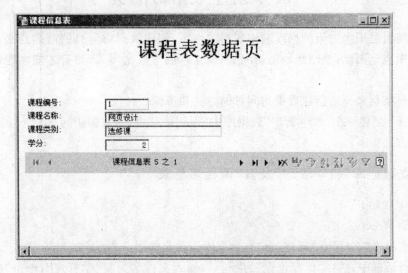

图 7-1 "课程信息表"数据访问页

7.2 数据访问页与窗体、报表的区别

在数据库技术的开发中,每个 Access 数据库对象都可以按照特定的任务或目的进行设计。例如,在表 7-1 所示的"窗体、报表和页的不同用途确定表"中,"是"表示最适合完成特定

任务的对象,"可能"表示可以完成任务但不太理想的对象,"否"表示根本不能完成任务的对象。

表 7-1　窗体、报表和页的不同用途确定表

任务或目的	窗体	报表	页
在 Microsoft Access 数据库或 Microsoft Access 项目中输入、编辑或交互处理数据	是	否	是
在 Access 数据库或 Access 项目之外,通过 Internet 或 Intranet 输入、编辑活动数据或与其交互。用户必须使用 Windows XP Service Pack 2 (SP2)的 Microsoft Internet Explorer 5.01 或更高版本	否	否	是
打印数据	可能	是	可能
通过电子邮件发送数据	否	否	是

由表 7-1 可见,在操作数据库表中的数据时,数据访问页与窗体、报表相比,具有明显的以下优点:

(1) 页可以在 Access 数据库或 Access 项目之外,通过 Internet 或 Intranet(企业内部网)使用。窗体和报表则不能。

(2) 页是交互式的,用户可以对自己所需的数据进行筛选、排序和查看。报表则不能。

(3) 页可以通过电子邮件以电子方式进行发送,每当收件人打开邮件时都可看到当前的数据。而窗体和报表则不能。

7.3　创建数据访问页

数据访问页是用来访问数据库表中数据的网页,创建数据访问页的前提是必须先有含有数据的数据库表。因此,要创建数据访问页,首先得创建数据库表,然后才能创建该数据库表的访问页。

下面通过实例来介绍创建数据访问页的方法和步骤。

【例 7.1】　创建一个"教学管理"数据库中"课程信息表"的数据访问页。

其创建方法如下:

1. 建立数据库"教学管理"及其"课程信息表"

其操作步骤如下:

(1) 启动 Access 2003。

(2) 依次单击"文件"→"新建"→"空数据库",弹出如图 7-2 所示的对话框。

(3) 在对话框中,选择"保存位置"为"F:\",输入文件名为"教学管理",单击"创建"按钮,则弹出如图 7-3 所示的"教学管理"对话框。

(4) 双击"使用设计器创建表",并输入"课程信息表"的字段,弹出如图 7-4 所示的"课程信息表"对话框。

(5) 单击"关闭"按钮。此时,如果询问是否建立索引,则回答"是"或"否";输入表名"课程信息表",保存后,其结果显示如图 7-5 所示。说明"课程信息表"已保存在"教学管理数据库"中了。

图 7-2　"文件新建数据库"对话框

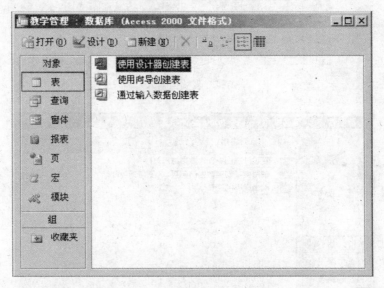

图 7-3　"教学管理"对话框

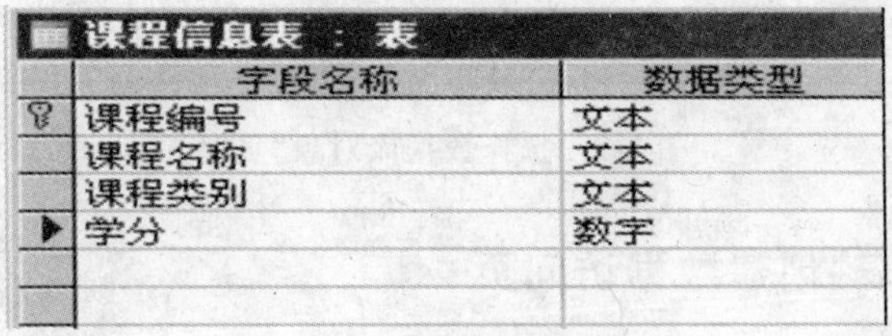

图 7-4　"课程信息表"对话框

（6）在图 7-5 中，双击"课程信息表"，打开表数据输入框，输入 5 条记录，如图 7-6 所示。

（7）单击"关闭"按钮，单击数据库对象"页"，显示如图 7-7 所示。

图 7-5　"课程信息表"已保存在"教学管理数据库"中

	课程编号	课程名称	课程类别	学分
+	1	网页设计	选修课	2
+	2	计算机基础	必修课	3
+	3	外国文学	选修课	2
+	4	旅游名胜	选修课	2
+	5	大学英语	必修课	4
▶				0

图 7-6　表数据输入

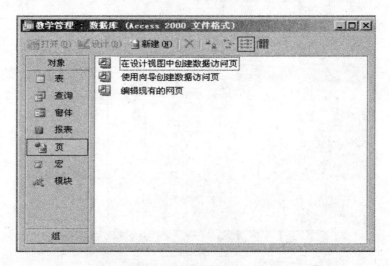

图 7-7　选择数据库对象"页"

2. 为"课程信息表"创建数据访问页

为"课程信息表"创建数据访问页可用以下两种方法。

1) 在设计视图中创建数据访问页

其操作步骤如下：

（1）双击如图 7-7 中所示的"在设计视图中创建数据访问页"，弹出如图 7-8 所示的页设计视图。

（2）在页设计视图中，输入页面的标题标签，如"课程表数据页"；将表字段逐一拖放到网

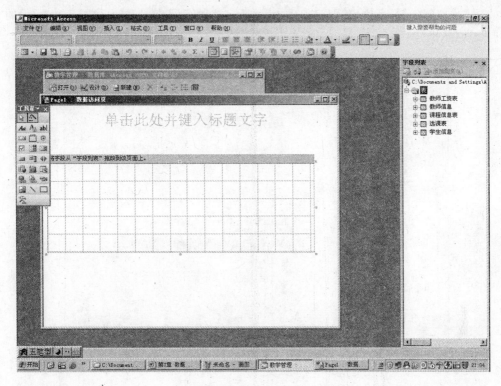

图 7-8　页设计视图

格上,对其位置稍作调整。

（3）关闭和保存。

2）使用向导创建数据访问页

其操作步骤如下:

（1）双击如图 7-7 中所示的"使用向导创建数据访问页",弹出如图 7-9 所示的"数据页向导"对话框(1)。在该框中,选择"课程信息表"。

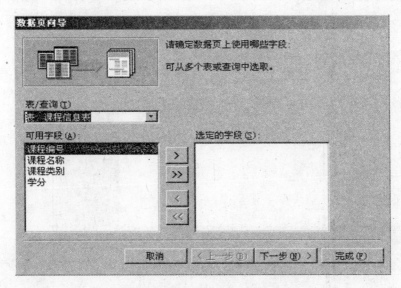

图 7-9　"数据页向导"对话框(1)

（2）单击双箭头键，即选定"课程信息表"的所有字段来创建页，弹出如图 7-10 所示的"数据页向导"对话框（2）。

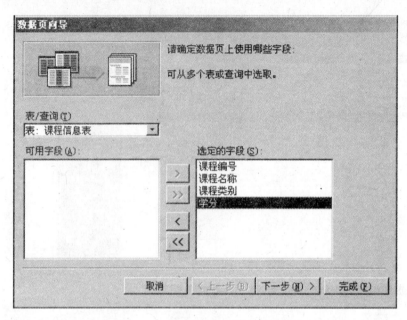

图 7-10　"数据页向导"对话框（2）

（3）单击"完成"按钮，系统会自动为"课程信息表"创建数据访问页，其结果将如图 7-11 所示。

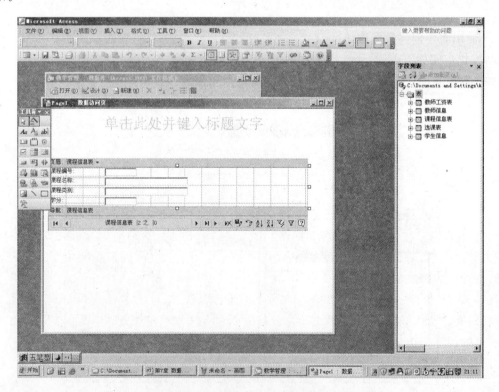

图 7-11　系统自动为"课程信息表"创建的数据访问页

（4）在创建的数据访问页中,输入页面的标题标签"课程表数据页",选定它,并且打开属性窗口,设置其属性"FontSize"为"x-large",如图 7-12 所示。

图 7-12　页面的标题标签和属性的设置

（5）单击"关闭"按钮,弹出如图 7-13 所示的"询问是否保存"框。

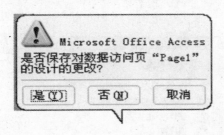

图 7-13　"询问是否保存"框

（6）单击"是"按钮。在弹出的如图 7-14 所示的"另存为数据访问页"对话框中,选择"保存位置"为"F:\",可保持默认的页文件名为"课程表","保存类型"为"Microsoft 数据访问页"。注意:页文件的扩展名为. htm。

（7）单击"保存"按钮,弹出如图 7-15 所示的警告信息。

（8）单击"确定"按钮,并在"数据库"窗口中创建页文件的快捷方式"课程表"。此时,"课程表"页的创建工作全部完成,如图 7-16 所示。

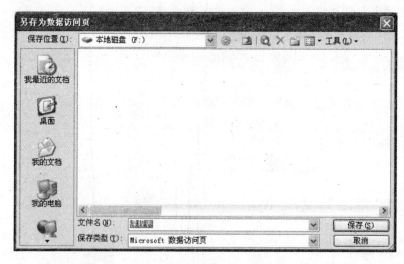

图 7-14　"另存为数据访问页"对话框

图 7-15　警告信息

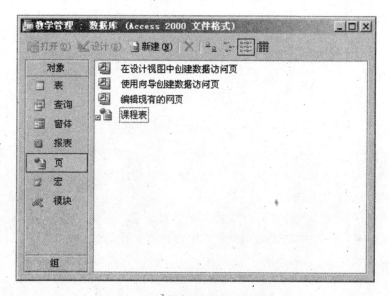

图 7-16　创建"课程表"页完毕

7.4　使用数据访问页

通常,用以下两种方法使用数据访问页。

1. 在 Access 中直接使用数据访问页

其操作步骤如下:

(1) 双击如图 7-16 中所示的页文件名"课程表",弹出如图 7-17 所示的"课程表数据页"对话框。

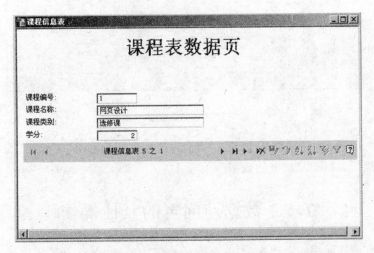

图 7-17　"课程表数据页"对话框

　　(2) 在图 7-17 中的"课程表数据页"下边有一个导航条,用户使用该导航条中的按钮,十分方便地操作数据表"课程表"中的数据,如查看、修改等。

　　(3) 依次单击"文件"→"页属性"命令,弹出如图 7-18 所示的"页文件的属性"窗口。可见,"课程表数据页"被 Access 存放在独立的.htm 文件中,所以也可以在浏览器中显示它。

图 7-18　"页文件的属性"窗口

2. 在浏览器中使用数据访问页

其操作步骤如下：

（1）打开浏览器，输入地址"F:\课程表.htm"，其结果如图 7-19 所示。

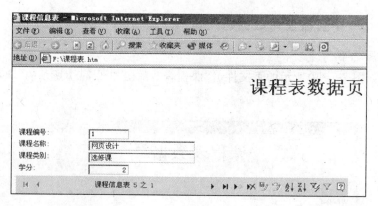

图 7-19　浏览数据访问页

（2）如图 7-19 所示，在浏览器中，用户仍可以使用数据访问页"课程表"的导航条按钮，十分方便地操作数据表"课程表"中的数据。

7.5　数据访问页的其他操作

数据访问页的其他操作主要有：打开已有的数据访问页，在页上添加控件，设置或更改页的链接信息，保存密码，将页存放到 Web 服务器上，为新页指定默认设计等。

1. 打开已有的数据访问页

其操作步骤如下：

（1）在 Access 中，依次单击"文件"→"打开"命令，在"打开"的对话框中找到前面创建的数据访问页"课程表.htm"，如图 7-20 所示。可见，数据访问页是网页文件。

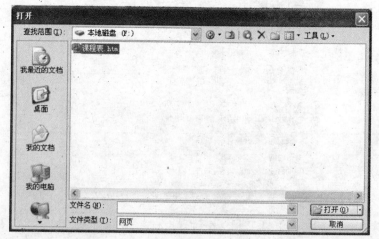

图 7-20　"打开"对话框

（2）打开数据访问页"课程表. htm"，显示页设计视图（页设计窗口），如图 7-21 所示。此时，可以在设计视图中修改数据访问页。

2. 在页上添加更多控件

在打开数据访问页"课程表. htm"之后，依次单击"视图"→"工具箱"命令，显示页"工具箱"，亦如图 7-21 所示。

图 7-21　"页设计视图"及其"工具箱"窗口

同窗体操作一样，可以通过页"工具箱"在页上添加更多控件。

表 7-2 列出了可以添加到数据访问页上的各种控件及其内部的 HTML 标记和类名。

控件是窗口或页上的对象，如文本框、复选框、滚动条或命令按钮等。HTML（超文本标记语言）标记是网页源文件中使用的特定文字串，常常成对使用，用于标识网页元素的类型、格式和外观。例如，＜HTML＞和＜/HTML＞分别是网页的开始和结束标记。

FrontPage，DreamWeaver，ASP. Net 等网页设计工具，以及 Access 均能够自动生成网页的源文件。网页的源文件中均包含有网页上每一静态或动态元素（如数据查询结果）的 HTML 标记。

表 7-2　可以添加到数据访问页的控件

控件名称	HTML 标记	类名
文本框	TEXTAREA	MsoTextbox
绑定范围	SPAN	MsoBoundSpan
标签	SPAN	MSTheme-Label
选项组标签	LEGEND	等等
滚动文字	MARQUEE	

续表

控件名称	HTML 标记	类名
选项组	FIELDSET	
复选框	INPUT(type＝checkbox)	
选项按钮	INPUT(type＝radio)	
列表框	SELECT	
下拉列表框	SELECT	
命令按钮	BUTTON	
展开	IMG	
记录浏览	TABLE	
记录浏览按钮	TD	
超链接	A	
图像超链接	A IMG	
图像	IMG	
电影	IMG	
直线	HR	
矩形	SPAN	

类是对象的抽象或定义。例如,窗体类,按钮类,链接类等。

对象是类的实例或变量。例如,窗体1、窗体2,按钮1、按钮2,链接等。在面向对象程序设计中可以用类名定义其对象名。通过对象名可以引用其类中已定义的某些数据和程序模块,以产生某些可见或不可见的具体对象(类的实例)。不可见的对象只是完成某个处理任务。例如,数据库链接对象完成链接数据库的任务。

类包括某一类对象的特征(即对象的数据,也称为属性)和行为(即对象的程序模块,也称为方法或方法程序),以及可能在该对象上发生的各种事件。

一个程序可以由若干个类组成。对象具有其类中定义的所有特征和行为。对象有时称为组件,窗体上的对象可以称为控件。

事件是外界或用户施加于某对象的操作。例如,按钮对象的单击、双击等事件。在发生某个事件后,往往自动执行事先为其设计的事件处理程序,称为事件驱动。其程序设计也称为事件驱动程序设计,是面向对象程序设计的主要内容之一。

3. 设置或更改数据访问页的链接信息

其操作步骤如下:

(1) 打开数据访问页。

(2) 在"编辑"菜单上,单击"选择页"选项卡。

(3) 在属性表(Page:课程表)上,单击"数据"选项卡。

(4) 设置或编辑页的 ConnectionString(数据库链接字符串)属性。

注意:在 ConnectionString 属性框中,既可以键入新的链接字符串,也可以单击"浏览"按钮,以使用"数据链接属性"对话框来生成链字符串。

如果页的 ConnectionString 属性链接到一个链接文件(可用 ConnectionFile 属性设置),

当编辑该属性时,则会使该页与该链接文件之间的链接中断。

4．在数据访问页中保存密码

在数据访问页中保存密码时,密码是以未加密的格式保存在页中的,页的各种用户都将能够看到密码,因此会降低数据源的安全性。

若要保护数据,可在"数据链接属性"对话框中的"链接"选项卡上,清除"允许保存密码"复选框。

5．将现有的网页转换为数据访问页

其操作步骤如下:

(1) 在"数据库"窗口中,单击"对象"下的"页"命令。

(2) 单击"数据库"窗口工具栏上的"新建"命令。

(3) 在"新建数据访问页"对话框中,单击"现有的网页"选项卡。

(4) 单击"确定"按钮。

(5) 在"定位网页"对话框中,查找要打开的网页或 HTML 文件。

可用"定位网页"对话框中的"搜索 Web"从网络上查找网页,用 Microsoft Internet Explorer 中"文件"菜单上的"另存为"命令保存网页。

接着,在"数据库"窗口中依次单击"页"→"编辑现有的网页"→"打开"命令,然后在磁盘文件中找到和打开所保存的网页后,显示该页。此时,可以对页进行修改,然后关闭和保存它,Access 会在"数据库"窗口中创建该页文件的快捷方式。

6．将数据访问页存放到 Web 服务器上

Web 服务器是计算机网络上存储网页并响应浏览器请求的工具,也称为 HTTP 服务器。它存储的文件的 URL 都以"http://"开头。

可以建立一个本地的 Web 服务器,将 Access 数据访问页文件复制到某个存放网页的文件夹中。或者,若具有远程 Web 服务器的账号,则可上传到远程 Web 服务器某个存放网页的文件夹中。

在 Web 上存放数据访问页时,所有的支持文件,例如 Access 数据库、项目符号、背景纹理和图形,均默认在支持文件夹中进行组织。如果将数据访问页移动或复制到其他位置,则必须同时移动支持文件夹,以便确保所有页的链接。

7．显示或更新到数据访问页的链接

其操作步骤如下:

(1) 在"数据库"窗口中,单击"对象"下的"页"命令。

(2) 用鼠标右键单击所需的页,然后单击"属性"命令。

(3) 此时,"路径"字段显示的就是到选定页的当前路径。若要更新到页的路径,则编辑"路径"字段的内容,或单击"浏览"按钮。

8．为新数据库访问页指定默认设置

在"数据库"窗口中打开数据访问页。指定默认设置的三种典型操作如下。

1) 设置默认链接信息

其操作步骤如下：

(1) 在"工具"菜单上，单击"选项"命令，然后单击"页"选项卡。

(2) 选中"使用默认的链接文件"复选框。

(3) 在"默认链接文件"框中，键入要用于所有新页的链接文件的名称。或单击"浏览"按钮查找文件。

设置页的 ConnectionFile(链接文件)属性将覆盖默认链接文件设置。

2) 为标题和页脚节设置默认样式

在"工具"菜单上，单击"选项"命令，然后单击"页"选项卡。此时，可以选择执行下列操作之一：

(1) 若要指定标题节的样式，则在"标题节样式"框中键入所需的设置。

(2) 若要指定页脚节的样式，则在"页脚节样式"框中键入所需的设置。

有关如何指定样式的详细信息，请参阅 Microsoft Internet Explorer 的"帮助"。

3) 设置默认主题

其操作步骤如下：

(1) 在"格式"菜单上，单击"主题"命令，然后在新的页中选择所需的"主题"。

(2) 选中或清除主题列表下的复选框，以自定义主题。

(3) 单击"设置默认值"命令。

(4) 单击"是"按钮，确认。

本 章 小 结

数据访问页是一种网页，用于通过 Internet 或 Intranet 浏览或更新数据，这些数据存储在 Access 数据库中。数据访问页也可以包含其他来源的数据，例如 Excel 中的数据。

数据访问页主要由标题和正文组成。其中，正文是数据访问页的主体，它由各种节组成。

使用数据访问页与使用窗体类似，可以查看、输入、编辑和删除数据库中的数据。

在操作数据库表中的数据时，数据访问页与窗体、报表相比，具有可通过 Internet 或 Intranet(企业内部网)使用和操作等明显的优点。

本章通过创建数据库表"课程信息表"的数据访问页实例，详细介绍了创建、使用数据访问页的常用方法，并对数据访问页的其他一些操作也作了简要的介绍。

本章知识结构图如图 7-22 所示。

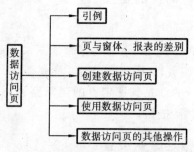

图 7-22   第 7 章知识结构图

思 考 题

1. 什么是数据访问页？其简称是什么？
2. 为什么要设计和使用页？
3. 窗体和页有什么不同？
4. 报表和页有什么不同？
5. 如何创建页？请举例说明。
6. 如何在浏览器中显示页？
7. 如何用页排序数据？请举例说明。
8. 如何用页查找数据？请举例说明。
9. 如何将页保存到 Web 服务器上？
10. 对记录分组的页由哪些部分组成？请举例说明。

第 8 章

Access 中宏的使用

前面章节已分别介绍了 Access 数据库中表、查询和窗体等对象的操作。本章主要介绍 Access 数据库的程序设计。首先介绍 Access 数据库中宏的基本概念，什么是宏，为什么使用宏，怎样使用宏，以及如何创建宏组和条件宏，然后介绍如何使用宏进行程序设计，并且均通过实例进行讲解。

8.1 宏 的 概 述

8.1.1 宏与宏的作用

宏(Macro)是指那些能自动执行某些操作的有序命令的集合。

宏也是一种操作命令，同菜单命令相比，菜单命令由使用者来施加这个操作，而宏命令则可以在数据库中自动执行。在 Access 中，一共有 50 多种基本宏操作，这些基本宏操作还可以组合成很多其他的宏组操作。在使用中，人们很少单独使用这个或那个基本宏命令，而常常是将这些宏命令排成一组，按照顺序执行，以完成一种特定任务。这些宏命令可以通过窗体中控件的某个事件操作来实现，或在数据库的运行过程中自动实现。

使用宏的目的，是为了执行一次宏命令来自动实现一系列的多个操作。对于初学者或普通用户来说，进行数据库的程序设计实现自动化相对麻烦一些，而通过设置宏命令的操作比较简单。使用宏命令可以只需进行简单的操作设置，就可以自动执行一批操作命令。

一般，使用宏是通过窗体、报表中添加"命令按钮"控件来实现的。在 Access 中有 4 种方法可让这些控件实现一定的功能。最简单的方法就是使用控件向导，除此之外还有使用宏、VBA 编程和 SQL 语言。使用这些方法可以使控件完成几乎所有的数据库操作。VBA 编程需要结合 Visual Basic 程序设计，需要掌握很多的控制语句。而使用宏较为简单，既可以实现操作的自动化，又能自动完成各种简单的重复性工作，从而提高了工作效率。

Access 提供了很多宏操作命令，几种常用的宏操作命令如表 8-1 所示。

表 8-1 几种常见的宏操作命令

命令分类	命令名称	功能说明
记录	ApplyFilter	对表、窗体或报表应用筛选、查询或 SQL 的 Where 子句，以便限制或排序表的记录
	FindRecord	在数据表、查询数据表、窗体数据表或窗体中，查找符合条件的数据记录
信息	Beep	通过计算机扬声器发声
	MsgBox	显示警告或提示信息的消息框

续表

命令分类	命令名称	功能说明
关闭	Close	关闭指定的或使用中的窗口
	Quit	结束 Access
复制	CopyObject	把指定的数据库对象复制到另外一个数据库中，或复制到相同数据库、Access 项目中
删除	DeleteObject	删除指定的数据库对象
打开	OpenForm	打开在窗体视图、窗体设计视图、预览打印或数据表视图中的窗体。可以选择数据输入与窗体的模式，并限制窗体所显示的记录
	OpenQuery	打开数据库视图，设计视图，或预览打印中的选择及交叉查询。也可以为查询选择数据输入方式
	OpenReport	打开设计视图或预览打印中的报表，或立刻打印报表。可以限制打印记录数
	OpenTable	在数据表视图、设计视图或预览打印中打开表。可以选择表的数据输入模式
控制	RunApp	在 Access 中执行 Windows 或 MS-DOS 环境下的应用程序，例如 Excel，Word 或 PowerPoint
	RunCommand	执行 Access 菜单栏、工具栏或快捷菜单中的内置命令
	RunMacro	执行其他宏
	Save	保存指定的对象或结果
	StopMacro	终止当前正在执行的宏

宏的设计窗口中有一列用于选择宏的操作命令。一个宏可以包含多个操作，并且可以规定操作的执行顺序。

8.1.2　宏的分类

宏可以分为宏、宏组和条件操作宏。

1) 宏

宏是一个或多个操作序列的集合，每个操作都能实现特定的功能。例如，打开查询或打印报表。宏可以自动完成一些常规的任务。宏名用来标识数据库中的宏，每个宏也包含了宏命令与相关注释。

2) 宏组

宏组是宏的集合。实际上，宏组是用一个宏组名来存储相关的宏的集合。在宏组中，每一个宏都有一个宏名，用来标识宏，以便在适当时候引用宏。使用宏组，便于统一管理，例如属于同一个窗体的宏，可以放在一个宏组内，对数据库进行管理或引用宏时更为方便。宏组中的宏的引用格式如下：

　　　　<宏组名>.<宏名>

3) 条件操作宏

条件操作宏是带有条件的操作系列，只有在条件满足的情况下才可执行这些操作系列。

条件操作宏是在宏中设置条件,用来判断是否执行下一个宏命令。它加强了宏的功能,使用更为广泛。条件操作宏的使用可以根据不同条件执行不同的宏操作。例如,在窗体中学号字段是不允许输入为空的,故可以在输入框中使用条件操作宏来校验输入。如果输入的信息不满足条件,则会显示消息来响应该输入。

8.2　创建宏和宏组

8.2.1　创建宏

下面通过一个示例来说明创建宏的操作步骤。

【例 8.1】　创建一个宏,运行"宏创建成功"的消息框。

具体操作步骤如下:

(1) 在启动 Access 打开的窗口中,打开数据库的窗口,如图 8-1 所示。

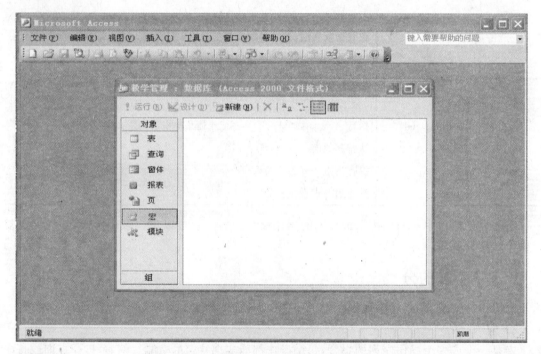

图 8-1　数据库窗口

(2) 在数据库窗口中,选择对象中的"宏"选项,然后单击"新建"的按钮,打开宏设计窗口,可以编辑单一的宏命令或多个顺序排列的宏命令,如图 8-2 所示。

(3) 在宏设计窗口中的"操作"列中输入宏名"MsgBox",在"注释"列中输入"显示信息框"。在操作参数中填入显示的消息是"宏创建成功",发出嘟嘟声后选择"是",宏运行的消息框标题为"信息"。如图 8-3 所示。

(4) 然后,单击工具栏中的"保存"按钮,弹出保存宏的对话框,如图 8-4 所示。

(5) 宏的名称默认为"宏 1",可以使用默认的宏名,然后单击"确定"按钮,保存该宏。关闭宏设计窗口,回到数据库窗口。单击对象列表中的"宏",出现了名字为"宏 1"的宏,表示宏 1 创建成功。如图 8-5 所示。

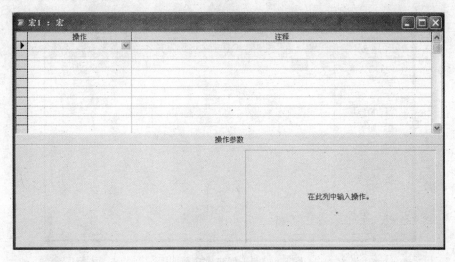

图 8-2　宏设计窗口

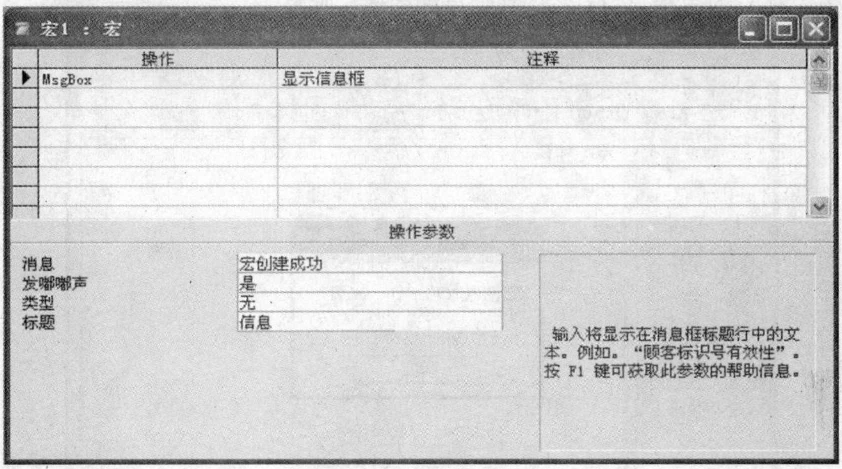

图 8-3　宏创建示例图

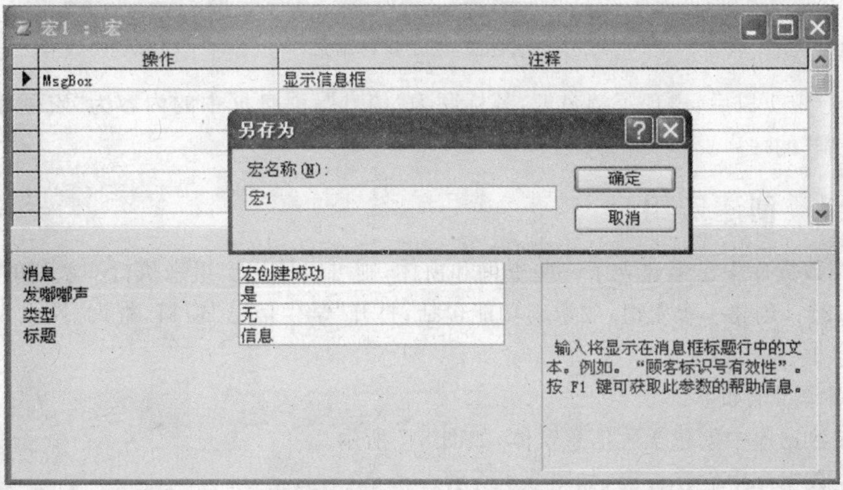

图 8-4　宏保存示例图

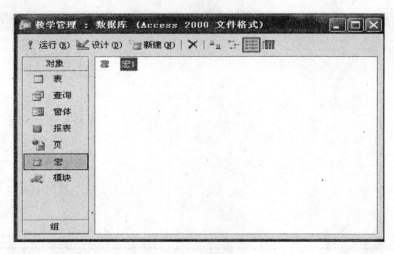

图 8-5　宏 1 创建成功示例图

（6）双击"宏 1"的图标，运行宏 1，其结果如图 8-6 所示。

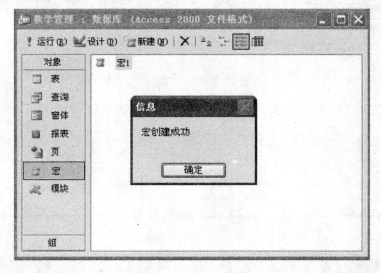

图 8-6　宏 1 运行结果

注：运行宏 1 以后，出现了消息框，其标题为"信息"，消息框中的内容为"宏创建成功"，同时还伴有"嘟"的一声。

8.2.2　创建宏组

如果在数据库中已经建立了一些查询和窗体，则可以使用宏组来执行一系列的操作。

【例 8.2】　创建一个宏组，要求其功能包括：打开"学生信息"窗口，查询"网页设计成绩"，并显示消息框。

具体操作步骤如下：

（1）在数据库中创建学生信息窗体，如图 8-7 所示。

（2）在数据库中创建查询，如图 8-8 所示。

（3）在数据库窗口中，选择"宏"作为操作对象，单击"新建"按钮打开宏设计窗口，如图 8-9

图 8-7　创建学生信息窗体示例图

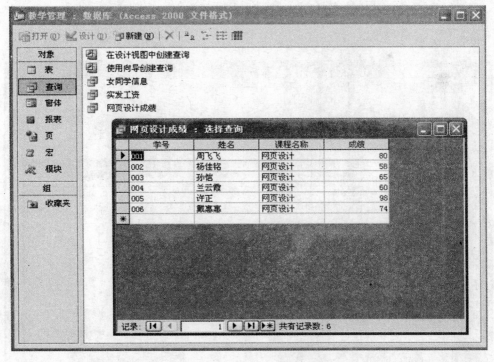

图 8-8　创建查询示例图

所示。

（4）在宏操作列表中，选择"OpenQuery"选项，然后输入注释内容"打开网页设计查询窗

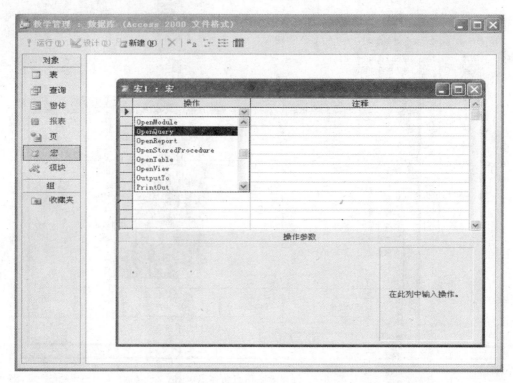

图 8-9　宏设计窗口

口"。在查询名称中添加"网页设计成绩",并设置视图为"数据表",数据模式为"编辑"。如图 8-10 所示。

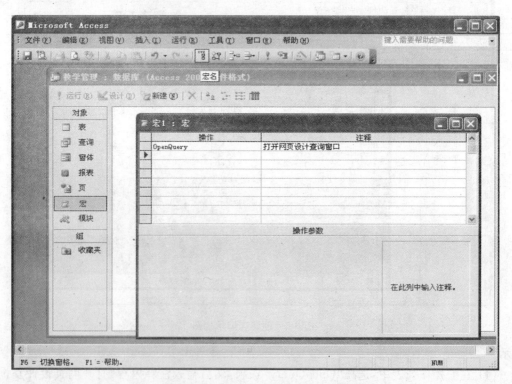

图 8-10　选择宏操作命令及设置参数,以创建宏 1

（5）单击 Access 数据库工具栏中的"宏名"按钮，则在宏设计窗口中出现了宏名列。添加宏名，然后再添加操作"OpenForm"，输入其注释，并设置其操作参数，如图 8-11、图 8-12 所示。

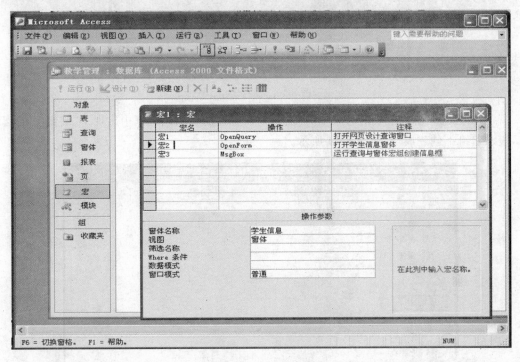

图 8-11　创建宏 2

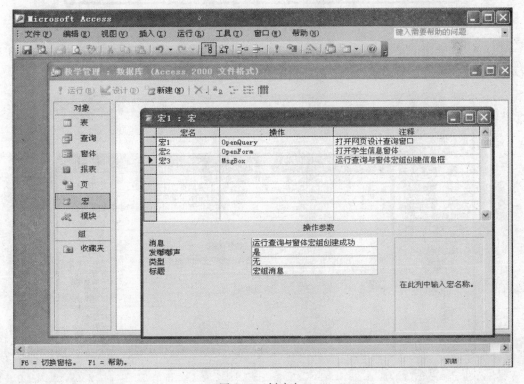

图 8-12　创建宏 3

（6）单击"保存"按钮，出现"另存为"对话框，输入宏组名为"宏组1"，如图8-13所示。

图 8-13　保存宏组 1

（7）在数据库窗口中单击对象中的"宏"，则在右边的显示列表框中出现了"宏组1"的宏组名，表示宏组1创建成功，如图8-14所示。

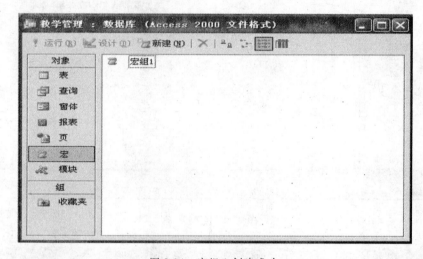

图 8-14　宏组 1 创建成功

（8）选择"宏组1"查看宏组中的宏，可以单击"设计"按钮，弹出宏组1设计窗口，如图8-15所示。

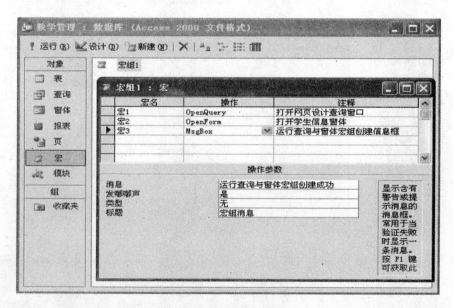

图 8-15　宏组 1 设计窗口

（9）双击"宏组 1"的图标，则可以运行宏组 1，其结果如图 8-16 所示。

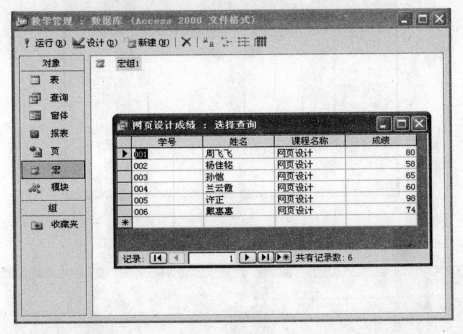

图 8-16　运行宏组 1 的结果

由图可知，运行"宏组 1"的结果是宏组 1 中的宏 1，而宏 2 和宏 3 并没有运行。如果要运行宏组 1 中的宏 2，则需要执行以下步骤来运行宏：

单击数据库窗口中的"宏"以后，再单击"新建"按钮。在打开的宏设计窗口中，输入或选择新建宏的操作命令名称"RunMacro"，并添加注释"用于运行宏组 1 中的宏 2"，在操作参数中输入"宏组 1.宏 2"。如图 8-17 所示。

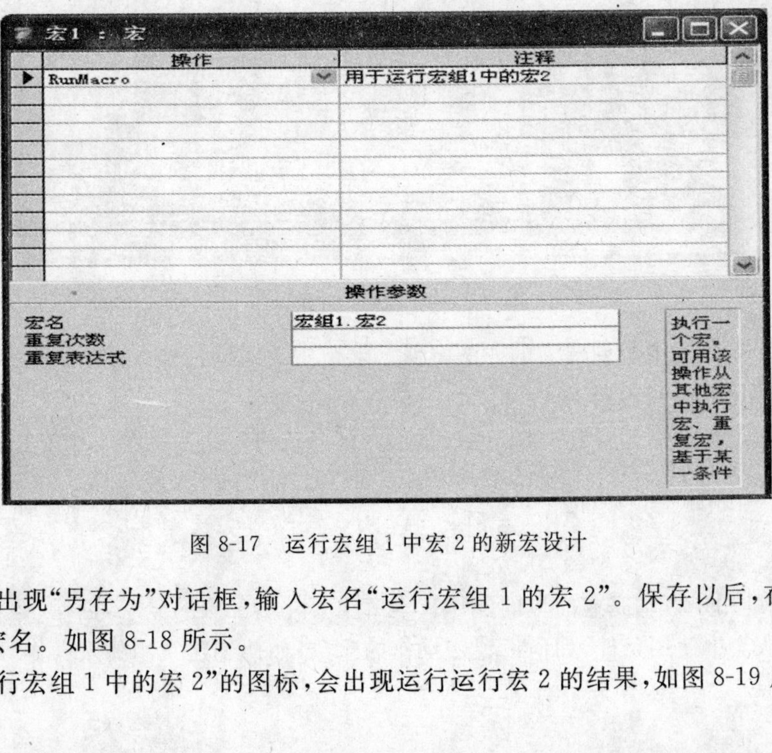

图 8-17　运行宏组 1 中宏 2 的新宏设计

保存宏，出现"另存为"对话框，输入宏名"运行宏组 1 的宏 2"。保存以后，在宏的列表中列出了该新宏名。如图 8-18 所示。

双击"运行宏组 1 中的宏 2"的图标，会出现运行运行宏 2 的结果，如图 8-19 所示。该结果

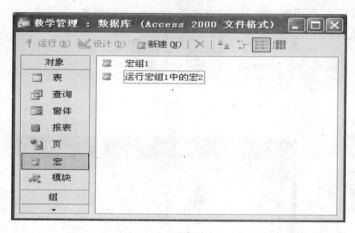

图 8-18　运行宏组 1 中宏 2 的新宏创建成功

显示了"学生信息"。

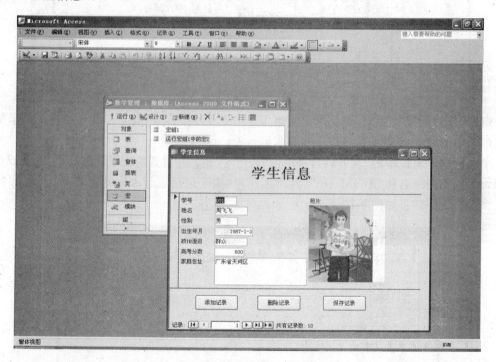

图 8-19　宏运行宏 2 的结果

综上所述,创建宏组与创建宏的方法类似。宏组中的宏调用格式如下:

＜宏组名＞.＜宏名＞

调用时,如果仍然像运行宏一样运行宏组名,则只执行宏组中的第 1 个宏操作命令。

本 章 小 结

宏可以帮助用户自动完成简单的操作。本章主要介绍了宏的概念,创建、运行宏和宏组的方法,即如何从宏中使用条件,如何设置宏操作的参数,如何创建常用的宏操作等,并且还通过应用实例来体会宏、宏组的创建和使用方法。

本章知识结构图如图 8-20 所示。

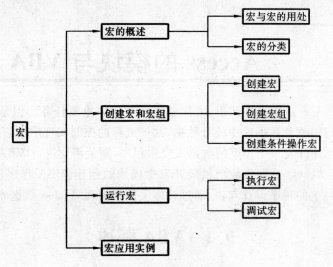

图 8-20　第 8 章知识结构图

思 考 题

1. 什么是宏和宏组？
2. 简述宏操作参数的组成和功能。
3. 打开窗体的宏操作命令是什么？
4. 运行宏有哪几种方法？
5. 打开查询的宏操作命令是什么？

第 9 章

Access 的模块与 VBA 设计基础

前一章介绍了 Access 中宏的使用,宏能够实现简单的重复任务。但是,使用宏却无法实现复杂的数据库操作,例如数据库中统计数据,并按流程的控制实现学生信息管理等功能。如果使用 Access 数据库开发一个小型的数据库应用程序,则就需要进行 VBA 的程序设计。

本章主要介绍 Access 数据库应用系统开发中模块的创建、VBA 程序设计基础和基本控制语句等,并结合以上的程序设计知识,通过具体实例来实现 Access 数据库应用程序设计。

9.1 VBA 概述

VBA 的全名是 Visual Basic for Application,它是 Microsoft Visual Basic 语言的子集。但在实现一些操作时,必须使用 VBA,例如数据库的维护和建立自定义的函数。这是 VBA 与宏的主要区别。

VBA 与宏相比,VBA 的优点是使数据库易于维护,功能更加丰富多彩。VBA 可利用其内置函数或自定义函数,在运行时更改参数,可一次处理多条记录,处理错误信息和具有创建或处理对象的能力。

9.2 模块基础知识

9.2.1 模块的概念

模块一般由 VBA 声明和过程作为单元保存的集合。它们作为一个已命名的单元存储在一起,并对 VBA 代码进行组织。模块是 Access 数据库 7 个对象之一,其实质是没有界面的 VBA 程序。

9.2.2 模块的分类

模块具有很强的通用性,窗体或报表等对象都可以调用模块内部的过程。在 Access 中,模块分为标准模块和类模块两种类型。

• 标准模块中:它可以放入 Access 中的 VBA 程序设计编辑器或 Visual Basic 编译器,实现了与 Access 完美结合。应用程序的开发是指,通过 Visual Basic 程序设计语言开发系统的用户界面,并依靠 Access 的后台支持。在"数据库"窗口中,选择"模块"对象,可以查看数据库中标准模块的列表。

• 类模块:它是可以定义新对象的模块。新建一个类模块,就是创建了一个新对象。模块中定义的过程将变成该对象的属性或方法。

模块由过程组成,每个过程都可以是一个 Function 过程或一个 Sub 过程。过程分为函数过程(Function)和子过程(Sub)。函数过程是一种有返回值的过程。子过程是执行一项或一系列操作的过程,没有返回值。

9.2.3　模块的创建

在 Access 数据库的窗口中选择"模块"作为操作对象,单击"新建"按钮,即可打开 Visual Basic 程序设计语言编辑器,显示"代码"窗口。如图 9-1 和图 9-2 所示。

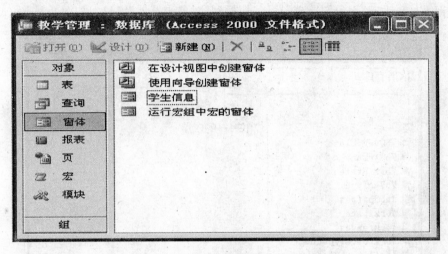

图 9-1　数据库窗口

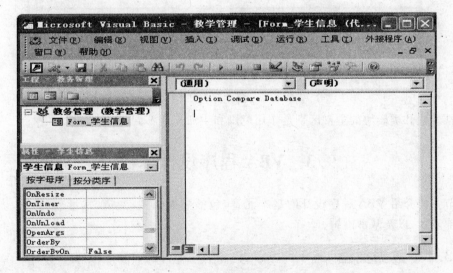

图 9-2　代码窗口

1. 创建类模块

对于类模块,一是单击属性窗体的"事件"选项卡,选中某个事件并设置属性为"事件过程"选项,再单击属性栏右侧的"…"按钮即可进入;二是单击属性窗体的"事件"选项卡,选中某个事件直接单击属性栏右侧的"…"按钮,打开"选择生成器"对话框,选择其中的"代码生成器",单击"确定"按钮即可进入。

窗体模块和报表模块都属于类模块,它们是从属于窗体或报表的。

2. 创建标准模块

标准模块一般都包含通用过程和常用过程。其中,通用过程不与任何对象相关联,常用过程可以在数据库中任何位置使用。在数据库窗口中,选择"模块"对象,可以查看数据库中标准模块的列表。窗体、报表和标准模块也都在"对象浏览器"中显示出来。

打开"对象浏览器"的方法是,在数据库窗口中选择"模块",单击"新建",打开 VB 编辑器。然后,单击工具栏上的"对象浏览器"按钮,切换到"对象浏览器"窗口。如图 9-3 所示。

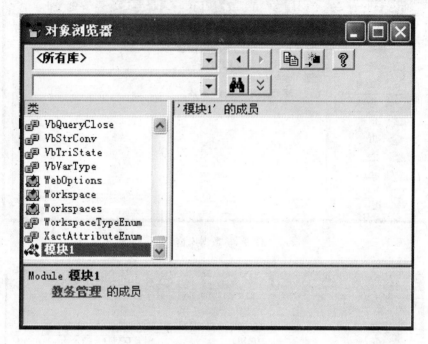

图 9-3　"对象浏览器"窗口

标准模块和类模块的主要区别是作用范围和生命周期不同。

9.3　VBA 程序设计基础

本节主要介绍 VBA 程序设计的基本元素,包括数据类型、变量、常量、运算符、表达式和常用内部函数,以及基本语句。

9.3.1　数据类型

在 VBA 中,可以使用数字、中英文大小写字母和特殊字符组成语句。某些单词具有特定的含义,称作关键字或保留字,它们是构成语法的基本单位。在 VBA 编程中,系统是不区分大小写的,当输入确认以后,系统会自动识别关键字并转换为系统标准形式。

在程序中,各种信息是用数据形式来表示的。数据是程序处理的单位,是程序组成的重要部分。在现实生活中,有些数据值是不发生改变的,例如圆周率的值。这样的数据在程序设计中,我们称作常量。另外一些数据,比如说颜色,它的值可以是红色,也可以是绿色。颜色这样的数据在计算机中,其值是可以变化的,这类数据称作变量。

　　变量和常量在计算机中都占内存。其中,有些数据是数值,有些数据是字符串,还有些数据是其他类型。数据的类型不同所占内存的大小各不相同。系统提供了标准的数据类型,并允许用户根据需要定义自己的数据类型。表 9-1 列出了系统的标准数据类型。

表 9-1　常用标准数据类型

数据类型	关键字	类型符	占用字节	取值范围
整型	Integer	%	2	−32 768～32 767
长整型	Long	&	4	−2 147 483 648～2 147 483 647
单精度型	Single	!	4	负数:−3.402 823 E38～−1.401 298E−45
				正数:1.401 298E−45～3.402 823E38
双精度型	Double	#	8	负数:−1.797 693 134 862 32E308～
				−4.940 656 458 412 47E−324
				正数:4.940 656 458 412 47E−324～
				1.797 693 134 862 32E308
字符型	String	$	不定	0～65 400 个字符(定长字符型)
货币型	Currency	@	8	−922 337 203 685 477.580 8～
				922 337 203 685 477.580 7
日期型	Date	无	8	01/01/100～12/31/9999
布尔型	Boolean	无	2	True 或 False
对象型	Object	无	4	任何引用的对象
变体型	Variant	无	不定	由最终的数据类型决定
字节型	Byte	无	1	0～255

　　以上数据类型是系统提供的标准数据类型。此外,系统还允许用户自定义数据类型,这种数据类型可以包含一个或多个标准数据类型定义的数据元素。

　　用户自定义数据类型的定义格式如下:

　　　Type 数据类型名

　　　　数据元素名[([下标])] As 类型名

　　　　数据元素名[([下标])] As 类型名

　　　　······

　　　End Type

9.3.2　常　量

　　计算机所处理的数据必须先存入内存中,并且必须是存入命名了的内存单元中。只有这样,才可以根据需要通过内存单元名字来访问其中的数据。常量是在程序执行期间,其内存单元中存放的数据不变,是程序中可以直接引用的实际值。

　　在 Visual Basic 中,常量分为两类:一类是用户声明的常量,另一类是系统提供的常量。

1. 用户声明的常量

　　在程序设计中,有一些数据值是常数,又称作常量值。数据类型的不同,也决定了常量的表现也不同。例如：

　　−234.53,743,＋6.2342E3　　　　　　　数值型常量

　　″D2342″,″欢迎使用 Access″　　　　　　字符型常量

　　♯05/12/99♯,♯2009/04/19 17:55:04♯　日期型常量

符号常量是使用关键字 Const 来定义的,其格式如下：

　　　　Const 符号常量名＝常量值

例如：Const　Pi＝3.14159

使用 Const 定义的常量是用户声明的常量。若在模块的声明区中定义符号常量,即建立一个所有模块都可使用的全局符号常量,则一般在 Const 前加上 Global 或 Public 关键字。

符号常量定义时不需要为常量指明数据类型,VBA 会自动按存储效率最高的方式来确定它的数据类型。

2. 系统提供的常量

Access 系统内部包含了很多预先定义好的系统常量,用户可直接引用。例如：True,False,Yes,No,On,Off 和 Null 等。

在 Visual Basic 中可以直接使用的系统常量,例如：

vbOK,vbYes,vbRed

VBA 提供了一些预定义的内部符号常量(内部常量),并且一般以前缀 ac 开头。一个好的编程习惯是尽可能地使用常量名字而不使用它们的数值。用户不能将这些内部常量的名字作为用户自定义常量或变量的名字。

9.3.3　变　量

变量(Variable)在程序运行过程中其值会发生变化。变量与常量的命名都必须以字母或汉字开头,后跟字母、汉字、数字或下划线组成的序列。变量或常量命名中不能包含空格或除了下划线以外的其他的符号,并且不能使用 VBA 关键字。变量的命名一般遵循见名知意的原则,以便在后面程序中引用该变量时,可以通过变量名来识别变量的含义。变量名一般采用开头字母大写,其余字母小写。

1. 变量的声明

在使用变量前,一般必须先将变量的名字和类型告知系统,以便系统根据变量的类型分配不同的内存空间存储该变量。这种告知称作声明。

1) 用 Dim 显式声明变量

使用 Dim 语句可以显式地声明变量。

Dim 语句的一般格式如下：

　　　　Dim 变量名[As 类型]

其中：

· 变量名：是用户自定义的变量标识符。

· [As 类型]：是各种标准数据类型名或用户自定义数据类型名。方括号的内容可以省略。若省略,则默认为变体型(Variant)。

一条 Dim 语句可以同时定义(即声明)多个变量,并用逗号隔开每个变量。但需要注意,

每个变量必须有自己的类型声明。例如：

```
Dim IntA As integer        '定义一个整型的变量 IntA
    IntA＝123              '使用上一句定义的变量 IntA，给它赋值为 123
    IntA＝345              '改变变量 IntA 中的值，即给它赋值为 345
Dim SngB As single         '定义一个单精度的浮点型变量 SngB
    SngB＝13.52            '使用定义的变量 SngB，给它赋值为 13.52
Dim intC％,SngD!           '定义两个变量，变量 intC 是整型，变量 SngD 是单精度浮点型
Dim intE,intF As integer,dblG As double    '定义了 3 个变量，intE 是变体型，intF 是
                                            '整型，dblG 是双精度浮点型
```

2）隐式声明变量

变量未经 Dim 语句声明便直接使用，称作隐式声明。使用时，系统会以该名字自动创建一个变量，并默认为变体类型。

例如：

```
Const   Pi＝3.14159        '定义常量 Pi
R＝3                       '变量 R 代表半径，赋值为 3，使用的是隐式声明变量
S＝Pi ＊ R^2               '隐式声明变量 S 时，使用已声明的常量 Pi 和变量 R
VarA＝"109"               '隐式声明变量 VarA，赋给它的值为字符串"109"，变量类型为
                          '字符串
VarA＝VarA－29            '变量 VarA 的值为 80
VarA＝"Hello" & VarA      '变量 VarA 的值变为字符串"Hello80"，& 为字符串链接符
```

由此可见，根据所赋的值不同，变体型变量的类型也随着变化。

需要注意的，是变量的隐式声明似乎很方便，但往往会导致一些难以检查的错误。

3）强制声明

在程序模块的通用声明中，加入如下的强制声明语句：

Option Explicit

添加了强制声明语句以后，程序中所有变量必须进行显式声明。

在程序设计中，建议添加 Option Explicit 语句。养成对变量显式声明的良好编程习惯，既可提高程序的正确性和可读性，也有助于学习其他计算机语言。

2. 变量的作用域

变量的作用域是变量在程序中的有效范围。

变量的作用域在编程中非常重要，尤其在使用该变量时，需要特别注意变量的作用域。在面向对象的程序设计中，对象间的数据传递是通过变量来实现的，变量的作用域定义不当会导致数据传递的失败。

通常，变量的作用域分为以下三个层次：

（1）局部级变量。局部范围变量，定义在模块的过程内部，过程代码执行时才可见。

（2）窗体、模块级变量。窗体或模块级变量定义在模块的所有过程之外的起始位置，运行时，在模块所包含的所有子过程和函数过程中可见。

（3）全局级变量。全局范围变量定义在标准模块的所有过程之外的起始位置，运行时，在所有类模块和标准模块的所有子过程与函数过程中都可见。

3. 数组变量

数组是具有相同数据类型的一组变量的集合。数组的各元素有先后顺序,它们在内存中按排列顺序连续存储。

所有的数组元素是用一个变量名命名的集合体,这个变量名就是数组名。为了区分不同的数组元素,每一个数组元素都是通过数组名和下标来访问。例如 A(1,2)、B(5)。

使用数组之前,必须对数组先进行声明,然后再使用。声明就是对数组名、数组元素的数据类型、数组元素的个数进行定义。数组在计算机中占有一组内存单元,数组用统一的数组名来表示一组内存单元。

用 Dim 语句定义数组的格式如下:

Dim 数组名([下标上限 to]下标下限) [As 类型名/类型符]

如果缺省[下标上限 to]选项,则默认值为 0。

以上定义的是一维数组,也可以定义多维数组,下标中用逗号隔开。例如,二维数组的格式可以定义如下:

Dim 数组名([下标上限 to]下标下限,[下标上限 to]下标下限) [As 类型名/类型符]

类似地,可以最多定义 60 维数组。

数组声明语句,例如:

Dim A(3) As Integer,B(2,3) As Date

它声明了数组名为 A 的一维数组与数据名为 B 的二维日期数组。其中:

数组 A 的 4 个元素分别如下:

A(0),A(1),A(2),A(3)

数组 B 包含 3 行 4 列 12 个元素,即:

B(0,0),B(0,1),B(0,2),B(0,3)

B(1,0),B(1,1),B(1,2),B(1,3)

B(2,0),B(2,1),B(2,2),B(2,3)

VBA 还支持动态数组。当预先不知道数组有多少元素时,可以使用动态数组。

建立动态数组有如下两步操作:

(1) 用 Dim 语句声明动态数组。Dim 语句的格式如下:

Dim 数组名()

例如:

Dim array()　　　　　　　'定义动态数组,括号里不指明元素个数

(2) 用 ReDim 语句声明动态数组的大小。ReDim 语句的格式如下:

Dim [Preserve]数组名(下标 1 的上界) [As 类型/类型符]

例如:

ReDim array(5)　　　　　　'使用 ReDim 声明动态数组,该数组有 5 个元素

9.3.4　函　数

在 VBA 语言中,标准库函数一般用于表达式中,有的能和语句一样使用。用户在使用这些库函数时,只需写出它的函数名和填入函数的参数就可以直接引用,并且参数必须在函数名后用括号括起来。若参数有多个,则参数之间必须用逗号隔开。若函数不带参数,则调用函数

时直接写出函数名就可以了。

函数调用的一般格式如下：

函数名(＜参数 1＞＜,参数 2＞……)

提示：函数名不可少,函数参数在括号内,参数可以是常量、变量或表达式,可以有一个或多个,或无参数。每个函数被调用时都有一个返回值。函数的参数和函数的返回值都有特定的数据类型。

在 VBA 语言中,常用的标准库函数有数学函数、字符函数、转换函数、日期函数。

1. 数学函数

数学函数完成数学计算功能。表 9-2 列出了常用的数学函数。

表 9-2　常用数学函数及应用示例

函数名	功能	应用示例	函数值
Abs(N)	计算绝对值	Abs(-8)	8
Cos(N)	计算余弦	Cos($45 * 3.14/180$)	0.707
Exp(N)	求 e 的指数	Exp(3)	20.086
Int(N)	返回不大于参数的最大整数部分	Int(7.5)	7
		Int(-8.6)	-9
Log(N)	计算自然对数,参数 N 大于零	Log(10)	2.3
Rnd(N)	产生一个随机数,参数 N 可省	Rnd	0～1 之间单精度随机数
Sgn(N)	符号函数,判断参数的符号	Sgn(5)	1
Sin(N)	计算正弦	Sin($45 * 3.14/180$)	0.706 8
Sqr(N)	计算平方根	Sqr(9)	3
Tan(N)	计算正切	Tan($45 * 3.14/180$)	0.999 2

说明：

(1) N 可以是数值型常量、数值型变量、数学函数和算术表达式。数学函数的返回值仍然为数值型常量。

(2) 需要注意的是,三角函数中的参数以弧度为单位。例如求 45 度角的余弦值,函数的表达式应写为 Cos($45 * 3.14/180$),把 45 度角转换为弧度值,计算出结果为 0.707。同理,正弦函数和正切函数的参数都以弧度作为单位。

(3) 对于符号函数 Sgn(N),当 $N>0$ 时返回值为 1,当 $N=0$ 时返回值为 0,当 $N<0$ 时返回值为 -1。

(4) Int(N)函数是将数值型的浮点数或货币型数,转换为不大于参数的最大整数。例如,当参数为负时,使用该函数的表达式为 Int(-8.6),求出的结果为 -9。标准库函数中还有 Cint(N)函数,其功能是将数值的小数部分进行四舍五入,然后返回一个整型数。例如 Cint(32.52)的结果为 33。另外,标准库函数中的 Fix(N)函数可截去浮点数或货币类型的小数部分。例如 Fix(32.52)的结果是 32。

(5) 随机函数 Rnd(N)中的参数可以省略,例如：

Rnd(-2)　　该函数的值产生随机数为 0.7133257。

Rnd(2) 　　　　 该函数的值产生随机数为 0.6624333。

Rnd(0) 　　　　 该函数的值产生随机数为 0.7133257。

Rnd 　　　　　　 该函数的值产生随机数为 0.6624333。

(6) 对于函数 Tan(N)，当 N 接近 $\pi/2$ 或 $-\pi/2$ 时，会出现溢出。

2. 字符函数

字符函数是 VBA 中用得最多的函数，字符串函数主要用于对字符串进行处理。表 9-3 列出了常用的字符函数。

表 9-3　常用字符函数及应用示例

函数名	功能	应用示例	函数值
Instr($C1,C2$)	在字符串 $C1$ 中查找字符串 $C2$ 的位置	Instr("ABCDEfEF","EF")	7
Lcase $\$(C)$	将字符串 C 中的字母转换为小写	Lcase("AbCdEf")	"abcdef"
Left($\$C,N$)	取字符串 C 左右 N 个字符	Left("ABCDEF",3)	"ABC"
Len(C)	返回字符串的长度	Len("ABC 高等教育")	7
Ltrim $\$(C)$	删除字符串 C 中左边的空格并返回	Ltrim("　　ABCD")	"ABCD"
Mid $\$(C,M,N)$	从第 M 个子夫妻，取字符串 C 中 N 个字符	Mid("ABCDEFG",2,3)	"BCD"
Right $\$(C,N)$	取字符串 C 右边的 N 个字符	Right("ABCDEFG",2)	"FG"
Rtrim $\$(C)$	删除字符串 C 中右边的空格并返回	Rtrim("ABCD　　")	"ABCD"
Space $\$(N)$	产生 N 个空格字符组成字符串返回	Space(3)	"　　　"
Trim $\$(C)$	删除字符串 C 首尾两端的空格	Rtrim("　ABCD　")	"ABCD"
Ucase $\$(C)$	将字符串 C 中的字母转换为大写	Ucase("AbCdEf")	"ABCDEF"

说明：

(1) N 可以是数值型常量、数值型变量、数学函数和算术表达式。C 可以是字符型常量、字符型变量、字符函数和字符表达式。在字符函数中，函数名后跟 $\$$ 的返回值仍然是字符型常量。

(2) 在字符函数中，有去掉字符串左边空格的函数 Ltrim$\$(C)$和去掉字符串右边空格的函数 Rtrim$\$(C)$，也有去掉字符串左右两端空格的函数 Trim$\$(C)$。需要指出的是 Trim$\$(C)$函数不能去掉字符串中间的空格。

(3) 参数 C 中可以使用字符串的连接，字符串的连接符有"＋"或"&"符号。例如：

Trim("AB　　"+"CD") 　　　　 该函数返回值为"AB　　CD"。

Len("高等"&"教育") 　　　　 该函数返回值为 4。

3. 转换函数

转换函数用于数据类型或形式的转换，最常用的转换函数包括字符串与数值型数以及 ASCII 码字符之间的转换。表 9-4 中列出了常用的转换函数及应用示例。

表 9-4　常用转换函数及应用示例

函数名	功能	应用示例	函数值
Asc(*C*)	返回字符串的第一个字符的 ASCII 码值	Asc("C")	67
Chr(*N*)	返回 ASCII 码值 *N* 对应的字符	Chr(97)	"a"
Str(*N*)	将数值 *N* 转换为字符串类型	Str(10001)	"10001"
Val(*C*)	将字符串 *C* 转换为数值型	Val("12.35")	12.35

说明：*N* 可以是数值型常量、数值型变量、数学函数和算术表达式。*C* 可以是字符型常量、字符型变量、字符函数和字符表达式。在转换函数中，表达式若为 Val("12.35.32")，其值取第一个点为小数点，则结果为 12.35。

4. 日期函数

日期函数主要用于显示日期与时间信息，表 9-5 中列出了常用的日期与时间函数。

表 9-5　常用的日期和时间函数及其功能

函数名	功　能
Date	返回当前系统日期（含年月日）
DateAdd(*C*,*N*,date)	返回当前日期增加 *N* 个增量后的日期
DateDiff(*C*,date1,date2)	返回 date1,date2 间隔的时间
Day(Date)	返回当前日期
Hour(Time)	返回当前小时
Minute(Time)	返回当前分钟
Month(Date)	返回当前月份
Now	返回当前日期和时间（含年月日、时分秒）
Second(Time)	返回当前秒
Time	返回当前系统时间（含时分秒）
Weekday	返回当前星期
Year(Date)	返回当前年份

说明：

（1）*N* 可以是数值型常量、数值型变量、数学函数和算术表达式，*C* 是专门的字符串（YYYY-年，Q-季，M-月，WW-星期，D-日，H-时，N-分，S-秒）。

（2）若系统时间为"2009-4-22 07:47:11"，则输出当前的日期，与时间的值。

表达式：Date，Now

表达式值为：2009-4-22　　2009-4-22　　07:47:11

5. 测试函数

测试函数主要功能是测试数据类型或文件，表 9-6 列出了常用的测试函数及其功能。

表 9-6　常用测试函数及其功能

函数名	功能
IsArray(E)	测试 E 是否为数组
IsDate(E)	测试 E 是否为日期类型
IsNumeric(E)	测试 E 是否为数值类型
IsNull(E)	测试 E 是否包含有效数据
IsError(E)	测试 E 是否为一个程序错误数据
Eof(E)	测试文件指针是否到了文件尾

说明:E 为各种类型的表达式,测试函数的结果为布尔型数据。

9.3.5　运算符与表达式

变量与常量通过运算符来连接组成表达式。在 VBA 编程语言中,提供许多运算符来完成各种形式的运算和处理。表达式是由变量、常量、函数以及运算符和括号组成的式子。根据运算不同,运算符分为算术运算符、字符运算符、关系运算符和逻辑运算符。它们可分别构成 4 种类型的表达式:算术表达式,字符表达式,关系表达式和逻辑表达式。

1. 算术表达式

算术表达式是用来对数值型数据执行简单计算的式子。它由算术运算符、数值型常量、数值型变量、返回值为数值型数据的函数组成,其运算结果也为数值型常数。表 9-7 列出了算术运算符和算术表达式的示例。

表 9-7　算术运算符及表达式示例

算术运算符	功能	优先级	算术表达式	表达式的结果
^	乘方	1	3^2	9
—	取负	2	—3^2	—9
* , /	乘、除	3	25 * 3/5	15
\	整除	4	7\3	2
Mod	模运算(取余数)	5	7Mod3	1
+ , —	加、减	6	7+5—4	8

注意:表达式 5+10 mod10\9/3+2^2 的结果为 10。其优先级按照先乘方,再取负,然后是乘除,再次是整除,最后是取余数,优先级最低的是加减。可以添加括号来改变表达式的优先级。

2. 符号表达式

符号表达式是用来连接字符(或字符串)生成新字符串的式子。它由符号运算符、字符型常量、字符型变量、返回值为字符型数据的函数组成,其运算结果也为字符型常数或逻辑常数。表 9-8 列出了符号运算符及符号运算表达式的示例。

表 9-8　符号运算符及表达式示例

符号运算符	功能	符号运算表达式	表达式的结果
＋	连接两个字符型数据	"数据库"＋"程序设计"	"数据库程序设计"
＆	连接两个字符型数据	"数据库"＆"程序设计"	"数据库程序设计"

说明：

(1)"＋"和"＆"运算符都用于连接字符串，"＋"还可以作算术运算的加法，而"＆"符号只用于连接字符串。

(2)"＋"和"＆"都是字符串连接符，下面举出实例来说明其区别。

"123"＋"456"的结果为"123456"。

"123"＆"456"的结果为"123456"。

两式的区别在于，"＋"两边必须是字符串，"＆"不一定。例如：

"abcd"＋12345　　　　　'出错，"＋"两边必须是字符串

"abcd"＆12345　　　　　'结果为"abcd12345"

"123"＋456　　　　　　'结果为 579

"123"＆456　　　　　　'结果为"123456"

3. 关系表达式

关系表达式是作比较运算的式子。它由关系运算符、字符表达式、算术表达式组成，运算结果为逻辑型常数。表 9-9 列出了关系运算符及关系表达式的示例。

表 9-9　关系运算符及关系表达式示例

关系运算符	功能	关系表达式	表达式的结果
＜	小于	5＊7＜40	True
＞	大于	5＞4	False
＝	等于	2＊8＝20	False
＜＞	不等于	3＜＞9	True
＜＝	小于或等于	3＊4＜＝20	True
＞＝	大于或等于	6＋8＞＝18	False
Like	字符串是否匹配	"ABCDEF"Like"＊BC＊"	True

4. 逻辑表达式

逻辑运算又称布尔运算。它由逻辑运算符、逻辑型常量、逻辑型变量、返回逻辑型数据的函数和关系表达式组成，其运算结果为逻辑型常量。表 9-10 列出了逻辑运算符及逻辑表达式的示例。

表 9-10　逻辑运算符及表达式示例

逻辑运算符	功能	逻辑表达式	表达式的结果
NOT	非：取反，当操作数为假时，结果为真，操作数为真时，结果为假	NOT 3＋6＞7	False

续表

逻辑运算符	功能	逻辑表达式	表达式的结果
AND	与:两个操作数都为真时,结果为真	5<4 AND 3+6>7	False
OR	或:两个操作数中有一个为真时,结果为真	2*8=20 OR 3<6	True
XOR	异或:两个操作数为一真一假时,结果为真	3<>9 XOR 2*8=20	True
Eqv	等价:两个操作数相同时,结果为真	3*4>=20 Eqv 5<4	True
Imp	蕴含:第一个操作数为真,第二个操作数为假时,结果为假,其余结果均为真	6+8>=18 Imp 5<4	True

说明:计算逻辑表达式的值应遵循的优先级依次是括号,NOT,AND,OR 或 XOR,Eqv,Imp。

以上介绍了 4 种表达式,在同一个表达式中,如果只有一种类型的运算,则按照该运算符的优先级进行计算。如果有两种或两种以上类型的运算,则

(1) 表达式的运算顺序是:函数运算>算术运算>关系运算>逻辑运算。

(2) 在算术运算中,如果不同数据类型的操作数混合运算,则数据类型向高精度转换,即 Integer<Long<Single<Double<Currency。

9.3.6　编码规则

语句是构成程序的基本单位,是执行具体操作的指令。每个语句以 Enter 作为结束。

在 VBA 编程中,代码不区分字母的大小写。书写代码时比较自由,同一行可以写多个语句,语句间用“:”隔开。一个语句可以分为若干行书写,但须在行后加续行标志(连接符空格加下划线“_”)。例如:

a=1:b=2:c=3

一行语句输入完后,按下回车键作为结束,转到下一行书写。如果该行代码为红色文本显示,说明该行输入有错误,需要进行修改并更正。

在 VBA 编程中,注释语句是用来对程序或程序中某些语句作注释,以便于阅读程序和理解程序。

注释的格式如下:

'注释语句

或

Rem 注释语句

例如:

- 这是计算圆的周长
- Rem 这是计算圆的面积

说明:注释语句不会被执行,对程序执行结果没有任何影响。

9.4　Visual Basic 编程简介

Visual Basic 是 VBA 开发的编程环境,是由微软公司发布的产品。它采用可视化的图形用户界面(GUI)、面向对象的程序设计思想、事件驱动的工作机制和结构化的高级程序设计语

言,将 Windows 编程的复杂性封装起来,使得开发功能更强大、图形用户界面更丰富的应用程序,更加高效与快捷。

9.4.1　Visual Basic 窗口

在桌面双击 Visual Basic 的图标可以打开 Visual Basic 的开发环境,如图 9-4 所示。

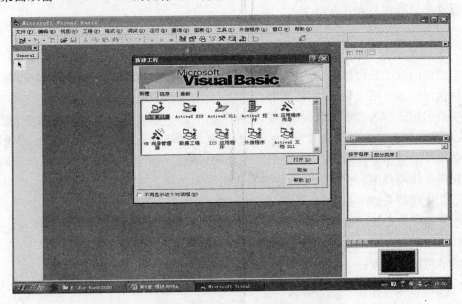

图 9-4　Visual Basic 的开发环境

选择"标准.EXE"的图标,然后单击"打开"按钮,则可以打开新建的一个工程,同时会自动打开该工程的一个窗体(FROM),如图 9-5 所示。

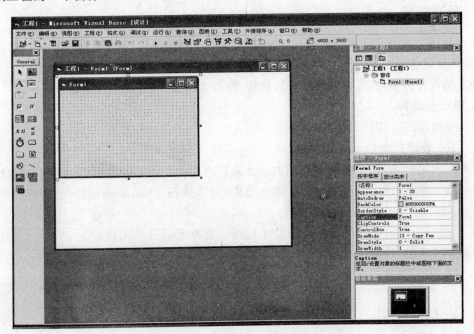

图 9-5　Visual Basic 的开发环境打开 Form 窗体

由图可知,图左方是工具箱,图右侧上方是工程管理器,右侧下方是属性窗口。

9.4.2 基本控制结构

使用控制结构对于提高 Access 中 VBA 程序设计能力是非常重要的。程序的三种基本控制结构分别是顺序结构、选择结构和循环结构。选择结构又称作分支结构。下面分别介绍这三种控制结构的知识点和注意事项。

1. 顺序结构

顺序结构的程序是按照语句顺序顺次执行的。在顺序结构中,每一个操作步骤都是从上往下依次执行。如声明语句、赋值语句等。

声明语句用于命名和定义常量、变量、数组和过程。声明就是在使用这些变量、常量或过程之前,预先告知系统这些变量或常量的类型,过程的名称和返回类型等信息,让系统在分配内存存储这些变量和常量时,知道应分配多少空间。使用声明语句定义的同时,也定义了它们的生命周期和作用范围。根据定义的位置和使用的关键字来决定是否是全局级、模块级或局部级。定义使用的关键字有 Dim,Public,Static 或 Global 等。

赋值语句是为变量或变量的属性指定一个值或表达式,其执行顺序是从右到左。赋值语句兼有计算和赋值的双重功能。"="是赋值号,与数学上的等号意义不同。

赋值语句的格式为:

变量名或变量的属性=值或表达式

例如:

Data＝16

Text1. text＝"欢迎使用 VBA 编程"

2. 分支结构

程序的分支结构又称选择结构,是根据给定条件选择执行一个分支语句。条件的判断不同,所走的分支也不同。

分支结构有很多种,可以分为单分支结构、双分支结构、多分支结构和条件函数。

1) 单分支结构

单分支结构的语句格式如下:

If＜表达式＞Then＜语句块＞

单分支的结构中,首先判断 If 后面的表达式是否正确。如果表达式正确,则执行 Then 后面的语句块。如果表达式不正确,判断结果为假,则不执行 Then 后面的语句,直接执行下一条语句。

单分支语句也可以写成多行形式,多行 If 语句要有 End If 作为结束。

多行单分支结构的语句格式如下:

If ＜表达式＞Then

＜语句块＞

End If

2) 双分支结构

双分支结构的语句格式如下:

　　　　If＜表达式＞Then＜语句块 1＞Else＜语句块 2＞

在双分支的结构中,首先判断 If 后面的表达式是否正确。如果表达式正确,结果为真,则执行 Then 后面的语句块 1 的内容。如果表达式不正确,结果为假,则执行 Else 后面的语句块 2 的内容。

双分支语句也可以写成多行形式。多行 If 语句要有 End If 作为结束。

多行双分支结构的语句格式如下:

　　　　If　＜表达式＞Then
　　　　　　＜语句块 1＞
　　　　Else
　　　　　　＜语句块 2＞
　　　　End If

If 语句还可以嵌套使用。嵌套是指一个 If 语句中包含另外一个 If 语句。

3) 多分支结构

多分支的结构有两种,一种是 If 语句的多分支结构,另一种是 Select Case 语句。

IF 语句的多分支结构语句的格式如下:

　　　　If　＜表达式 1＞Then
　　　　　　＜语句块 1＞
　　　　ElseIf＜表达式 2＞Then
　　　　　　＜语句块 2＞
　　　　　　……
　　　　[Else
　　　　　　＜语句块 N＞]
　　　　End If

多分支结构中,首先判断 If 后面的表达式 1 是否正确。如果表达式正确,结果为真,则执行 Then 后面的语句块 1 的内容。如果表达式 1 不正确,结果为假,则执行 ElseIf 后面的表达式 2 的判断;如果表达式 2 正确,则执行语句块 2 的内容。依次类推,直到所有表达式结果都为假,则执行 Else 后面的语句块 N 的内容。

Select Case 语句也是一种多分支语句结构,用于对于不同情况的值作不同的处理。

Select Case 语句的格式如下:

　　　　Select Case 表达式
　　　　　　Case 值 1:
　　　　　　　　语句 1
　　　　　　Case 值 2:
　　　　　　　　语句 2
　　　　　　……
　　　　　　Case Else
　　　　　　　　语句 n
　　　　End Select

4) 条件函数

IIF 函数用于执行简单的条件判断并处理。IIF 是"Immediate If"的简写。

IIF 函数调用格式如下：

IIF(条件表达式,条件结果为真返回值,条件结果为假返回值)

说明：条件表达式是逻辑表达式或关系表达式,当条件为真时,函数返回值是第二个参数,条件为假时函数返回第二个参数的值。

Choose 函数可代替 Select Case 语句,适合简单的多重判断情况。

Choose 函数调用格式如下：

Choose(变量,值为 1 的返回值,值为 2 的返回值,…,值为 n 的返回值)

说明：当变量的值为 1 时,函数值为第二个参数"值为 1 的返回值"；当变量为 2 时,函数值为"值为 2 的返回值",依次类推。

If 语句中经常使用 GoTo 语句来改变程序执行的顺序。当执行到 GoTo 语句时,就可以跳转到指定的语句。

GoTo 语句的格式如下：

GoTo＜标号|行号＞

其中,标号是一个语句位置的标识,可以是字符串标号或行标号。如果是字符串标号,则标号后面需要有一个冒号；如果是行标号,则必须是一个整数,并且后面不跟冒号。

3. 循环结构

循环结构是重复执行某一段程序。根据给定条件,判断是否重复执行某一段程序。

1) For 循环语句

For 循环语句用于指定次数的循环,其循环变量为普通的数字变量。

For 循环语句的格式如下：

For var＝start To end[Step step]

...

Next var

当循环变量为集合中的变量时,其语句格式如下：

For Each obj In objs

...

Next obj

其中,obj 是对象变量,objs 是集合变量。

2) Do 循环语句

Do 循环语句用于控制循环次数未知的循环结构。Do 循环语句根据某条件来判断是否执行循环体部分。此种语句有两种语法形式。一种是先判断后执行,另一种是先执行后判断。

格式一：

Do While | Until 条件表达式

循环体

Loop

格式二：

Do

循环体

Loop While | Until 条件表达式

说明：

（1）当指定的关键字为 While 语句，并且当条件为 True 时，执行循环。Until 语句是当条件为 True 时退出循环。

（2）格式一为先判断后执行，有可能一次也不执行循环体；格式二为先执行后判断，至少执行一次循环体。

9.4.3　过　　程

应用程序是由模块组成的，而模块含有事件过程和通用过程。过程分为两类：一类是 Sub 过程，无返回值；另一类是 Function 过程，有返回值。

Sub 过程也称为子过程，是系统响应事件时执行的代码块，或是被事件过程调用的完成一定功能的通用代码块。子过程不带返回值，其语法格式如下：

 [PrivatelPublic][Static]Sub procedurename(arguments)

  statements

 End Sub

调用 Sub 过程的语句格式如下：

 procedurename(arguments)

或

 Call procedurename(arguments)

功能：调用一个已定义的 Sub 过程。

每次调用过程都会执行 Sub 和 End Sub 之间的 statements，可以将子过程放入标准模块、类模块和窗体模块中。缺省时，所有模块中的子过程都为 Public（公用的），即可以在应用程序中的任何地方调用它。如果使用 Private 声明子过程，则该子过程只能在声明它的模块中调用。过程 arguments 类似于变量声明，它声明了调用过程时传递进来的值。

Visual Basic 中有通用过程和事件过程这两类子过程。

1）通用过程

通用过程是完成一项指定的任务的代码块，建立通用过程是因为有时不同的事件过程要执行相同的动作，这时可以将那些公共语句放入通用过程，并由事件过程来调用它。这样，既不必重复编写代码，也容易维护应用程序。

要创建一个新的通用过程，只要在代码窗口的"对象"列表中选择"通用"选项，然后按照子过程的语法在代码窗口中输入子过程即可。

2）事件过程

事件过程是响应事件时执行的代码块，通常总是处于空闲状态，直到程序响应用户引发的事件或系统引发的事件才调用相应的事件过程。

一个控件的事件过程是将控件的实际名字（在 Name 属性中规定的）、下划线和事件名组合起来。例如，如果希望在单击了一个名为 cmdPlay 的命令按钮后执行动作，则要在 cmdPlay_Click 事件过程中编写相应代码。

一个窗体的事件过程可将"Form"（对于 MDI 窗口为"MDIForm"）、下划线和事件名组合起来。例如，如果希望在单击窗体之后，窗体会执行某些动作，则要使用 Form_Click 过程。

编写事件过程，要从代码窗口的对象列表中选择一个对象，从过程列表中选择一个过程，这时代码窗口中就会自动出现事件过程的模板，在中间加上自己的代码即可。

在定义通用过程和函数过程时,可以使用参数。参数在调用时传递给过程的变量,过程的参数缺省为 Variant 数据类型,也可以声明参数为其他数据类型。

参数的传递有两种方式:按值传递和按地址传递。按值传递参数时,传递的只是变量的副本。如果过程改变了这个值,则所作变动只影响副本而不会影响变量本身。用 ByVal 关键字指明参数是按值来传递的,例如,下面的语句说明参数 intAcctN 是按值传递的:

Sub PostAcct(By intAcctN as integer)

按地址传递参数时,过程用变量的内存地址去访问实际变量的内容,因此,通过过程可改变变量的值。Visual Basic 中缺省的是按地址传递参数,所以缺省情况下,过程调用之后参数的内容可能已经改变。对于没有返回值的子过程,可以把返回结果保存在传递的参数中。

可以指定过程的参数为可选的,只要在参数列表中加上 Optional 关键字即可。注意,可选参数后面的其他参数也必是可选的,并且也要用 Optional 关键字来声明。

9.4.4　自定义函数

Function 过程是由用户自定义的函数过程,与 Sub 子程序类似。Function 函数过程可读取参数和修改语句,可作为独立的基本语句调用,也可以在程序或是函数中嵌套使用,并且有返回值。Visual Basic 中有许多内置的函数,如 sin,cos,abs 等。

Function 过程的语法格式如下:

〔private | public 〕〔static〕Function(函数名)(〔形参表〕)〔as(类型)〕
〔语句列〕〔(函数名)=(表达式)〕
Exit function
〔语句列〕〔(函数名)=(表达式)〕
End function

说明:其中括号内的内容可以省略,Function 函数程序跟 Sub 子程序过程类似。只是 as(类型)表示 Function 的返回值是 as 指向的类型。

还有一种方法可以创建 Function 过程,即在工具菜单中添加过程。在添加过程的对话框中,名称由用户自定义指定,可以是字母、数字、下划线等。在类型中选择函数选项,单击确定。Function 函数过程的调用方法有如下几种:

(1)用 call 语句调用,即

Call(过程名)〔实参表〕

(2)直接调用,即

(过程名)〔实参表〕

(3)无参数直接调用,例如:

Function f2
F2＝"Follow me. "
End Function

9.5　Access 数据库应用程序设计

Access 数据库应用程序的设计,可以使用"数据库向导"和 VBA 编程技术实现。

应用程序要实现对数据库的数据进行访问,需要数据库引擎(即接口)技术。所谓数据库引擎是一组动态链接库(扩展名为 DLL 的文件),当程序运行时被链接到 VBA 程序中。

在 VBA 中主要提供了以下 3 种数据库访问接口:

(1) 开放数据库互连应用编程接口 ODBC API(Open DataBase Connectivity API):在 Access 中,直接使用 ODBC API 访问数据库需要大量的 VBA 函数原型声明,操作复杂,因此很少使用。

(2) 数据访问对象 DAO(Data Access Objects):它提供了一个访问数据库的对象模型。DAO 对象模型目前是操作 Access 数据的最佳对象模型,利用其中定义的一系列数据访问对象,可以操作 Access 表中的数据,创建及操纵表和查询。

(3) Active 数据对象 ADO(ActiveX Data Objects):ADO 是基于组件的数据库编程接口,是与编程语言无关的 COM 组件系统。在操作 Access 数据库及其数据时,可提供的功能比 DAO 对象模型少,但可以操作非 Access 数据。

VBA 通过数据库引擎(即接口)可以访问的数据库有 3 种类型,分别是本地 Access 数据库,外部数据库和 ODBC 标准的数据库。

9.5.1　使用"数据库向导"创建数据库应用程序

【例 9.1】　使用向导创建一个"联系人管理"数据库的主切换面板,为用户提供按钮选择及按钮功能说明,以便打开"联系人管理"数据库中的其他窗体和报表等对象。

具体实现步骤如下:

(1) 启动 Microsoft Access 数据库,可以看到如图 9-6 所示的窗口。

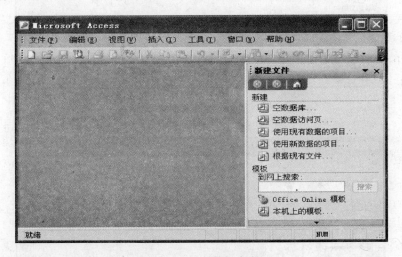

图 9-6　Access 数据库窗口

(2) 单击"本机上的模板"选项,弹出"模板"对话框,如图 9-7 所示。在"数据库"选项卡中选择"联系人管理"图标,然后单击"确定"按钮。

(3) 在弹出的"文件新建数据库"对话框中保存数据库的位置,其默认数据库名称为"联系人管理 1. mdb"。如图 9-8 所示。

(4) 单击"创建"按钮会创建该数据库,弹出"数据库向导"对话框(1),如图 9-9 所示。单击"下一步"按钮。

(5) 在弹出的"数据库向导"对话框(2)中,选择要添加的字段,其中斜体字显示的字段是可以添加的字段,如图 9-10 所示。

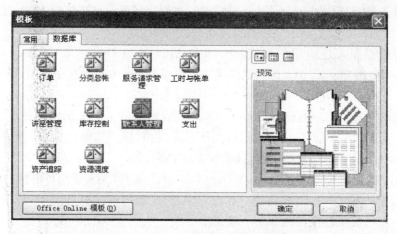

图 9-7　Access 数据库"模板"对话框

图 9-8　"文件新建数据库"对话框

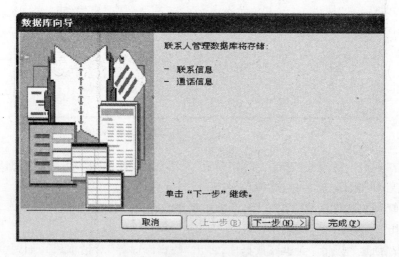

图 9-9　"数据库向导"对话框(1)

　　(6)单击"下一步"按钮,在弹出的"数据库向导"对话框(3)中,确定窗体的显示样式,如图9-11 所示。

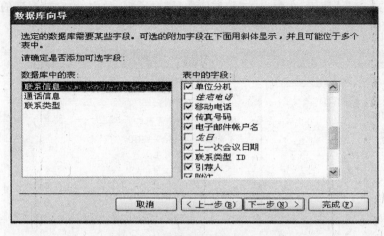

图 9-10　"数据库向导"对话框(2)

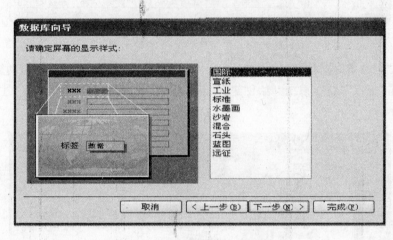

图 9-11　"数据库向导"对话框(3)

(7) 单击"下一步"按钮,在弹出的"数据库向导"对话框(4)中,确定打印报表所用的样式为"淡灰",如图 9-12 所示。

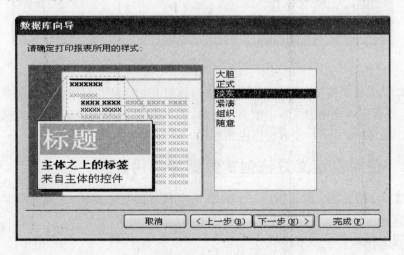

图 9-12　"数据库向导"对话框(4)

(8) 单击"下一步"按钮,在弹出的"数据库向导"对话框(5)中,确定数据库的标题为"联系人管理",如图9-13所示。

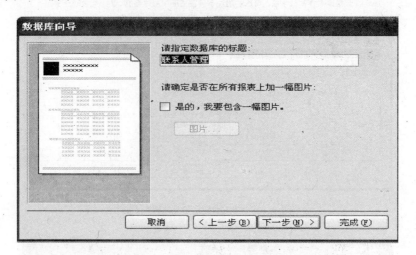

图9-13　"数据库向导"对话框(5)

(9) 单击"下一步"按钮,在弹出的对话框中确定创建完数据库以后是否启动数据库。

(10) 单击"完成"按钮,系统开始创建"联系人管理"数据库,然后自动打开"主切换面板",如图9-14所示。

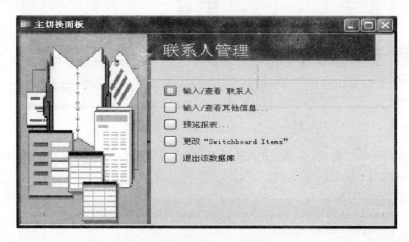

图9-14　"主切换面板"窗口

此时,单击"主切换面板"上的某个按钮,即可以打开相应的新窗体或报表对象。由这个例子可以看出,数据库向导创建了多个数据库对象,包含表、窗体和报表等对象,并将它们链接在一起形成一个整体,建立了一个数据库应用程序。

9.5.2　使用自定义方法创建数据库应用程序

【例9.2】　使用自定义方法创建一个如图9-15所示的登录窗体,实现用户名和密码的验证。如果为合法用户则进入系统;如果为非法用户则提示错误。

具体实现步骤如下:

(1) 打开数据库。

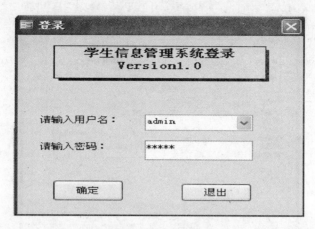

图 9-15　用户登录窗口

　　（2）在"数据库"窗口中选择"表"对象，双击"使用设计器创建表"，打开表设计器窗口如图 9-16 所示。然后，分别输入字段名为"Id"，"用户名"和"密码"。"Id"字段数据类型为"自动编号"，"用户名"和"密码"字段的数据类型为"文本"。

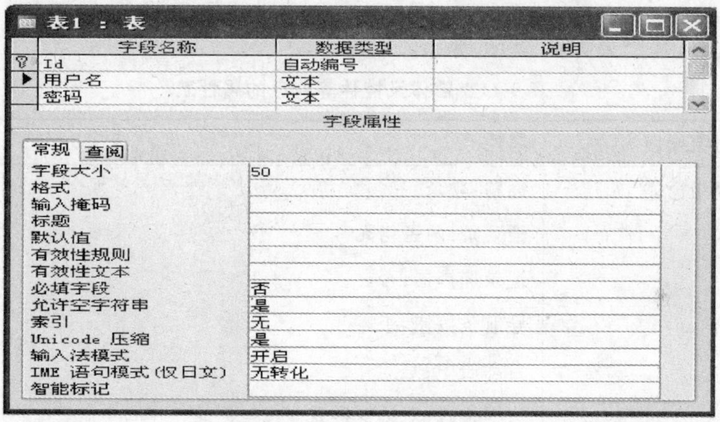

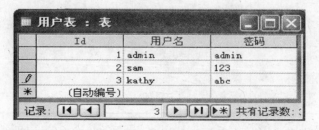

图 9-16　表设计器窗口

　　（3）单击"保存"按钮，在弹出的"另存为"对话框中保存表的名称为"用户表"。单击"确定"按钮，关闭对话框及窗口。此时，在数据库的表对象中添加了"用户表"的新表，双击该表，并输入表的内容。如图 9-17 所示。

Id	用户名	密码
1	admin	admin
2	sam	123
3	kathy	abc
（自动编号）		

记录：◄◄ ◄ ｜ 3 ｜ ► ►◄ ►* 共有记录数：

图 9-17　"用户表"内容

　　（4）采用步骤（2）和步骤（3）中设置"用户表"参数同样的方法，在表设计器窗口中，设置如图 9-18 所示的"日志表"参数。

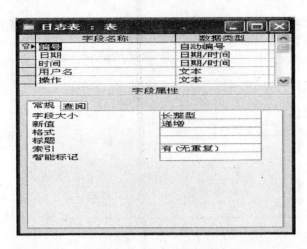

图 9-18 "日志表"内容

（5）在"数据库"窗口中，选择"窗体"对象，双击"在设计视图中创建窗体"选项，打开窗体设计视图。在该视图中，根据表 9-11 所示的窗体及控件等对象的属性表，设置登录窗体和控件的属性。

设置完成以后，其结果如图 9-19 所示。

表 9-11　窗体及控件等对象的属性表

对象名	对象操作	属性	事件
窗体	登录窗体	标题：登录	无
		滚动条：两者均无	
		记录选择器：否	
		导航条按钮：否	
		自动居中：是	
		边框样式：对话框样式	
标签	Label1	标题：学生信息管理系统登录 version1.0	无
	Label2	标题：请输入用户名	无
	Label3	标题：请输入密码	无
组合框	CboUserName	行来源：SELECT 用户表.用户名 FROM 用户表	无
		绑定列：1	
		行来源类型：表/查询文本框	
文本框	TxtPwd	输入掩码：密码	
命令按钮	CmdOK	标题：确定	单击
	CmdCancel	标题：退出	单击

（6）打开"视图"菜单，选择"代码"命令；打开 VB 的"代码"窗口，进行 VBA 编程，设计对象的事件代码。

· 设计 login()函数事件代码如下：

Public Function login() As Boolean

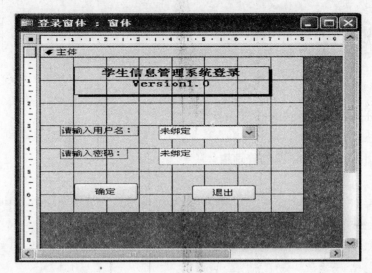

图 9-19　登录窗体

```
Dim rs As New ADODB. Recordset
Dim strsql As String
strsql="select * from 用户表 where 用户名=" & """ & Me. CboUserName & """
rs. Open strsql,CurrentProject. Connection,adOpenStatic,adLockReadOnly
    If rs. RecordCount > 0 Then
        If rs! 密码=Me. TxtPwd Then
            login=True
        End If
    End If
    rs. Close
    Set rs=Nothing
End Function
```

• 设计 CboUserName_NotInList 事件代码如下：

```
Private Sub CboUserName_NotInList(NewData As String,Response As Integer)
    Response=acDataErrContinue
End Sub
```

• 设计 CmdCancel_Click 事件代码如下：

```
Private Sub CmdCancel_Click()
    DoCmd. Quit acQuitSaveNone
End Sub
```

• 设计 CmdOk_Click 事件代码如下：

```
Private Sub CmdOk_Click()
    Dim t_username As String
    If IsNull(Me. CboUserName) Then
        MsgBox "请输入您的用户名:",vbCritical
        Exit Sub
```

```
        Else
            Me. CboUserName. SetFocus
            t_username=Me. CboUserName. Text
        End If
        If login=True Then
            Call addevent(t_username,True)
            DoCmd. Close
            DoCmd. OpenForm "信息管理窗体"
            Else
                MsgBox "您输入的密码不正确,如果忘记请与管理员联系",vbCritical
                Call addevent(t_username,False)
                Exit Sub
            End If
        End Sub
```

• 设计 addevent 事件代码如下:

```
Private Sub addevent(username As String,flag As Boolean)
        Dim rs As New ADODB. Recordset
        Dim strsql As String
        strsql="select * from 日志表"
        rs. Open strsql,CurrentProject. Connection,adOpenDynamic,adLockOptimistic
        rs. AddNew
        rs! 日期=Date
        rs! 时间=Time
        rs! 用户名=username
        If flag=True Then
            rs! 操作="成功登录!"
            Else
            rs! 操作="登录失败,密码错误!"
            End If
            rs. Update
            rs. Close
            Set rs=Nothing
    End Sub
```

（7）打开文件菜单,选择"保存"按钮,结束窗体的创建,返回"数据库"窗口。

（8）在"数据库"窗口中选择"窗体"对象,双击"登录窗体",结果显示如图 9-19 所示。

在运行程序过程中,如果输入用户名为空,或未选择任何用户名,则会弹出提示对话框,如图 9-20 所示。

如果输入的密码错误,则会显示提示密码错误对话框,如图 9-21 所示。

上面通过创建"登录窗体"的实例,综合介绍了应用 VBA 编程的方法,对于如何进行 Access 的应用程序编程,应有一个初步的理解和体会。

图 9-20　输入错误用户名提示框

图 9-21　输入错误密码提示框

本 章 小 结

　　建立程序模块可以对复杂的控制结构和业务进行处理。Access 的应用程序模块的设计（即创建），可以通过"数据库向导"和 VBA 编程技术实现。

　　本章首先介绍了模块的基本概念、创建模块的方法。然后，对 VBA 编程的环境，VBA 编程的语法基础（包括变量、常量和表达式的应用），VBA 的程序流程控制（包括顺序结构、选择结构和循环结构等）均作了一定的介绍。对于如何用"数据库向导"和 VBA 编程技术设计（创建）Acess 应用程序，则使均用一个具体实例来说明。当你做完实例以后，对于如何进行数据库应用程序的开发应有一些初步的体会。

　　通过本章的学习，应对前面章节的知识有了一个更完整、更深入的理解。

　　本章知识结构图如图 9-22 所示。

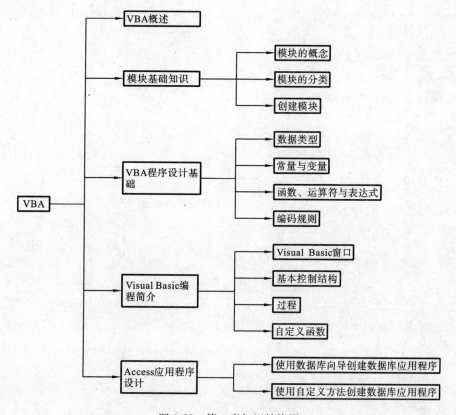

图 9-22　第 9 章知识结构图

思 考 题

1. VBA 与宏的区别是什么？模块的作用是什么？
2. Function 过程与 Sub 过程有何不同？
3. 变量和常量的区别是什么？
4. 在 VBA 中，变量的类型有哪些？
5. 分支语句有哪几种？它们各自有什么不同？
6. 循环语句有哪几种？它们各自有什么不同？
7. 什么是数组？

第 10 章

SQL Server 数据库的基本应用

SQL Server 是 Microsoft 公司推出的 SQL Server 数据库管理系统,并有多个版本。SQL Server 2000 界面友好,易学易用且功能强大,与 Windows 系列操作系统完美结合,可构造网络环境数据库甚至分布式数据库,满足企业及 Internet 等对大型数据库的需求。

本章主要介绍 SQL Server 2000 数据库的一些基本操作应用技术。

10.1 SQL Server 2000 数据库简介

10.1.1 SQL Server 2000 数据库概述

SQL Server 最初是由 Microsoft,Sybase 和 Ashton-Tate 这三家公司共同开发的,并于 1988 年推出了第一个 OS/2 版本。在 Windows NT 推出后,Microsoft 与 Sybase 在 SQL Server 的开发上就分道扬镳了。Microsoft 将 SQL Server 移植到 Windows NT 系统上,专注于开发推广 SQL Server 的 Windows NT 版本。Sybase 则较专注于 SQL Server 在 UNIX 操作系统上的应用。

Microsoft SQL Server 2000 是一套完整的数据库和分析产品,可迅速提供下一代可扩展电子商务、各种业务和数据仓库的解决方案。

Microsoft SQL Server 2000 完全支持 Web,通过 Web 可以查询、分析和处理数据。在 SQL Server 2000 中,使用可扩展标记语言(XML)可以在各种松散耦合系统之间交换数据。通过防火墙,从浏览器中可方便而安全地访问数据,并可对有格式文档执行快速全文检索,分析和链接联机分析处理(OLAP)多维数据集。

Microsoft SQL Server 2000 使用增强的可扩展性和可靠性功能,可无限制地扩容。它分散数据库工作负荷,以获得应用程序的扩展。它充分利用对称多处理(SMP)硬件,并与 Microsoft Windows 2000 Datacenter 一起使用。它的服务器操作系统最多可支持 32 个 CPU 和 64GB 的 RAM。

Microsoft SQL Server 2000 对市场的快速反应能力,可快速构建、部署和管理电子商务、各种业务和数据仓库的解决方案,对用户数据和财务数据可进行深入的数据挖掘。它使用集成的 T-SQL 调试程序可缩短开发时间,并可开发在不同应用程序中可重复使用自己的功能。

10.1.2 SQL Server 2000 数据库的特点

SQL Server 2000 具有以下特征:

1) 实现了客户机/服务器模式

客户机/服务器(C/S)模式数据库计算是一种分布式的数据存储、访问和处理技术,它已成为大多数企业计算的标准。Microsoft SQL Server 是客户/服务器系统应用的完美例子。

2）与 Internet 集成

SQL Server 2000 数据库引擎提供完整的 XMI.支持,具备构造大型 Web 站点的数据存储组件所需的可伸缩性、可用性和安全性。

3）具备很强的可伸缩性和可用性

SQL Server 2000 包含企业版、标准版、开发版和个人版等多个版本,使同一个数据库引擎可以在不同的操作系统平台上使用。其增强的图形用户界面管理工具,使得管理更加方便。

4）具备企业级数据库功能

SQL Server 2000 关系型数据库引擎支持当今各种苛刻的数据处理环境所需的功能,可同时管理上千个并发数据库用户,其分布式查询使用户可以引用来自不同数据源的数据。同时,还具备分布式事务处理系统,保障分布式数据更新的完整性。

5）易于安装、部署和使用

SQL Server 2000 的安装向导可帮助用户方便地实现各种方式的安装,如网络远程安装、多实例安装、升级安装和无人职守安装等。SQL Server 2000 还提供了一些管理开发工具,使用户可以快速地开发应用程序。

6）数据仓库功能

企业在正常的业务运作过程中需要收集各种数据,包含企业的动态历史记录。数据仓库的目的是合并和组织这些数据,以便可对其进行分析并用来支持业务决策。数据仓库是一种高级、复杂的技术。Microsoft SQL Server 2000 提供的强大工具,可帮助你完成创建、使用和维护数据仓库的任务。如:数据转换服务,复制,Analysis ServiCeS,English Query 和 Meta.Data Services 等。

10.1.3　SQL Server 2000 数据库的版本

SQL Server 2000 有多个不同的版本,这些版本包括企业版、标准版、个人版、开发者版、桌面版、Windows CE 版和企业评估版。

1）企业版（Enterprise Edition）

SQL Server 2000 的企业版是所有版本中功能最齐全的数据库版本。它支持所有的 SQL Server 2000 特性,并且支持数十个 TB 字节的数据库,可作为大型 Web 站点、企业 OLTP(联机事务处理)以及数据仓库系统等的产品数据库服务器。因此,企业版是企业首选的数据库产品。

2）标准版（Standard Edition）

SQL Server 2000 的标准版支持 GB 字节的数据库,虽然功能没有企业版的齐全,但它所具有的功能已经能够满足普通企业的一般需求。若考虑到企业需要处理的数据量和财政预算等方面的因素,则选择标准版非常合适。标准版也适用于其他小型的工作组或部门。

3）个人版（Personal Edition）

SQL Server 2000 的个人版主要用于移动用户、单机系统或客户机。该版本为个人用户或仅需要在客户机或单机上存储本地数据的客户,提供了恰当的解决方案。

4）开发者版（Developer Edition）

SQL Server 2000 的开发者版主要用于程序员开发应用程序,并且这些程序需要使用

SQL Server 2000 存储数据。开发者版支持企业版的所有功能,但它不能像企业版那样作为服务器,只是用于开发和测试应用程序系统。该版本只适用于数据库应用程序开发人员,不适用于普通的数据库用户。

此外,SQL Server 2000 还有桌面引擎(Desktop Engine)和 Windows CE 版。用户可以根据实际情况选择所要安装的 SQL Server 2000 版本。

10.2　SQL Server 2000 的启动

当需要启动 SQL Server 2000 软件时,可依次选择"开始"→"程序"命令找到"Micorosoft SQL Server"选项,并可在弹出的窗口中看到该选项的下拉菜单程序组中所包括的全部内容,如图 10-1 所示。

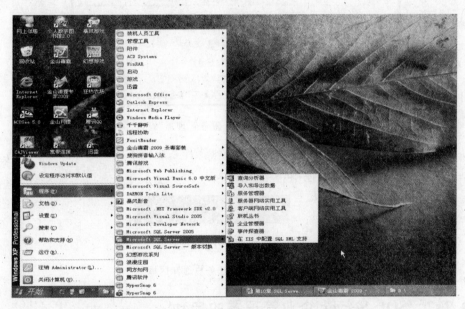

图 10-1　Micorosoft SQL Server 程序组

通过图 10-1 可以看到,Micorosoft SQL Server 程序组包括下列选项:

(1) 查询分析器:它是执行各种 Transact-SQL 语句的工具。

(2) 导入和导出数据:它是导入导出数据的向导工具。

(3) 服务管理器:它是管理各种服务的启动、终止和暂停的工具。

(4) 服务器网络实用工具:它是配置服务器段的网络配置工具。

(5) 客户端网络实用工具:它是配置客户机端的网络配置工具。

(6) 联机丛书:它是 Micorosoft SQL Server 2000 联网帮助工具。

(7) 企业管理器:它是集成各种数据库操作的主要运行平台。

(8) 事件探查器:它是捕捉和监测服务器各种活动的工具。

(9) 在 IIS 中配置 SQL XML 支持:用于在 IIS 中配置对 XML 语言的支持。

在上述这些 Micorosoft SQL Server 程序组中,对 SQL Server 2000 的正常使用起到至关重要作用的是服务管理器和企业管理器。下面仅对它们的具体启动方法和步骤予以介绍。

10.2.1　SQL Server 服务管理器的启动

服务管理器主要用来启动、暂停、继续和终止 SQL Server 提供的数据服务功能。SQL Server 只有在"服务管理器"启动的状态下才能够正常使用。

对于"SQL Server 服务管理器"的启动,既可以在安装过程中通过设置 SQL Server 服务让其每次开机后自动启动,也可以通过依次选择"开始"→"程序"→"Micorosoft SQL Server"→"服务管理器"命令来打开"SQL Server 服务管理器"窗口,如图 10-2 所示。

图 10-2　"SQL Server 服务管理器"窗口

在启动"SQL Server 服务管理器"后,Windows 操作系统任务栏的通知区域中会有一个表示正在运行的 MSSQL Server 图标,如图 10-3 所示。

表示运行MSSQL Server的标志图标

图 10-3　Windows 任务栏通知区域

10.2.2　SQL Server 企业管理器的启动

SQL Server 是一个强大的数据库管理系统,这个强大的特点表现在两个方面:一是具有分布式的体系结构和各种优化的算法,二是具有功能强大、容易操作的各种工具和向导。SQL Server 提供的工具包括企业管理器、查询分析器、事件探查器、网络配置和向导工具等。其中,企业管理器是一个典型的集成化工具,通过该工具可以执行几乎所有的数据库管理工作。

启动企业管理器的方法如下:

依次选择"开始"→"程序"→"Micorosoft SQL Server"→"企业管理器"命令,打开如图 10-4 所示的"SQL Server Enterprise Manager"窗口。该窗口包括"控制台根目录"子窗口、标题栏、菜单栏、常用工具栏、树状结点区和任务区。实际操作中,根据在树状结点区中所选结点的不同,任务区显示的操作导航也不尽相同。

在图 10-4 所示的树状结点区中,包括了以下几个结点:

(1) MICROSOF-BEFFA4(Windows NT):该结点是服务器的名称和类别,列出可以完成的许多数据库系统的操作任务。

(2) 数据库:该结点是 SQL Server 2000 数据库管理系统的主要对象和核心组件,通过该

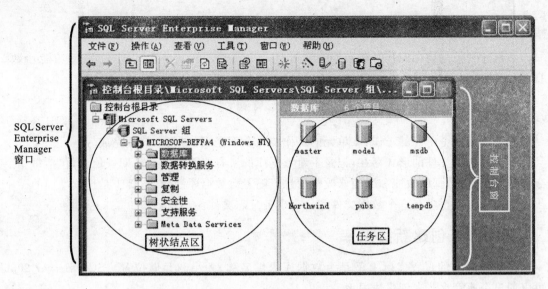

图 10-4　"SQL Server Enterprise Manager"窗口

结点可以执行有关数据库的各种操作。

（3）数据转换服务：该结点可通过图形化的工具和可编程的对象，把来自不同数据源中的数据提取、转换和一致化到单个或多个不同的目的地。

（4）管理：该结点主要包括用于系统管理方面的工具和服务。

（5）复制：该结点可以把一个服务器上的数据复制到许多地理位置不同的服务器中。

（6）安全性：该结点提供了系统登录账户以及管理各种服务器角色的功能。

（7）支持服务：该结点提供了另外的 3 种服务，即分布式事务协调服务、全文搜索服务和 SQL Mail 服务。

（8）Meta Data Services：Meta Data Services 可译为元数据服务，它是面向对象的中心仓库技术，可提供存储各种数据转换服务得到的数据包的结构。

企业管理器是 SQL Server 2000 最主要的工具，它通过图形化的界面完成除执行 Transact-SQL 语句以外的所有操作。在企业管理器操作界面中，树状结点区是操作的核心，在该区域中包括了数据库、管理等多个功能结点，并且不同的结点对应着不同的菜单和任务区导航。

10.3　数据库的管理

对数据库的管理，最基本的操作是创建新数据库和删除数据库。因此，在介绍数据库管理的基本操作之前，需要先介绍一些与数据库管理有关的概念。

10.3.1　数据库相关概念

SQL Server 2000 中的数据库是存储数据和其他数据库对象的操作系统文件，既是数据库服务器的主要组件，也是数据库管理系统的核心。因此，数据库管理是 SQL Server 2000 系统中最基本、最重要的工作。因此，在叙述创建数据库之前，还需要先了解了一些与数据库管理有关的概念。

1）数据库对象

数据库对象是指存储和管理数据的结构形式,这些数据库对象包括数据库图表、表、函数、视图、存储过程、触发器等。设计数据库的过程,就是设计这些数据库对象的过程。

2）事务和事务日志

事务就是一个单元的工作,该单元的工作要么全部完成,要么全部不完成。

事务日志以文件的形式存在,记录了对数据库的所有修改操作和日期等信息,包括每一个事务的开始、对数据的改变和取消修改等信息。随着对数据库的操作,日志是连续增加的。

一个数据库至少有一个数据文件和一个事务日志文件。

10.3.2　创建新数据库

创建数据库的过程实际上就是为数据库提供名称、大小和存储位置。SQL Server 2000可以通过企业管理器来创建数据库。

在企业管理器中可以通过以下三种方式之一来创建数据库:

（1）依次选择菜单栏的“操作”→“新建数据库”选项。

（2）逐级展开“控制台”窗口树状结点区的 ➕ 按钮,在“数据库”结点上单击鼠标右键,在右键菜单中选择“新建数据库”选项。

（3）通过单击“工具栏”上的 🗐 “新建数据库”按钮。

上述三种方式,不论选择哪一种都会弹出“数据库属性”对话框,如图 10-5 所示。

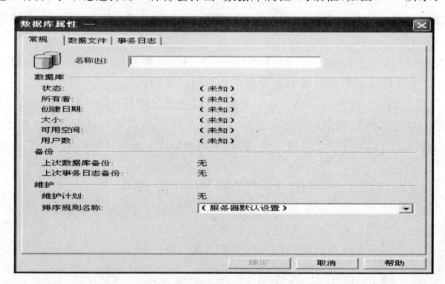

图 10-5　“数据库属性”对话框

“数据库属性”对话框中包含有以下三个选项卡:

1）“常规”选项卡

“常规”选项卡分为名称、数据库、备份、维护 4 个部分。“名称”用来输入新建数据库的名称;“数据库”用于说明该数据库本身的一些信息和状态;“备份”用于说明该数据库的备份状态;“维护”用于说明是否创建了维护规划等。

　　2)"数据文件"选项卡

　　"数据文件"选项卡用来定义数据库存放在计算机中的位置信息,数据库文件占用计算机硬盘空间的初始大小,以 M(兆)字节为单位。

　　3)"事务日志"选项卡

　　"事务日志"选项卡用来设置事务日志的信息,包括日志文件名称、日志文件存储位置信息和占用计算机硬盘空间的初始大小。

　　【例 10.1】　　在 D 盘下创建一个名为"StudentManage"的 SQL Server 数据库文件,该数据库主要用来对学生开设的课程信息进行数据管理。

　　具体实现步骤如下:

　　(1)通过上述 3 种方式中的任一种方式打开"数据库属性"对话框。然后,选择"常规"选项卡,在打开的对话框中的名称输入区域中输入"StudentManage",如图 10-6 所示。

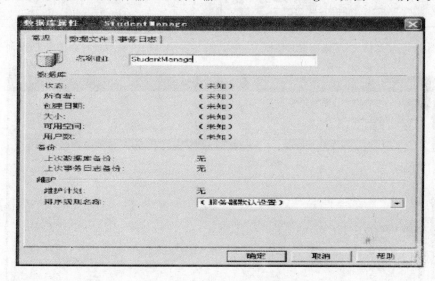

图 10-6　"常规"选项卡对话框

　　(2)选择"数据文件"选项卡,弹出如图 10-7 所示的"数据文件"选项卡对话框,该框中显示了数据库文件名、在计算机中默认的存储位置、数据库初始大小及所在文件组。数据文件默认存储位置一般在 SQL Server 2000 安装目录的"Microsoft SQL Server\MSSQL\data\"中。要修改数据文件的存储位置可以单击"存储路径" ... 按钮,在打开的"查找数据库文件"对话框中单击"D:\",如图 10-8 所示。然后,单击"确定"按钮。文件属性等参数使用系统默认设置。

　　(3)选择"事务日志"选项卡,弹出如图 10-9 所示的"事务日志"选项卡对话框,此框中显示了新创建的数据库文件事务日志文件名、在计算机中默认的存储位置及日志文件的初始大小。通常,SQL Server 2000 要求事务日志文件与数据文件保存在同一个文件夹下,因此事务日志文件的默认存储位置与数据文件一样,同样要修改事务日志文件的存储位置。此时,也可以单击"存储路径" ... 按钮,在打开的"查找数据库文件"对话框中单击"D:\"。然后,单击"确定"按钮。文件属性等参数使用系统默认设置。

　　当一个数据库创建成功后,在"控制台"窗口树状结点区的"数据库"结点下可以看到名为 StudentManage 的数据库,如图 10-10 所示。单击"StudentManage",右边的任务区则会出现

图 10-7 "数据文件"选项卡对话框

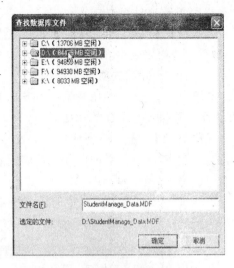
图 10-8 "查找数据库文件"对话框

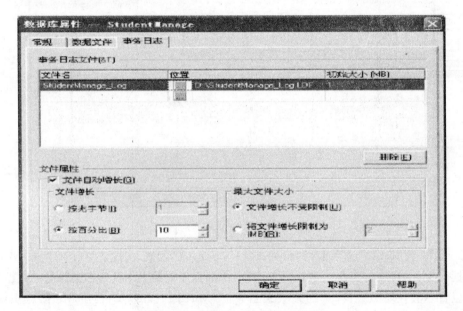
图 10-9 "事务日志"选项卡对话框

相对应的 10 个操作 StudentManage 数据库的任务导航。

在一个服务器中,最多只能创建 32767 个数据库。数据库的名称最长不能超过 128 个字符,并且必须以字母开头,而其余的字符可以是字母、数字和@,$,♯,_等特殊符号。

10.3.3 删除数据库

当不再需要某个数据库时,可以将该数据库删除。删除数据库的操作比较简单,即在 SQL Server 2000 的企业管理器中,可以通过以下三种方式之一来选择"删除"命令即可。

(1)通过菜单栏依次选择"操作"→"删除"选项。

(2)逐级展开"控制台"窗口树状节点区的 ➕ 按钮,在"数据库"节点上单击鼠标右键,在右键菜单中选择"删除"选项。

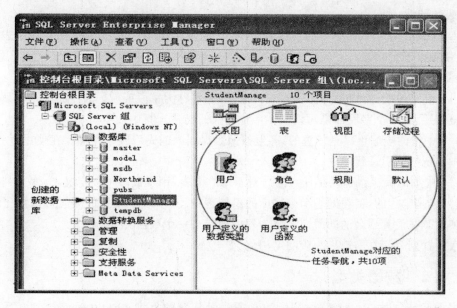

图 10-10　创建了名为 StudentManage 的数据库

（3）通过单击"工具栏"上的 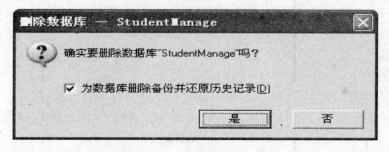 "删除数据库"按钮。

上述三种方式，不论选择哪一种都会弹出如图 10-11 所示的"删除数据库"对话框。

图 10-11　"删除数据库"对话框

单击该对话框上的"是"按钮就可以删除数据库了。删除数据库不仅会删除 SQL Server 2000 企业管理器中的数据库，同时还会删除硬盘上的数据库文件。当执行删除数据库操作时，在一些特定的情况下不能删除数据库：数据库正处于恢复状态；有用户正在该数据库中执行操作；数据库正在执行数据复制操作。

10.4　表 的 管 理

表是数据库中最重要、最基本的对象，是实际存储数据的地方。对数据库表的基本操作有创建表、修改表的结构、删除表和对表中数据进行操作等。同时，还涉及表的一些相关概念、数据类型等知识。

10.4.1　表的基本概念

在 SQL Server 2000 中采用二维表的形式来表示关系。

1) 表的特性

SQL Server 2000 数据库中的表代表实体,因此 SQL Server 2000 要求数据库中表的名称唯一,以便用来确定实体。

2) 表的组成

表由行和列组成,行也可称为记录或元组,列也可称为字段或域。表中每一行都是实体的一个完整描述,每一个字段都是对该实体一种属性的描述。其中:

(1) 表中行的顺序可以是任意的,一般按照数据插入的先后顺序存储。在使用过程中,可以对表中的行按索引进行排序。

(2) 表中列的顺序也可以是任意的。对于每一个表,用户最多可以定义 1024 个列。在一个表中,列名是唯一的,但在同一个数据库的不同表中,一个表中设置的列名可以用于另一个表作为列名。在设置列名的同时还需要为每一列定义一个数据类型。

为表设置列,即字段,被称为表的结构化。

10.4.2 数据类型

数据类型是数据的一种属性,表示数据所表示信息的类型。SQL Server 2000 系统提供了 7 大类 28 种数据类型,下面介绍其中几种常用的数据类型。

1) 二进制数据

二进制数据包括 binary,varbinary 和 image。binary 是 n 位固定长度的二进制数据,其中 n 的取值范围从 1~8000,每个数据占用的存储空间大小是 $n+4$ 个字节;varbinary 是变长度的二进制数据,n 的取值范围是从 1~8000,每个数据占用的存储空间大小是 $n+4$ 个字节;image 存储的数据是以位字符串的形式存储的。

2) 字符数据

字符数据的类型包括 char,varchar 和 text。char 是定长字符数据,其长度最多为 8KB;Varchar 是变长字符数据,其长度不超过 8KB;若要存储超过 8KB 的数据,则要选择 Text 数据类型。

3) Unicode 数据

Unicode 数据类型包括 nchar,nvarchar 和 ntext。在 Unicode 数据标准中,包括了以各种字符集定义的全部字符。Unicode 数据类型占用的空间是非 Unicode 数据类型占用空间大小的两倍。当列的长度固定不变时,应采用 nchar 类型,最多可以存储 4000 个字符;当列的长度产生变化时,应采用 nvarchar 类型,最多也可以存储 4000 个字符;而 ntext 类型可以存储多于 4000 个字符的数据。

4) 日期和时间数据

日期和时间数据类型包括 datetime 和 smalldatetime 两种类型。这两种类型都由日期和时间组成。其中,datetime 数据类型表示存储的日期范围从 1753 年 1 月 1 日到 9999 年 12 月 31 日,每个值占用 8 个字节的存储空间;smalldatetime 数据类型表示存储的日期范围从 1900 年 1 月 1 日到 2079 年 12 月 31 日,每个值占用 4 个字节的存储空间。

5) 数字数据

数字数据只能存储数字。数字数据类型包括 bigint,int,smallint,tinyint,decimal,numeric,float 和 real。bigint 是一个 8 字节的整数类型;int 表示的数据范围从 $-2\,147\,483\,648\sim 2\,147\,483\,647$,每个数据占用 4 个字节的存储空间;smallint 表示的数据范围从 $-32\,768$ 到

32 767，每个数据占用 2 个字节的存储空间；tinyint 表示的数据范围从 0～255，每个数据占用 1 个字节的存储空间；decimal 和 numeric 数据类型表示精确的小数数据，它们占用的存储空间是根据该数据的位数和小数点后的位数来确定；float 和 real 数据类型表示近似小数数据。

6）货币数据

货币数据类型可以表示正、负货币数量，货币数据类型包括 money 和 smallmoney。其中，money 占用 8 个字节的存储空间，smallmoney 占用 4 个字节的存储空间。当给定义为这两种类型的列插入数据时，数据的最前面必须有一个货币符号（$ 或其他代表金融单位的符号）。

10.4.3　表的创建

SQL Server 2000 创建表实际上就是为表设计或定义各种属性，其中包括字段名、字段的数据类型、字段长度（即占用存储空间的大小）、是否允许为空等。通常将设计表的各种属性的过程称为表的结构化，即创建表就是设计表结构，就是将表结构化。

下面用实例介绍通过企业管理器窗口创建表的过程。

【**例 10.2**】　在 StudentManage 数据库中创建一个名为 TeacherInfo 的数据表，该表主要用于存储教师信息，其结构如表 10-1 所示。

表 10-1　TeacherInfo 表结构

字段名	数据类型	长度（字节）	是否允许为空	说明
teacher_no	varchar	20	否	该字段用来存储教师编号
teacher_name	varchar	30	否	该字段用来存储教师姓名
sex	char	2	否	该字段用来存储教师性别
age	int	4	是	该字段用来存储教师年龄
title	varchar	20	是	该字段用来存储教师职称

具体创建步骤如下：

（1）在树状节点区单击"StudentManage"数据库节点，在其对应的任务区的表图标上单击鼠标右键，在右键菜单中选择"新建表"；或单击任务区的表图标，在"操作"菜单中选择"新建表"；还可以单击工具栏中的 ※ "新建表"按钮。无论选择哪种方法，都会出现如图 10-12 所示的表结构设计窗口。

（2）在表结构设计窗口第 1 行的列名中输入"teacher_no"；单击数据类型，选择该单元格中的 ▼ 按钮，则出现数据类型选择的下拉列表，在该下拉列表中选择"varchar"。同时，在长度一栏中会看到 varchar 的默认长度为 50；单击长度，删掉其中的 50，并输入 20。此时，允许空一栏中默认为"√"选中状态，表示允许该字段值为空；而根据题设要求，该字段值不允许为空，因此单击"√"，将其去掉。如图 10-13 所示。

（3）将光标定位到表结构设计窗口列名下的第二行，输入"teacher_name"，选择数据类型为"varchar"，设置长度为 30，去掉是否允许为空中的"√"。其他两个字段的设置，与此方法相同，在此不再赘述。最后设计完成的 TeacherInfo 表的表结构如图 10-14 所示。

（4）表结构设计完成后，选择工具栏上的 ■ 保存按钮，在"选择名称"对话框中输入"TeacherInfo"，如图 10-15 所示，单击"确定"，保存 TeacherInfo 表结构到数据库中。

通过上述步骤，就可以成功地创建表 TeacherInfo。单击树状节点区的"StudentManage"

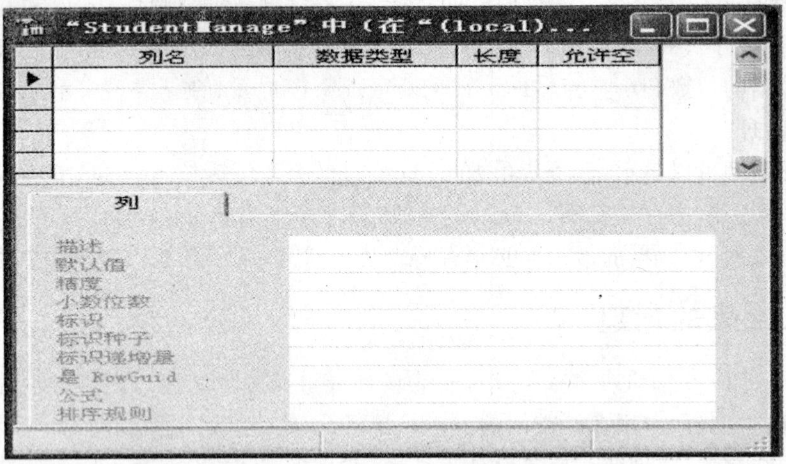

图 10-12　表结构设计窗口

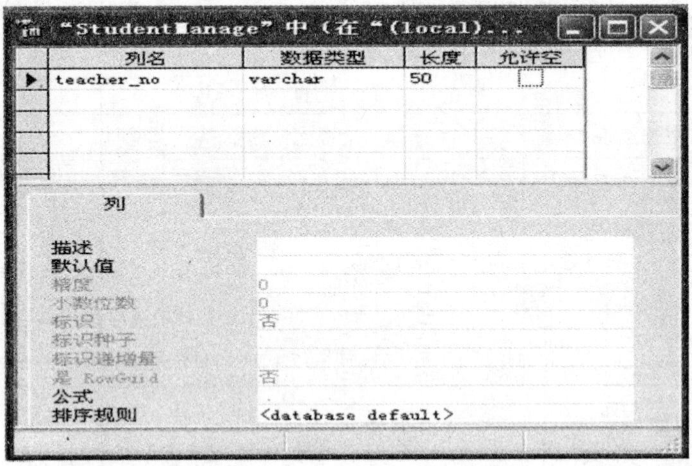

图 10-13　插入了一个字段后的表结构设计窗口

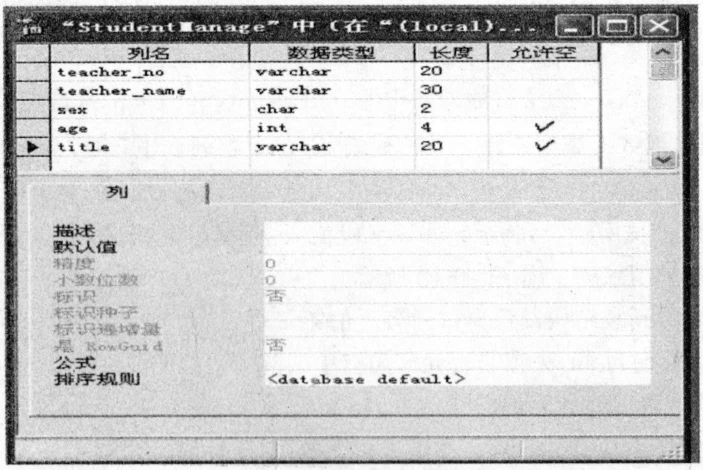

图 10-14　设计完成的 TeacherInfo 表结构

图 10-15 "选择名称"对话框

数据库结点,在任务区双击表图标,则可以看到任务区中出现很多表。这些表都是系统自动附加给数据库的,被称为系统表。但其中有一个表就是新创建的 TeacherInfo 表,属于用户表。如图 10-16 所示。

表 21 个项目			
名称	所有者	类型	创建日期
dtproperties	dbo	系统	2009-6-9 7:12:20
syscolumns	dbo	系统	2000-8-6 1:29:12
syscomments	dbo	系统	2000-8-6 1:29:12
sysdepends	dbo	系统	2000-8-6 1:29:12
sysfilegroups	dbo	系统	2000-8-6 1:29:12
sysfiles	dbo	系统	2000-8-6 1:29:12
sysfiles1	dbo	系统	2000-8-6 1:29:12
sysforeignkeys	dbo	系统	2000-8-6 1:29:12
sysfulltextcatalogs	dbo	系统	2000-8-6 1:29:12
sysfulltextnotify	dbo	系统	2000-8-6 1:29:12
sysindexes	dbo	系统	2000-8-6 1:29:12
sysindexkeys	dbo	系统	2000-8-6 1:29:12
sysmembers	dbo	系统	2000-8-6 1:29:12
sysobjects	dbo	系统	2000-8-6 1:29:12
syspermissions	dbo	系统	2000-8-6 1:29:12
sysproperties	dbo	系统	2000-8-6 1:29:12
sysprotects	dbo	系统	2000-8-6 1:29:12
sysreference	dbo	系统	2000-8-6 1:29:12
systypes	dbo	系统	2000-8-6 1:29:12
sysusers	dbo	系统	2000-8-6 1:29:12
TeacherInfo	dbo	用户	2009-6-9 7:12:49

TeacherInfo 表,用户表

图 10-16 创建 TeacherInfo 表后的任务区

10.4.4 表结构的修改

表在创建之后,若想改变表中原先定义的表结构,则可以对表结构进行修改,包括增加列、删除列、改变列名、表名等表和列的属性等。下面通过实例进行介绍。

【例 10.3】 将数据库 StudentManage 的 TeacherInfo 表中 teacher_name 的长度值 30 修改为 20。

具体实现步骤如下:

(1) 单击树状结点区的"StudentManage"数据库结点,在任务区双击表图标,在任务区所有的数据表中找到 TeacherInfo,在 TeacherInfo 上单击鼠标右键,在右键菜单中选择"设计表"选项,会打开 TeacherInfo 表结构设计窗口。

(2) 单击 teacher_name 对应的长度一栏,删掉 30,输入 20。

(3) 选择工具栏上的 ![保存按钮] 保存按钮,保存修改后的 TeacherInfo 表结构,此时不会弹出如图 10-15 所示的"选择名称"对话框。至此表结构修改完成。

10.4.5 表的删除

删除表就是将指定的表从数据库中永久性地去除。表在删除后,不能再恢复。删除表的操作步骤比较简单。

【例 10.4】 删除数据库 StudentManage 中的 TeacherInfo 表。

具体操作步骤如下:

在 TeacherInfo 上单击鼠标右键,在右键菜单中选择"删除"选项,出现如图 10-17 所示的"除去对象"对话框,单击"全部除去"按钮,则 TeacherInfo 被彻底地从数据库中删除了。

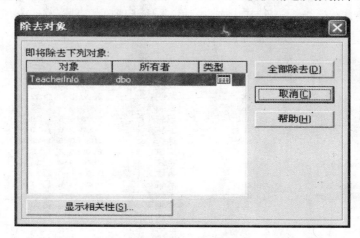

图 10-17 "除去对象"对话框

由于表被删除后无法再恢复,因而为了防止用户误删除操作,SQL Server 2000 会弹出提醒用户确认是否要删除表的提示框,供用户确认。

10.4.6 数据操作

对数据库的操作,实际上大部分是对数据表进行操作。数据表操作就是指对表中具体数据的添加、删除、修改和查询,也就是对表的主要操作。在本小节中仅介绍数据的增加、删除和修改,在后续第 11 章中会专门讨论数据的查询操作。

1. 添加数据

表在创建后,只是一个空表,里面不包含任何数据,此时需要向数据表中添加数据。下面通过实例介绍如何在数据表中添加数据。

【例 10.5】 在 TeacherInfo 数据表中添加如图 10-18 所示的 5 行数据。

teacher_no	teacher_name	sex	age	title
T04003	赵明	男	32	副教授
T05001	张山	男	28	讲师
T05002	李思宇	女	24	助教
T06001	孙萧萧	男	25	讲师
T07001	王甜甜	女	23	助教

图 10-18 要求在 TeacherInfo 表中添加的 5 行数据

具体操作步骤如下：

（1）在 TeacherInfo 表上单击鼠标右键，在右键菜单中选择"打开表"，在其子菜单中选择"返回所有行"，打开 TeacherInfo 表所有数据的列表窗口，如图 10-19 所示。

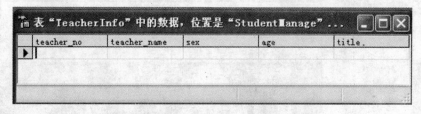

图 10-19　添加数据前的 TeacherInfo 表

（2）在 teacher_no，teacher_name，sex，age 和 title 对应的单元格中分别输入 T04003、赵明、男、32、副教授，如图 10-20 所示。

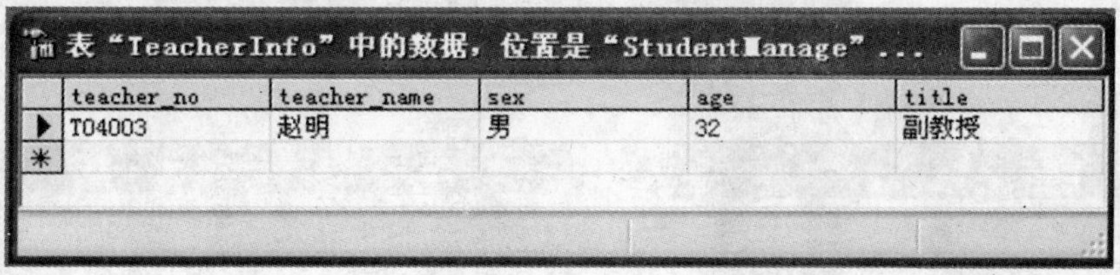

图 10-20　添加一条记录后的 TeacherInfo 表

此时，数据表 TeacherInfo 中被添加了一行数据，通常将这一行数据统称为记录，即 TeacherInfo 表中被添加了一条记录。并且，SQL Server 2000 系统会自动地增加一个空白行。

（3）按照第（2）步的方法添加后续的 4 条记录。对于被添加到表中的所有数据，SQL Server 2000 系统会自动保存。

2．修改数据

修改数据仍然需要打开数据表的所有记录列表，即通过"返回所有行"打开数据列表窗口，将需要修改的值进行替换即可。

3．删除数据

SQL Server 2000 删除数据是整行删除，即一次删除一条记录。

【例 10.6】　删除 TeacherInfo 数据表中"李思宇"所在行的记录行。

具体操作步骤如下：

（1）在 TeacherInfo 表上单击鼠标右键，在右键菜单中选择"打开表"，在其子菜单中选择"返回所有行"，打开 TeacherInfo 表所有数据的列表窗口。

（2）在"李思宇"所在行的前端 ▶ 按钮上单击鼠标右键，如图 10-21 所示，选择右键菜单中的"删除"选项。

（3）在弹出的"SQL Server 企业管理器"对话框中，如图 10-22 所示，选择"是"按钮，则"李思宇"所在行的记录会被永久性的删除，如图 10-23 所示。

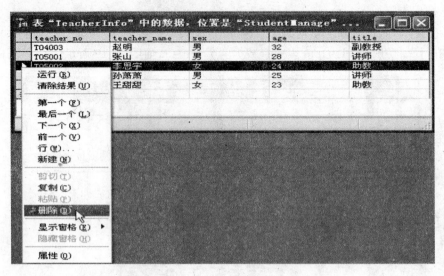

图 10-21　单击鼠标右键的右键菜单

图 10-22　"SQL Server 企业管理器"对话框

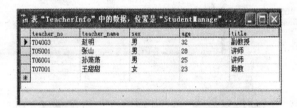

图 10-23　删除 1 条记录后的 TeacherInfo 表

10.4.7　索　引

　　数据库中的索引类似于图书中的目录,是表中数据和相应存储位置对照的列表。创建索引可以极大地提高系统性能,加快数据的查询速度,加快表和表之间的链接,特别是在实现数据完整性方面具有特别的意义,还可以减少分组查询的时间。

　　索引是建立在列的基础上是,根据索引顺序和数据表物理顺序是否相同,可以将索引分为两种类型:一种是数据表的物理顺序与索引顺序相同的聚簇索引;另一种是数据表的物理顺序与索引顺序不相同的非聚簇索引。

　　最常见的索引是主键。主键具有唯一性。创建主键时,系统自动创建一个具有唯一性的聚簇索引。本小节主要介绍创建主键的方法。

　　【例 10.7】　将数据表 TeacherInfo 中的 teacher_no 创建为主键。

　　具体实现步骤如下:

　　(1) 打开 TeacherInfo 表设计器窗口,在 teacher_no 前的 ▶ 按钮上单击鼠标右键,在右键菜单中选择"设置主键"选项,如图 10-24 所示。

　　(2) 设置完成后,在 teacher_no 列名的前面会出现一个"钥匙" 🔑 图标。此时,表示主键设置成功。

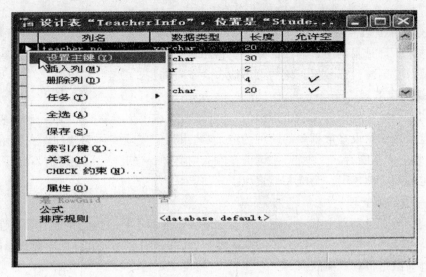

图 10-24　设置主键

10.5　数据的完整性

10.5.1　数据完整性的概念

　　"数据完整性"就是指数据库中的数据在逻辑上的一致性和准确性,它是保证数据库中的真实数据信息而不是垃圾信息的重要手段。SQL Server 2000 提供了一套确保数据完整性的方法。数据完整性有 3 种类型:域完整性,实体完整性和参考完整性。

1) 域完整性

　　域完整性又可称为列完整性,是指一个数据集对某一列是否有效和确定是否允许为空值。域完整性通常可以用有效性检查来实现,还可以通过限制数据类型、格式或取值范围来实现。

2) 实体完整性

　　实体完整性也可称为行完整性,要求表中的所有行只有一个唯一的标识符,即主键值。主键值是否允许被修改或表中的记录是否允许被删除,这要依赖于主键表和其他表之间要求的完整性。

3) 参考完整性

　　参考完整性保证在主键和外键之间的关系总是得到维护。若在被参考表中的一行被一个外键参考,则这一行既不能被删除,也不能修改主键值。

10.5.2　约束管理

　　"约束"是通过限制列中数据、行中数据和表之间数据的取值,以保证数据完整性的一种机制。约束管理分为:默认约束管理,检查约束管理,主键约束管理,唯一键约束管理和外键约束管理。

1) 默认约束管理

　　默认约束管理只用于数据的添加。当在添加一条记录时,如果某一个字段内没有指定数据,则默认约束就在该字段内自动输入一个值。

2) 检查约束管理

检查约束管理是限制用户输入的数据不得超出字段规定的取值范围。检查约束管理在执行添加和修改数据时验证数据。该约束不能包含子查询。

3) 主键约束管理

主键约束就是在表中定义一个主键值,并且该值在表中是唯一的,是唯一确定表中每行数据的标识符。主键约束是最重要的一种约束,该约束强制实现实体完整性。在使用主键约束时应注意:每个表只能有一个主键;主键值在输入时必须保证其唯一;主键值不允许为空;主键约束在指定的列上创建了一个唯一性索引。

4) 唯一键约束管理

唯一键约束是指定表中某一个列不能有相同数据的两个行。该约束通过唯一性索引来强制实现实体完整性。当表中已经有了一个主键值时,若还需要保证其他的字段值是唯一的,则使用唯一键约束是很有意义的。

5) 外键约束管理

外键约束是强制实现参考完整性。外键约束定义一个列,该列参与同一个表或者另外一个表中的外键约束或唯一键约束。

10.5.3　规则管理

"规则"是一种数据库对象,可以被绑定到一个或者多个列上,还可以被绑定到用户自己定义的数据类型上。当某个"规则"定义之后,可以反复使用。当添加记录时,如果存在绑定有规则的列或数据类型,那么所添加的数据必须符合规则要求。

10.5.4　默认管理

"默认"也是一种数据库对象,可以被绑定到一个或者多个列上,还可以被绑定到用户自己定义的数据类型上。当某个"默认"定义之后,可以反复使用。当添加一条记录时,若某列绑定有默认值,则在该列没有输入数据的情况下,系统会将指定的默认值添加到字段中。定义的默认值必须与字段的数据类型一致,并且不能与表列的相关规则相违背。

本 章 小 结

数据库是一个包含了数据和其他数据对象的容器,数据库包含了数据文件和日志文件。数据文件用来存放数据,日志文件用来记录对数据库的各种操作。表是数据库的重要组件,对表的管理也是对数据库管理的重要工作。数据操作是表管理技术的重要内容,数据操作包括添加、删除和修改等。

本章首先介绍了 SQL Server 数据库的特点和版本,以及 SQL Server 最主要的工具"企业管理器"。"企业管理器"是一个功能强大、操作齐全的图形化操作工具。然后,用具体实例较详细地介绍了使用 SQL Server 数据库"企业管理器"创建、删除、修改数据库和表的一些基本操作技术与方法。另外本章还简单介绍了索引、规则管理和默认管理的有关知识和相关概念。

本章知识结构图如图 10-25 所示。

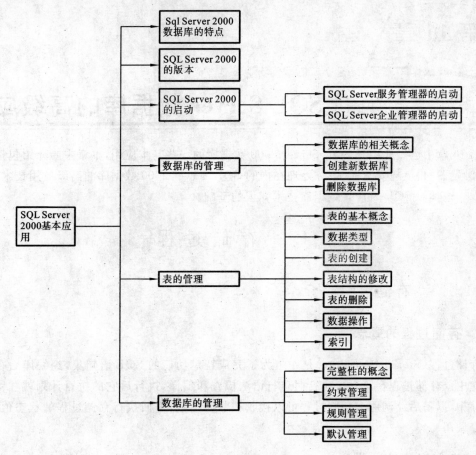

图 10-25　第 10 章知识结构图

思 考 题

1. 什么是数据库？数据库包含了哪两类文件？它们各自的作用是什么？

2. SQL Server 2000 中包含哪几种数字类型？这些数字类型的特点是什么？

3. 数据完整性指的是什么？有哪几类数据完整性？

4. 什么是约束管理？约束管理的分类有哪些？

第 11 章

SQL Server 数据库的高级应用

第 10 章中已经介绍了 SQL Server 2000 数据库的一些基本应用，本章主要介绍包括存储过程、触发器、角色与安全性、事务处理在内的 SQL Server 2000 数据库的高级应用技术，它们是进一步地学习 SQL Server 数据库技术知识的基础。

11.1 存 储 过 程

11.1.1 存储过程简介

1. 存储过程的概念

存储过程（Stored Procedure）是一组为了完成特定功能的 SQL 语句集，经编译后存储在数据库中。存储过程在第一次执行时进行语法检查和编译，执行后它的执行计划就驻留在高速缓存中，以备后续调用。存储过程可以接收和输出参数，返回执行存储过程的状态值，还可以嵌套调用。

2. 存储过程的分类

在 SQL Server 2000 中，支持 5 种类型的存储过程：系统存储过程，本地存储过程，临时存储过程，远程存储过程和扩展存储过程。

（1）系统过程：它由 SQL Server 内建，主要存储在 master 数据库中并以 sp_为前缀。系统存储过程主要是从系统表中获取信息，从而为系统管理员管理 SQL Server 提供支持。通过系统存储过程，SQL Server 中的许多管理性或信息性的活动（如了解数据库对象，数据库信息）都可以被顺利有效地完成。尽管这些系统存储过程被放在 master 数据库中，但是仍可以在其他数据库中对其进行调用。在调用时，不必在存储过程名前加上数据库名，而且当创建一个新数据库时，一些系统存储过程会在新数据库中被自动创建。

（2）本地存储过程：它是在用户自己的数据库中的存储过程。这种存储过程是用户自定义的存储过程，不以 sp_为前缀。

（3）临时存储过程：它是一种特殊的本地存储过程。若在本地存储过程前面加上"♯"，则这种存储过程称为局部临时存储过程，并只能在一个用户会话中使用。若在本地存储过程前加上"♯♯"，则这种存储过程称为全局临时存储过程，并可以在所有会话中使用。

（4）远程存储过程：它是指远程服务器上的存储过程。

（5）扩展存储过程（Extended Stored Procedure）：它是 SQL Server 可以动态装载并执行的动态链接库（DLL），以 xp_为前缀。它可直接在 SQL Server 的地址空间运行，并使用 SQL Server 开放式数据服务（ODS）API 编程。

3. 存储过程的优点

存储过程机制通过对 Transact-SQL 语句进行组合,可大大地简化数据库的开发过程。其主要优点如下:

(1) 预编译执行程序。SQL Server 只需要对每一个存储过程进行一次编译,然后就可以重复使用执行计划。这个特点通过重复调用存储程序极大地提高了程序的性能。

(2) 减少网络流量。一个需要数百行 Transact-SQL 代码的操作,可只由一条执行过程代码的单独语句实现,而不需要在网络中发送数百行代码。

(3) 有效重复使用代码和编程。存储过程可以为多个用户所使用,也可以用于多个客户程序。这样可以减少程序开发周期的时间。

(4) 增强安全性控制。即使对于没有直接执行存储过程中语句权限的用户,也可授予他们执行该存储过程的权限。

11.1.2　存储过程的创建和执行

创建存储过程有三种方法:使用 Transact-SQL 命令(简称 T-SQL 命令,或 SQL 命令,或 SQL 语句)创建,使用企业管理器创建和使用向导创建。

1. 使用 T-SQL 创建

在 SQL Server 2000 中,可使用 CREATE PROCEDURE 命令语句创建存储过程。其语法格式如下:

```
CREATE PROCEDURE procedure_name [ ; number ]
[ { @parameter data_type }
[ VARYING ] [ =default ] [ OUTPUT ]
] [ ,...n ]
[ WITH
{ RECOMPILE | ENCRYPTION | RECOMPILE,ENCRYPTION } ]
[ FOR REPLICATION ]
AS sql_statement [ ...n ]
```

该语句中的参数说明如下:

• procedure_name:它是新存储过程的名称。过程名必须符合标识符规则,且对于数据库及其所有者必须唯一。要创建局部临时过程,可以在 procedure_name 前面加一个编号符(♯procedure_name),要创建全局临时过程,可以在 procedure_name 前面加两个编号符(♯♯procedure_name)。完整的名称(包括♯或♯♯)不能超过 128 个字符。其中,指定过程所有者的名称是可选的。

• ;number:它是可选的整数,用来对同名的过程分组,以便用一条 DROP PROCEDURE 语句即可将同组的过程一起除去。例如,名为 orders 的应用程序使用的过程可以命名为 orderproc;1,orderproc;2 等。

• @parameter:它是过程中的参数。在 CREATE PROCEDURE 语句中可以声明一个或多个参数。用户必须在执行过程时提供每个所声明参数的值(除非定义了该参数的默认值)。存储过程最多可以有 2100 个参数。

• data_type：它是参数的数据类型。所有数据类型（包括 text,ntext 和 image）均可以用作存储过程的参数。不过,cursor 数据类型只能用于 OUTPUT 参数。如果指定的数据类型为 cursor,也必须同时指定 VARYING 和 OUTPUT 关键字。

• VARYING：它是指定作为输出参数支持的结果集（由存储过程动态构造,内容可以变化）。仅适用于游标参数。

• Default：它是参数的默认值。如果定义了默认值,不必指定该参数的值即可执行过程。默认值必须是常量或 NULL。如果存储过程对该参数使用 LIKE 关键字,那么默认值中可以包含通配符（%,_,[]和[ˆ]）。

• OUTPUT：它表明参数是返回参数。该选项的值可以返回给 EXEC[UTE]。使用 OUTPUT 参数可将信息返回给调用过程。

• n：它表示最多可以指定 2100 个参数的占位符。

• {RECOMPILE|ENCRYPTION|RECOMPILE,ENCRYPTION}：它们是可选项。其中,RECOMPILE 表明 SQL Server 不会缓存该过程的计划,该过程将在运行时重新编译。在使用非典型值或临时值,而不希望覆盖缓存在内存中的执行计划时,应使用 RECOMPILE 选项。ENCRYPTION 表示 SQL Server 加密表 syscomments 中包含 CREATE PROCEDURE 语句文本的条目。使用 ENCRYPTION 可防止将过程作为 SQL Server 复制的一部分发布。

• FOR REPLICATION：它用来指定不能在订阅服务器上执行复制创建的存储过程。使用 FOR REPLICATION 选项创建的存储过程可用作存储过程筛选,并且只能在复制过程中执行。本选项不能和 WITH RECOMPILE 选项一起使用。

• AS：它指定过程要执行的操作。

• sql_statement：它是过程中要包含的任意数目和类型的 T-SQL 语句。但有一些限制。

• n：它表示此过程可以包含多条 T-SQL 语句的占位符。

下面通过实例说明如何创建包含有关参数的存储过程。

【例 11.1】　在 StudentManage 数据库中,创建一个无参数存储过程 pro_students,查询所有学生信息。

创建和执行该存储过程的脚本程序如下：

```
USE StudentManage
GO
CREATE PROC pro_students
AS
SELECT  *  FROM StudentInfo
--执行存储过程
EXEC proc_students
```

【例 11.2】　创建一个带有输入参数的存储过程 proc_grade,查询指定学生的成绩信息。

创建和执行该存储过程的脚本程序如下：

```
Use StudentManage
GO
CREATE PROC pro_grade
@student_no varchar(20)="1001"
AS
```

SELECT student_no,grade from grade_info where student_no=@student_no

--执行存储过程

exec pro_grade @student_no=default

--或者

Exec pro_grade @ student_no="1001"

【例 11.3】　创建一个带有输出参数的存储过程 pro_studentname,查询指定班级、指定宿舍的学生姓名。

创建和执行该存储过程的脚本程序如下:

CREATE PROC pro_studentname

@class_no char(10),@dorm char(20)

@student_name varchar(20) OUTPUT

as

select student_name from StudentInfo

where class_no=@class_no and Dorm=@Dorm

--执行存储过程

declare @student_name varchar(20)

exec pro_studentname "100107002","3-511",@student_name output

2. 使用企业管理器创建

使用 SQL Server 企业管理器创建存储过程的步骤如下:

(1) 打开 SQL Server 企业管理器,在窗口中选择指定的服务器和数据库,如图 11-1 所示。

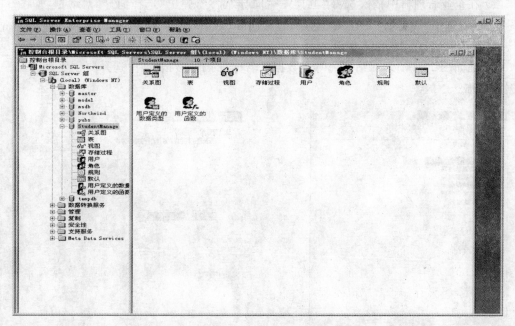

图 11-1　选择要创建存储过程的数据库

(2) 打开要创建存储过程的数据库,在"存储过程"项上单击鼠标右键,从弹出的快捷菜单中选择"新建存储过程"命令,打开"存储过程属性"对话框,如图 11-2 所示。

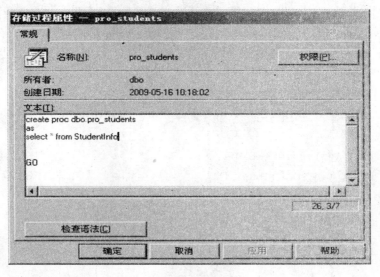

图 11-2　"存储过程属性"对话框

（3）在"文本"列表框的两个方括号中依次输入所有者名称和存储过程名称，然后在"as"后面输入存储过程要执行的 SQL 语句。

（4）单击"检查语法"按钮，检查语法是否正确。单击"确定"保存。

3. 使用向导创建

使用向导创建存储过程的具体步骤如下：

（1）在企业管理器中依次选择"工具"→"向导"命令，弹出"选择向导"对话框，如图 11-3 所示。然后，选中"数据库"下的"创建存储过程向导"选项，单击"确定"按钮，打开"创建存储过程向导"对话框（1），如图 11-4 所示。

（2）在如图 11-4 所示对话框（1）的"数据库名称"的下拉列表框中选择要创建存储过程的数据库名称。

　　　　图 11-3　"选择向导"对话框

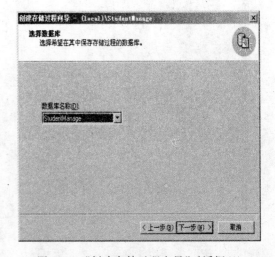
　　图 11-4　"创建存储过程向导"对话框（1）

（3）单击"下一步"按钮，打开"创建存储过程向导"对话框（2），如图 11-5 所示。然后，选择要创建存储过程的表,以及可以对表进行的数据库操作,如插入、删除和更新。

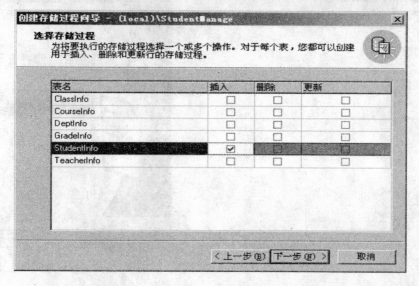

图 11-5　"创建存储过程向导"对话框(2)

(4) 单击"下一步"按钮,打开如图 11-6 所示的"创建存储过程向导"对话框(3),以确认设置的存储过程信息。在该对话框中选中其中一个存储过程,单击"编辑"按钮,打开如图 11-7 所示的"编辑存储过程属性"对话框,在"名称"文本框中修改该存储过程的名称,在下面的列表框中列出所选表的所有字段。

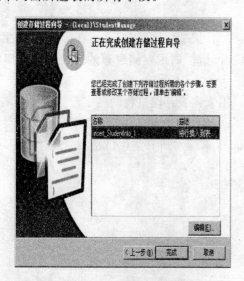

图 11-6　"创建存储过程向导"对话框(3)

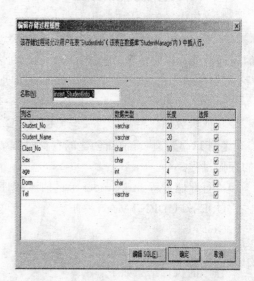

图 11-7　"编辑存储过程属性"对话框

(5) 单击"编辑 SQL"按钮,弹出如图 11-8 所示的"编辑存储过程 SQL"对话框,用户可以在已有 SQL 语句的基础上进行编辑修改,单击"分析"按钮执行语法正确性的检验。

(6) 编辑完各个存储过程的属性后,单击"完成"按钮即可完成存储过程的创建。创建成功后,系统会给出如图 11-9 所示的创建成功提示信息框。

存储过程创建成功后,将保存在数据库中。在 SQL Server 中,可以使用 EXECUTE 命令语句执行存储过程,其语法格式如下:

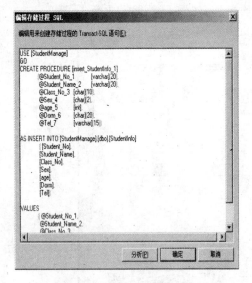

图 11-8 "编辑存储过程 SQL"对话框   图 11-9 存储过程创建成功提示信息框

[EXEC(UTE)]

{[@retun_statur=]

{procedure_name[;number] | @procedure_name_var}

[[@parameter=]{value | @variable [OUTPUT] | [DEFAULT] [,i-n]

[WITH RECOMPILE]

该语句中的参数说明如下:

• @retun_status=:该参数为返回状态码,是一个可选的整型变量,用于保存存储过程的返回状态。0 表示成功执行;-1～-99 表示执行出错。调用存储过程的批处理或应用程序,可对该状态值进行判断,以转到不同的处理流程。

• @procedure_name_var:该参数是一变量名,用来代表存储过程的名字。

其他参数和保留字的含义与 CREATE PROCEDURE 中的含义相同。

【例 11.4】 执行前面创建的存储过程 pro_students,显示所有学生信息,它是一个无参数的存储过程。

执行存储过程 pro_students 的脚本程序如下:

USE STUDENTMANAGE

GO

EXEC pro_students

程序的执行结果如下:

学号	姓名	班级号	性别	年龄	宿舍号	电话
1001	李湘云	100107001	女	19	1-201	88142315
1002	张帆	100107001	女	20	1-201	88142315
1003	王平	100107001	男	19	3-504	88146589
1004	李辉	100107001	男	21	3-412	88145876
1005	郑春阳	100107002	男	18	3-511	88145875
1008	李桂林	100108001	男	19	3-216	88145213

1009　　　黄小丫　　　100108001　　　女　　　　20　　　2-212　　　88154567

【例 11.5】　执行前面创建的存储过程 pro_grade,查询指定学号的学生成绩信息,该存储过程有一个参数"student_no",执行时需要传入参数值。

执行存储过程 pro_grade 的脚本程序如下:

USE STUDENTMANAGE

GO

EXEC pro_grade@student_no="1002"

程序的执行结果如下:

学号　　　成绩

1002　　　89.0

11.1.3　存储过程的管理——查看、修改、重命名和删除

1. 存储过程的查看

存储过程创建好以后,它的名字就存储在系统表 sysobjects 中,它的源代码存放在系统表 syscomments 中。可以使用企业管理器或系统存储过程查看用户创建的存储过程。

1) 通过企业管理器查看存储过程

在企业管理器中,打开指定的服务器和数据库项,单击选中数据库中的"存储过程"项,此时在右边的窗口中显示出该数据库中的所有存储过程,如图 11-10 所示。

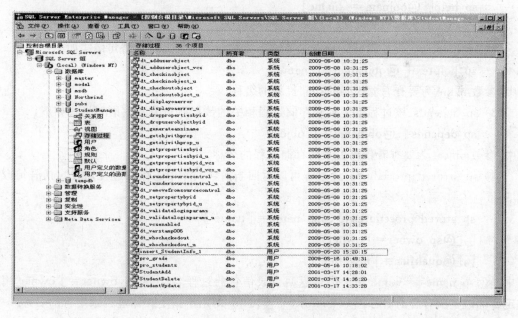

图 11-10　存储过程显示窗口

在要查看的存储过程上单击鼠标右键,从弹出的快捷菜单中选择"属性"选项,弹出"存储过程属性"对话框。或者双击要查看的存储过程,也可以弹出"存储过程属性"对话框,在此对话框中能够看到存储过程的源代码。这里查看 pro_students 的源代码,如图 11-11 所示。如果从弹出的快捷菜单中依次选择"所有任务"→"显示相关性"选项,则会弹出"相关性"对话框,显示与所选择的存储过程有依赖关系的其他数据库对象的名称,如图 11-12 所示。

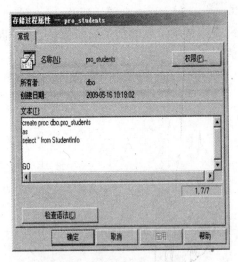

图 11-11　"存储过程属性"对话框

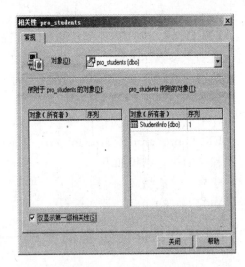

图 11-12　"相关性"对话框

2）通过系统存储过程查看存储过程

除了可以使用企业管理器查看用户创建的存储过程外，也可以使用系统存储过程查看。可以使用的系统存储过程及语句形式如下：

（1）sp_help：该过程可显示有关数据库对象（sysobjects 表中列出的任何对象）、用户定义的数据类型或 SQL Server 所提供的数据类型的信息。其语句格式如下：

　　　　sp_help[[@objname=]name]

其中，参数 name 为要查看的存储过程的名称。

（2）sp_helptext：该过程可显示未加密的存储过程的源代码。其语句格式如下：

　　　　sp_helptext[@objname=] "name"

其中，参数 name 为要查看源代码的存储过程的名称。

（3）sp_depends：该过程可显示和存储过程相关的数据库对象。其语句格式如下：

　　　　sp_depends [@objname=] "object"

其中，参数 object 为要查看依赖关系的存储过程的名称。

（4）sp_strored_procedures：该过程可以返回当前数据库中的存储过程列表。其语句形式如下：

　　　　sp_stored_procedures [[@sp_name=]"name"]

　　　　[,[@sp_owner=]"owner"]

　　　　[,[@qualifier=]"qualifier"]

其中，[@sp_name=]"name"用于指定返回目录信息的过程名；[@sp_owner=]"owner"用于指定存储过程所有者的名称；[@qualifier=]"qualifier"用于指定存储过程限定符的名称。

【例 11.6】　使用系统存储过程查看存储过程 pro_grade 的参数及其数据类型。

其脚本程序如下：

```
USE STUDENTMANAGE
GO
SP_HELP pro_grade
GO
```

程序的执行结果如图 11-13 所示。

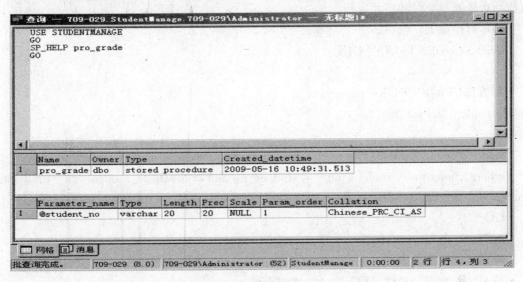

图 11-13　程序执行结果显示窗口

2. 存储过程的修改

存储过程的修改可以通过企业管理器和 SQL 语句实现。

1) 通过企业管理器修改存储过程

在企业管理器中,打开存储过程,在要修改的存储过程上单击鼠标右键,从弹出的快捷菜单中选择"属性"选项,将会出现存储过程的"属性"对话框。在该对话框中直接修改定义该存储过程的 SQL 语句。然后,单击"检查语法"按钮,可以进行语法检查。

2) 通过 Transact-SQL 语句修改存储过程

使用 Transact-SQL 语句中的 ALTER PROCEDURE 命令语句可以修改已经存在的存储过程,其语句格式如下:

ALTER PROC(EDURE) procedure_name [;number]

[{@parameter data_type } [VARYING] [=default] [OUTPUT]] [,...n]

[WITH

{RECOMPILE | ENCRYPTION | RECOMPILE ,ENCRYPTION}]

[FOR REPLICATION]

AS

sql_statement [...n]

其中,各参数和保留字的具体含义与 CREATE PROCEDURE 命令相同,在此不再赘述。

修改存储过程时,需要注意以下几点:

(1) 如果在 CREATE PROCEDURE 语句中使用过参数,那么在 ALTER PROCEDURE 语句中也应该使用这些参数。

(2) 通过 ALTER PROCEDURE 更改的存储过程的权限和启动属性保持不变。

(3) 每次只能修改一个存储过程。

【例 11.7】 修改前面创建的存储过程 pro_grade,使之完成以下功能:根据传入的学号在

studentinfo, courseinfo 和 gradeinfo 表中查询此学生的姓名、性别、考试课程和考试分数。修改成功后传入参数"1001"并运行。

脚本程序如下：

```
USE STUDENTMANAGE
GO
ALTER PROCEDURE pro_grade
@student_no varchar(20)
As
select student_name,sex,course_name,grade from studentinfo,courseinfo,gradeinfo
where studentinfo. student_no=@student_no and studentinfo. student_no=gradeinfo.
student_no and courseinfo. course_no=gradeinfo. course_no
GO
execute pro_grade "1001"
```

程序的执行结果如下：

姓名	性别	考试课程	考试分数
李湘云	女	计算机基础	68.0
李湘云	女	C语言程序设计	92.0

3. 存储过程的重命名

1) 使用企业管理器重命名存储过程

在企业管理器中，右键单击要更名的存储过程，从弹出的快捷菜单中选择"重命名"选项。当存储过程名称变成可输入状态时，即可直接修改存储过程的名称。

2) 使用系统存储过程重命名存储过程

可以使用系统存储过程 sp_rename 修改存储过程的名称，其语法形式如下：

sp_rename 原存储过程名称，新存储过程名称

【例 11.8】 将存储过程 pro_grade 重命名为 pro_学生成绩。

脚本程序如下：

```
USE STUDENTMANAGE
GO
sp_rename pro_grade,pro_学生信息
```

4. 存储过程的删除

对于不再需要的存储过程需要将其删除。另外，如果需要修改存储过程，也可以先将其删除，然后再重新创建。

1) 使用企业管理器删除存储过程

在企业管理器中，右键单击要删除的存储过程，从弹出的快捷菜单中选择"删除"选项，弹出"除去对象"对话框，如图 11-14 所示。在该对话框中，单击"全部除去"按钮，即可完成删除操作。

2) 使用 SQL 语句删除存储过程

可以使用 SQL 语句中的 DROP 命令删除存储过程，其语法形式如下：

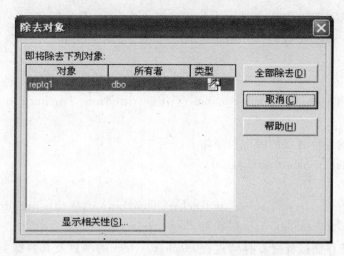

图 11-14　"除去对象"对话框

DROP procedure{procedure}[,…n]

其中,procedure 是要删除的存储过程或存储过程组的名称。

【例 11.9】　删除前面创建的存储过程 insert_StudentInfo_1。

脚本程序如下:

USE STUDENTMANAGE

GO

drop proc insert_StudentInfo_1

11.1.4　使用存储过程的注意事项

在使用存储过程时中应注意如下事项:

(1) 存储过程创建时可以包括除下列 create 语句外的任何数量和类型的 SQL 语句: CREATE DEFAULT,CREATE TRIGGER,CREATE PROCEDURE,CREATE VIEW, CREATE RULE。

(2) 存储过程中参数的最大数目为 2100。

(3) 存储过程中局部变量的最大数目仅受可用内存的限制。

(4) 如果在存储过程内创建本地临时表,则该临时表仅为该存储过程而存在;退出该存储过程后,临时表即会消失。

(5) 存储过程可以嵌套,但最多嵌套层数应不超过 32 层。

11.1.5　存储过程综合应用举例

【例 11.10】　存储过程的创建、执行、查看、重命名和删除综合应用。

(1) 创建和执行存储过程:针对教师基本信息表 TeacherInfo,创建一个名称为 teacher_select 的存储过程,执行该存储过程将从数据表 TeacherInfo 中,根据教师编号检索某一教师的姓名和职称。

创建该存储过程的脚本程序如下:

Use StudentManage

GO

CREATE PROCEDURE teacher_select

@teacher_no varchar(20),@teacher_name varchar(30) output,@title varchar(20) output

　　as

　　select @teacher_name=teacher_name,@title=title from TeacherInfo where teacher_no=@teacher_no

执行已创建的存储过程的脚本程序如下：

declare @teacher_name varchar(30)

declare @title varchar(20)

execute teacher_select "T04003",@teacher_name output,@title output

select "姓名：",@teacher_name,"职称：",@title

（2）使用系统存储过程查看存储过程 teacher_select 的参数及其数据类型。其命令语句如下：

sp_help teacher_select

（3）将存储过程 teacher_select 重命名为 pro_查询教师。其命令语句如下：

sp_rename teacher_select,pro_查询教师

（4）删除存储过程 pro_查询教师。其命令语句如下：

drop procedure pro_查询教师

11.2　触　发　器

11.2.1　触发器简介

1. 触发器的概念

从本质上讲，触发器（Trigger）是一种特殊的存储过程，它不由用户直接调用，而是通过事件触发而被执行。触发器是一个功能强大的工具，它随时监视数据表，当表中数据发生变化时自动执行。触发器可以用于 SQL Server 约束、默认值和规则的完整性检查，还可以完成用普通约束难以实现的复杂功能。

2. 触发器的优点

触发器具有以下优点：

（1）触发器是自动执行的。在对表中的数据做了任何修改之后，立即被激活。

（2）触发器可以通过数据库中的相关表进行级联修改。

（3）触发器可以强制限制。这些限制比用 CHECK 约束所定义的更复杂。与 CHECK 约束不同的是，触发器可以引用其他表中的列。

（4）触发器可以评估数据修改前后的表状态，并根据其差异采取对策。

3. 触发器的类型

SQL Server 2000 中触发器分为 5 种类型：UPDATE,INSERT,DELETE,INSTEAD OF

和 AFTER 触发器。当对所保护的表进行更新、插入和删除操作时,就会触发对应的 UP-DATE,INSERT 和 DELETE 触发器。

1) AFTER 触发器

这种类型的触发器将在数据变动(INSERT,UPDATE 和 DELETE 操作)完成以后,才被触发。可以对变动的数据进行检查,如果发现错误,则将拒绝接受或回滚变化的数据。AF-TER 触发器只能在表上定义。在同一个数据表中,可以创建多个 AFTER 触发器。

2) INSTEAD OF 触发器

这种类型的触发器将在数据变动以前被触发,即用执行触发器定义的操作更改变动数据的操作。INSTEAD OF 触发器可以在表或视图上定义。在表或视图上,每个 INSERT,UP-DATE 和 DELETE 语句最多可以定义一个 INSTEAD OF 触发器。

11.2.2　触发器的创建

1. 使用 SQL 语句创建触发器

使用 SQL 语言中的 CREATE TRIGGER 命令可以创建触发器,其中需要指定定义触发器的基表、触发器执行的事件和触发器的所有指令。

其语句格式如下:

```
CREATE TRIGGER trigger_name
ON { table | view }
[ WITH ENCRYPTION ]
{
{ FOR | AFTER | INSTEAD OF } { [ INSERT ] [ ,] [ UPDATE ] [ ,] [DE-
    LETE]}
[ WITH APPEND ]
[ NOT FOR REPLICATION ]
AS
[ { IF UPDATE ( column)
[ { AND | OR } UPDATE ( column) ][ …n ]
| IF ( COLUMNS_UPDATED () { bitwise_operator } updated_bitmask)
{ comparison_operator } column_bitmask [ …n ] } ]
sql_statement [ …n ]
}
```

该语句中的参数说明:

• trigger_name:它是触发器的名称。触发器名称必须符合标识符规则,并且在数据库中必须唯一。可以选择是否指定触发器所有者名称。

• Table | view:它是指在其上执行触发器的表或视图,有时称为触发器表或触发器视图。可以选择是否指定表或视图的所有者名称。

• WITH ENCRYPTION:它加密 syscomments 表中包含 CREATE TRIGGER 语句文本的条目。使用 WITH ENCRYPTION 可防止将触发器作为 SQL Server 复制的一部分发布。

- AFTER：它指定创建 AFTER 类型触发器。如果仅用 FOR 关键字，则 AFTER 是默认设置。不能在视图上定义 AFTER 触发器。
- INSTEAD OF：它指定创建 INSTEAD OF 触发器。在表或视图上，每个 INSERT，UPDATE 或 DELETE 语句最多可以定义一个 INSTEAD OF 触发器。然而，可以在每个具有 INSTEAD OF 触发器的视图上定义视图。
- ｛［INSERT］［，］［UPDATE］［，］［DELETE］｝：它指定在表或视图上执行哪些数据修改语句时将激活触发器的关键字。必须至少指定一个选项。在触发器定义中允许使用以任意顺序组合的这些关键字。
- AS：它是触发器要执行的操作。
- sql_statement：它是触发器的条件和操作。触发器可以包含任意数量和种类的 T-SQL 语句。触发器旨在根据数据修改语句检查或更改数据；它不应将数据返回给用户。触发器中的 SQL 语句常常包含控制流语句。
- IF UPDATE（column）：它可测试在指定的列上进行的 INSERT 或 UPDATE 操作，不能用于 DELETE 操作。因为在 ON 子句中指定了表名，所以在 IF UPDATE 子句中的列名前不要包含表名。

【例 11.11】　创建一个 AFTER INSERT 触发器，当在 StudentManage 数据库的 StudentInfo 表中插入一条学生记录时，如果该记录的 Class_no 信息在 ClassInfo 表中不存在，则撤销该插入操作。

脚本程序如下：

```
USE StudentManage
GO
CREATE TRIGGER StudentInsert on dbo. StudentInfo
FOR INSERT
AS
BEGIN
IF(SELECT ins. class_no from inserted ins) NOT IN
(SELECT class_no FROM ClassInfo)
ROLLBACK                    '对当前事务回滚，即恢复到插入前的状态
END
--测试 insert 触发器
insert into StudentInfo  values ("1011","王海彬","100208003","男", 21,"2-109",
                    "88111657")
```

2. 在企业管理器中创建触发器

在企业管理器中，打开指定的服务器和数据库，右击要在其上创建触发器的那个表，从弹出的快捷菜单中依次选择"所有任务"→"管理触发器"选项，会出现"触发器属性"对话框，如图 11-15 所示。

在对话框中填入触发器名称、相应的 SQL 语句，然后进行语法检查并保存。

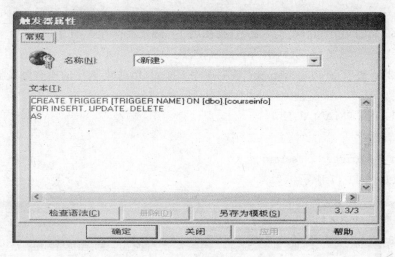

图 11-15　"触发器属性"对话框

11.2.3　触发器的管理

触发器的管理主要包括查看、修改和删除触发器等工作。

1. 查看触发器

1) 使用企业管理器查看触发器

在企业管理器中，打开指定的服务器，选择 LOCAL 服务器下的 StudentManage **数据库**，右键单击某一个数据库表 StudentInfo，从弹出的快捷菜单中依次选择"所有任务"→"**管理触**发器"选项，出现"触发器属性"对话框。在"名称"下拉列表框中选择所要查看的触发器**名称**StudentInsert，就可以查看该触发器的有关信息。如图 11-16 所示。

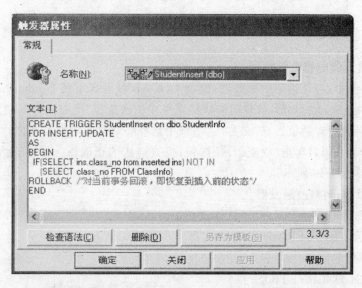

图 11-16　查看 StudentInsert 触发器信息的"触发器属性"对话框

2) 使用系统存储过程查看触发器

使用系统存储过程 sp_helptrigger 返回指定表中定义的当前数据库的触发器类型。其语法格式如下：

　　　　EXEC sp_helptrigger　　　"表名|视图名"[,"触发器操作类型"]

如果不指定触发器类型,将列出所有的触发器。

【例 11.12】　查看 StudentManage 数据库中 ClassInfo 表上创建的所有触发器。

脚本程序如下：

USE STUDENTMANAGE

GO

EXEC sp_helptrigger ClassInfo

执行结果如图 11-17 所示。

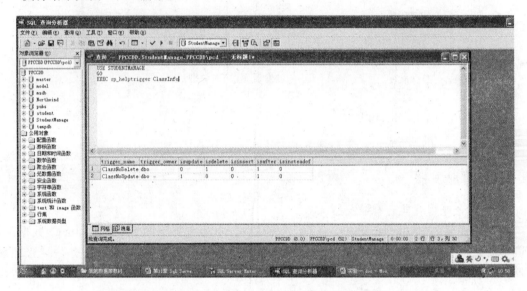

图 11-17　查看 ClassInfo 表上创建的所有触发器

2. 修改触发器

1) 在企业管理器中修改触发器

　　在企业管理器中,打开指定的服务器,选择 LOCAL 服务器下的 StudentManage 数据库,右键单击数据库表 StudentInfo,从弹出的快捷菜单中依次选择"所有任务"→"管理触发器"选项,出现"触发器属性"对话框。在"名称"选项框中选择要修改的触发器名称,然后在文本框中修改触发器的 SQL 语句,单击"检查语法"按钮,检查语法的正确性。然后,单击"确定"按钮,保存触发器。如图 11-18 所示。

2) 使用 SQL 语句修改触发器

　　通过 SQL 命令修改触发器,其语法格式如下：

　　ALTER TRIGGER trigger_name

　　ON table | view

　　[WITH ENCRYPTION]

　　{ { FOR | AFTER | INSTEAD OF { [DELETE] [,] [INSERT] [,] [UP-

　　　　DATE] }

　　[NOT FOR REPLICATION]

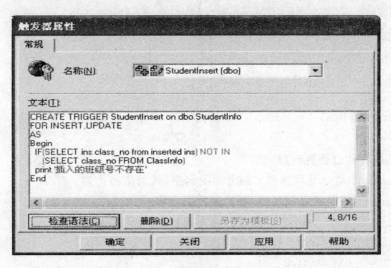

图 11-18　"触发器属性"对话框

```
AS
sql_statement [ …n ] }
}
|
{ FOR | AFTER | INSTEAD OF { [ INSERT ] [ ,] [ UPDATE ] }
[ NOT FOR REPLICATION ]
AS
{ IF UPDATE column
[ { AND | OR } UPDATE column ]
[ …n ]
| IF COLUMNS_UPDATED { bitwise_operator }updated_bitmask
{ comparison_operator } column_bitmask [ …n ]}
sql_statement [ …n ]
}
}
```

其中,各参数或保留字的含义与创建触发器中的参数说明相同,在此不再赘述。

【**例 11.13**】　修改前面创建的触发器 StudentInsert,当往 StudentInfo 表中插入数据时,若插入的 class_no 字段在 ClassInfo 表中不存在,则输出提示信息"插入的班级号不存在"。

修改和执行触发器的脚本程序如下:

```
USE STUDENTMANAGE
GO
ALTER TRIGGER StudentInsert
on StudentInfo
FOR INSERT,UPDATE
AS
Begin
```

```
        IF(SELECT ins. class_no from inserted ins) NOT IN
            (SELECT class_no FROM ClassInfo)
        print"插入的班级号不存在"
End
--测试触发器
insert into StudentInfo values ("1011","王 海 彬","100208003","男",21,"2-109",
                            "88111657")
```

3) 使用系统存储过程更改触发器

使用 sp_rename 命令可重新命名触发器的名字,其语法格式为:

sp_rename 旧的触发器名称,新的触发器名称

【**例 11.14**】 将 ClassInfo 表上创建的触发器 ClassNoDelete 修改为 trigger_ClassNoDel。脚本程序如下:

```
USE STUDENTMANAGE
GO
sp_rename ClassNoDelete,trigger_ClassNoDel
```

3. 删除触发器

当某些触发器不再需要时,应该从表中删除这些旧的触发器。删除触发器有三种方式:使用企业管理器,使用 SQL 语句,直接删除触发器所在的表。

1) 使用企业管理器删除触发器

在企业管理器中,在要删除的触发器所在的表上单击鼠标右键,从弹出的快捷菜单中依次选择"所有任务"→"管理触发器"选项,出现"触发器属性"对话框。在"名称"选项框中选择要删除的触发器,然后单击"删除"按钮,即可删除该触发器。

2) 使用 SQL 语句删除触发器

可以使用 DROP TRIGGER 命令语句删除指定的触发器,其语法格式如下:

DROP TRIGGER trigger_name

其中,trigger_name 为要删除的触发器名称。

3) 直接删除触发器所在的表

删除触发器所在的表时,SQL Server 2000 将自动删除与该表相关的触发器。

11.2.4　使用触发器的注意事项

触发器是一种特殊的存储过程,也都是由 SQL 语句组成。因此,在使用触发器时,除了要遵循 SQL 语句的规则外,还要注意以下几点:

(1) 触发器中不能使用任何数据库对象创建指令,如 CREATE DATABASE,CREATE INDEX,CREATE TABLE 等。

(2) 触发器中不能使用任何数据库对象修改指令,如 ALTER DATABASE,ALTER INDEX,ALTER TABLE 等。

(3) 触发器不能创建在视图与暂存表格上。

(4) 触发器不允许创建在系统表格上,虽然创建时不会报错,但创建后不起任何作用。

11.2.5　触发器综合应用举例

【例 11.15】 触发器的创建和查看。

（1）使用 CREATE TRIGGER 命令创建一个触发器 tri_teacher，当向表 TeacherInfo 中插入一条记录时，自动显示表 TeacherInfo 中的记录，在查询分析器中输入触发器的代码并执行。

创建该触发器的脚本程序如下：

```
USE STUDENTMANAGE
GO
CREATE TRIGGER tri_teacher
on TeacherInfo
for insert
AS
select * from TeacherInfo
```

触发器建立完毕后，当执行如下操作时将会显示数据表 TeacherInfo 中的全部记录。

```
insert into TeacherInfo values("T04002","章玲","女","28","讲师")
```

（2）使用系统存储过程 sp_helptext 查看触发器 tri_teacher 的定义文本信息，具体实现的文本命令如下：

```
USE STUDENTMANAGE
GO
EXEC SP_HELPTEXT tri_teacher
Go
```

在"查询分析器"的查询窗口中运行上面的命令，在结果窗口中将返回触发器 tri_teacher 的定义信息。

（3）建立触发器 tri_teacher2，该触发器操作将被 UPDATE 操作所激活，该触发器将不允许用户修改 TeacherInfo 表的 teacher_name 列。本例中不使用 INSTEAD OF，而是通过 ROLLBACK TRANSACTION 子句（事务回滚子句，具体用法将在 11.4 节中介绍）恢复原来的数据，以实现字段不被修改。

创建该触发器的脚本程序如下：

```
USE STUDENTMANAGE
GO
CREATE TRIGGER tri_teacher2
on TeacherInfo
for UPDATE
AS
IF UPDATE(teacher_name)
  Begin
    RAISERROR("Unauthorized!",10,1)
    ROLLBACK TRANSACTION
END
```

建好触发器后试着执行以下 UPDATE 操作：

USE STUDENTMANAGE

GO

update TeacherInfo

set teacher_name="张三" WHERE teacher_no="T05001"

运行结果显示"Unauthorized!"，说明操作无法进行，触发器起到了保护作用。

在"查询分析器中"运行如下查询命令：

USE STUDENTMANAGE

GO

select ＊ from TeacherInfo where teacher_name like "张％"

查询结果显示，上述更新操作并不能实现对表中 teacher_name 列的更新。

11.3　角色与安全性

11.3.1　SQL Server 2000 角色的种类

"角色"是为了易于管理而按相似的工作属性对用户进行分组的一种方式。在 SQL Server 中，"组"是通过角色来实现的。SQL Server 2000 中，角色分为服务器角色、数据库角色和应用程序角色 3 种。

11.3.2　服务器角色

服务器角色是指根据 SQL Server 的管理任务以及这些任务相对的重要性等级，把具有 SQL Server 管理职能的用户划分为不同的用户组，每一组所具有的管理 SQL Server 的权限都是 SQL Server 内置的，不能增加或减少服务器角色，也不能修改服务器角色的权限，只能向其中加入用户或者其他角色。要加入服务器角色，必须要有登录账户。

下面是指定用户登录的服务器角色，假设要授予 Hellen 系统管理员的权限，其操作步骤如下：

(1) 打开企业管理器，打开(local)的"安全性"选项，如图 11-19 所示。

(2) 在"登录"选项上单击右键，选择"新建登录"，出现"新建登录"窗口。在该窗口的"常规"选项卡中输入名称"Helen"，选择"SQL Server 身份验证"，并输入登录密码，选择数据库 "StudentManage"。如图 11-20 所示。

(3) 单击"服务器角色"选项卡，选取"System Administrators"，单击"确定"按钮即可，如图 11-21 所示。设定后的"登录"列表如图 11-22 所示。

如果要将 Hellen 从 sysadmin 角色中删除，则直接在图 11-22 的名称列表中单击右键选择 "删除"按钮，再单击"确定"按钮，这样 SQL Server 就会把 Hellen 从 sysadmin 服务器角色中删除。

11.3.3　数据库角色

为数据库用户授权时，如果有很多用户对很多表有相同的权限，那么设置工作量会很大，而且检查工作量也很大，因此要考虑能否找到一种捷径，设置一个用户组，授予相应的权限，把

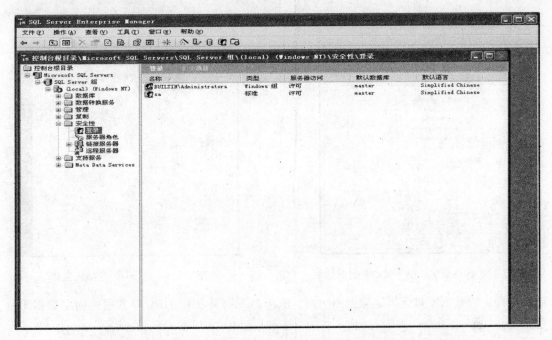

图 11-19　（local）的"安全性"选项表

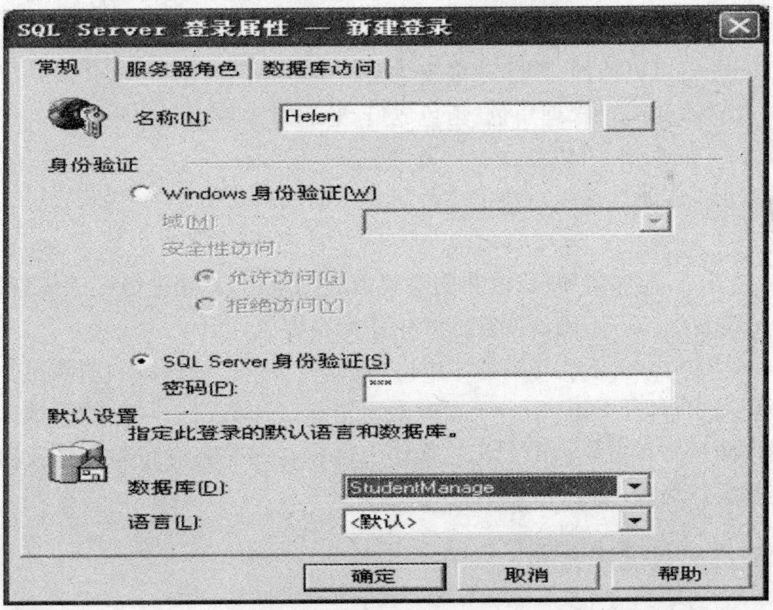

图 11-20　"新建登录"窗口

用户添加到用户组中,这样每个用户既拥有了相同的数据库权限,而且设置和检查都很简单。数据库角色就是这样一种用户组。它是数据库级的一个对象,只能包含数据库用户名。SQL Server 提供了两种类型的数据库角色,即固定的数据库角色和用户自定义的数据库角色。

1. 固定数据库角色

固定的数据库角色（Fixed Database Roles）是 SQL Server 为每一个数据库内置的角色,

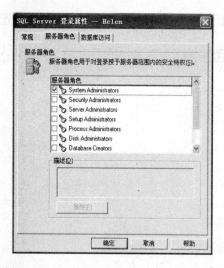

图 11-21 将登录加入服务器角色的对话框

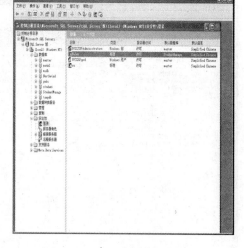

图 11-22 (local)的"登录"窗口

可以给固定的数据库角色指定数据库用户。SQL Server 中提供的 10 种常用的固定数据库角色如下：

- public：可维护全部默认权限。
- db_owner：它是数据库的所有者，可以对所拥有的数据库执行任何操作。
- db_accessadmin：可以增加或者删除数据库用户、工作组和角色。
- db_ddladmin：可以增加、删除和修改数据库中的任何对象。
- db_securityadmin：可管理角色、角色成员、管理对象和语句权限。
- db_backupoperator：可以备份和恢复数据库。
- db_datareader：能且仅能对数据库中的任何表执行 SELECT 操作，从而读取所有表的信息。
- db_datawriter：能够增加、修改和删除表中的数据，但不能进行 SELECT 操作。
- db_denydatareader：不能读取数据库中任何表中的数据。
- db_denydatawriter：不能对数据库中的任何表执行增加、修改和删除操作。

在企业管理器中，打开 SQL Server 服务器组中相应的数据库，打开"数据库"。再打开指定数据库，选择"角色"，在右窗格中列出数据库中已存在的角色。在未创建新角色之前，数据库中只有固定数据库角色，如图 11-23 所示。

2. 用户自定义数据库角色

用户自定义数据库角色是用户根据特殊需要，自行为数据库新建的角色。它们只对单一数据库有影响。

可以使用企业管理器新建用户定义数据库角色。假设要为 StudentManage 数据库新建用户自定义数据库角色 Manage，其操作步骤如下：

（1）打开企业管理器，展开 StudentManage 数据库，单击"角色"选项，弹出如图 11-24 所示"角色"窗口。

（2）在右边窗口中的空白处单击鼠标右键，在弹出的快捷菜单中选择"新建数据库角色"，此时屏幕上会出现如图 11-25 所示的对话框。

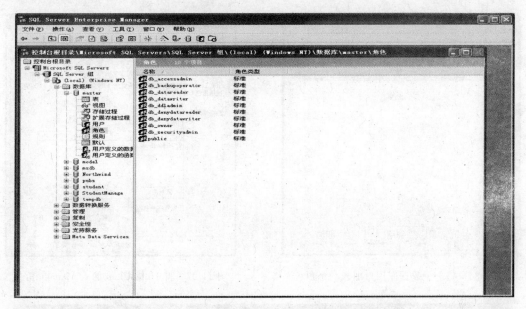

图 11-23　在企业管理器中列出数据库中已存在的角色

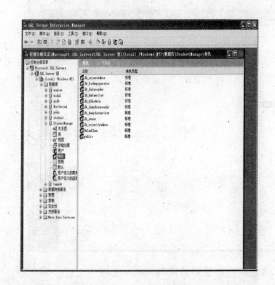

图 11-24　StudentManage 数据库的"角色"窗口

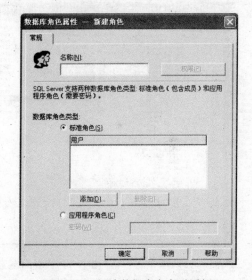

图 11-25　新建数据库角色对话框

（3）在"名称"文本框中输入"Manage"，单击"添加"按钮，此时屏幕上会出现如图 11-26 所示的对话框。

（4）选择 HelenChen 并单击"确定"按钮，则 HelenChen 就加入到 Manage 数据库角色了，此时屏幕上会出现如图 11-27 所示的对话框。

（5）单击"确定"按钮，此时企业管理器中会显示如图 11-28 所示的对话框，表示 Manage 数据库角色已经成功创建了。

如果要删除用户自定义的数据库角色，则需要先删除数据库用户 HelenChen，然后再删除数据库角色 Manage。

图 11-26　将一个数据库用户加入一个角色

图 11-27　将 HelenChen 加入 Manage 角色

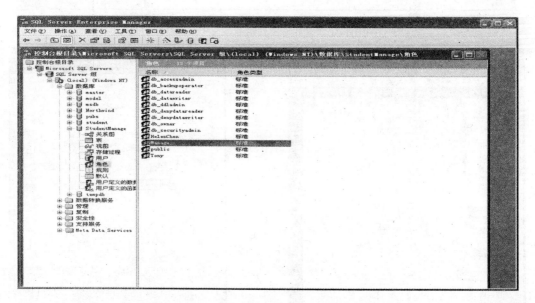

图 11-28　Manage 数据库角色成功创建后的窗口

11.3.4　应用程序角色

当要求对数据库的某些操作不允许用户用任何工具进行操作,而只能用特定的应用程序进行处理时,就可以建立应用程序角色。应用程序角色不包含任何成员;默认情况下,应用程序角色是非活动的,需要用密码激活。在激活应用程序角色以后,当前用户原来的所有权限会自动消失,而获得了该应用程序角色的权限。

可以使用企业管理器创建应用程序角色。假如要为 StudentManage 数据库创建应用程序角色 AppRole1,则其具体步骤如下:

（1）打开企业管理器,展开 StudentManage 数据库,单击"角色"项目,在右边窗格中会出现多个数据库角色。

（2）在右边窗口的空白处单击鼠标右键,在弹出的快捷菜单中选择"新建数据库角色"选项,屏幕上会出现如图 11-29 所示的对话框。

(3) 在"名称"文本框中输入"AppRole1",单击"应用程序角色"单选钮。在"密码"文本框中输入密码,然后单击"确定",此时在企业管理器中会出现如图 11-30 所示的窗口,表明应用程序角色 AppRole1 已经成功创建了。

图 11-29　新建应用程序角色对话框　　　　　图 11-30　StudentManage 数据库的"角色"窗口

11.4　事　务

11.4.1　SQL Server 事务概述

一个事务是一组具有逻辑关系的操作的集合,所有的操作必须全部完成,否则就必须是一件都未发生,不能处于部分完成状态。一个事务是不可分割的。事务必须满足如下特性:原子性(Atomic)、一致性(Consistency)、隔离性(Isolation)和持久性(Durability)。

1) 原子性

事务必须是原子工作单元;对于其数据的修改,要么全都执行,要么全都不执行。

2) 一致性

事务在完成时,必须使所有的数据都保持一致状态。在相关数据库中,所有规则都必须应用于事务的修改,以保持所有数据的完整性。事务结束时,所有的内部数据结构(如 B 树索引或双向链表)都必须是正确的。

3) 隔离性

由并发事务所作的修改,必须与任何其他并发事务所作的修改隔离。事务查看数据时数据所处的状态,要么是另一并发事务修改它之前的状态,要么是另一事务修改它之后的状态,事务不会查看中间状态的数据,这称为可串行性。因为,它能够重新装载起始数据,并且重播一系列事务,以使数据结束时的状态与原始事务执行的状态相同。

4) 持久性

事务完成之后,它对于系统的影响是永久性的。该修改即使出现系统故障也将一直保持。

11.4.2　事务的类型及创建方式

SQL Server 的事务分为三类:显式事务,隐式事务和自动事务。

显式事务是指用户通过 SQL 语句定义的事务,这类事务又称为用户定义事务,包括以下语句：

（1）BEGIN TRANSACTION：它标记一个显式本地事务的起始点。其语法格式如下：

BEGIN TRAN[SACTION] [transaction_name|@tran_name_variable]

参数说明：

· transaction_name：它是事务的名称，必须遵循标识符的命名规则，有效位数为 32 个文字字符。

· @tran_name_variable：它是一个局部变量，包含一个事务的名称，且必须是文字数据类型。

（2）COMMIT TRANSACTION：它用来标记一个成功的显式事务或隐式事务的结束。其语法格式如下：

COMMIT TRAN[SACTION] [transaction_name|@tran_name_variable]

参数说明：

· transaction_name：它说明前面 BEGIN TRANSACTION 语句所指定的事务名称。SQL Server 会忽略它。

· @tran_name_variable：它是一个局部变量，包含一个事务的名称，且必须是文字数据类型。

（3）ROLLBACK TRANSACTION：它可将显式事务或隐式事务回滚到事务的起始点或事务内的某个保存点。其语法格式如下：

ROLLBACK TRAN[SACTION] [transaction_name|@tran_name_variable|save-point_name|@savepoint_variable]

参数说明：

· transaction_name：它是前面 BEGIN TRANSACTION 语句所指定的事务名称。

· @tran_name_variable：它是一个局部变量，包含一个事务的名称。该变量必须是文字数据类型。

· savepoint_name：它是保存点名。

· @savepoint_variable：它是含有保存点名称的变量名，可以用 SAVE TRANSACTION 语句设置。

（4）SAVE TRANSACTION：它用于在事务内设置保存点。其语法格式如下：

SAVE TRAN[SACTION] [savepoint_name|@savepoint_variable]

其参数说明同 ROLLBACK TRANSACTION。

隐式事务是指在当前事务提交或回滚后自动开始的事务，所以，隐式事务不需要使用 BEGIN TRANSACTION 语句标识事务的开始。该事务只需要用 COMMIT 语句和 ROLLBACK 语句回滚事务或结束事务，在回滚后又自动开始一个新的事务。

自动事务是一种能够自动执行，并能自动回滚的事务。在该事务中，当一个语句成功执行后，它被自动提交。当执行中产生错误，则被回滚。自动事务模式是 SQL Server 的默认事务管理模式。当与 SQL Server 建立链接后，直接进入自动事务模式，直到使用 BEGIN TRANSACTION 语句开始一个显式事务，或进入隐式事务模式为止。

11.4.3　分布式事务与嵌套式事务

分布式事务（Distributed Transaction）是指一个事务使用到多个服务器的资源。SQL

Server 允许用户在一个事务中更新多个服务器数据库的数据。应用程序可以使用下面的方式使 SQL Server 进入分布式事务状态：

（1）如果一个拥有局部事务的应用程序发出一个分布式查询（Distributed Query），则该局部事务会立刻被升级为分布式事务。

（2）调用 BEGIN DISTRIBUTED TRANSACTION 语句。

嵌套式事务（Nested Transaction）是指多个事务彼此以层的方式相互链接，而成为嵌套式的结构。嵌套式事务中有个重要的全局变量@@TRANCOUNT，它是一个整数，指出目前事务的嵌入层数。BEGIN TRANSACTION 语句将会使@@TRANCOUNT 加 1；ROLLBACK TRANSACTION 语句将会使@@TRANCOUNT 设置为 0；ROLLBACK savepoint_name 不会影响@@TRANCOUNT；COMMIT TRANSACTION 语句会将@@TRANCOUNT 减 1。

11.4.4　事务应用实例

【例 11.16】　使用事务处理方式对表 GradeInfo 执行更新操作，将所有学生的课程号为"01001"的成绩扣掉 10%，成功则提交事务，失败则取消事务。

其脚本程序如下：

```
USE STUDENTMANAGE
GO
Begin trangrade_minus
update GradeInfo
set grade＝grade ＊ 0.9 WHERE Course_No＝"01001"
if @@error!＝0
    ROLLBACK TRAN grade_minus
else
    COMMIT TRAN grade_minus
```

本 章 小 结

本章主要介绍了存储过程和触发器的相关知识，包括如何利用企业管理器和 SQL 语句创建、修改、删除和查看存储过程和触发器。此外，还介绍了 SQL Server 2000 中角色的定义方法以及事务的类型和创建方法。

本章知识结构图如图 11-31 所示。

思 考 题

一、简答题

1. 简述在 SQL Server 2000 中创建存储过程的方法。

2. 简述触发器和存储过程的区别。

3. 简述角色的作用，SQL Server 有哪几类角色？

4. 固定服务器角色和固定数据库角色有什么区别？

5. 什么是事务？事务有哪些属性？

二、编程题

将利用本章学习的知识,对 StudentManage 数据库中的 StudentInfo 表进行如下操作:

(1) 使用 SQL 命令语句、企业管理器和向导为 StudentInfo 表创建一个名为 StuInfo_pro 的存储过程,该存储过程包含有 StudentInfo 表中的 Student_No,Student_Name,Age,dorm,Tel 字段。

(2) 给 StudentInfo 表创建另一个名为 StuInfo_pro1 的存储过程,该存储过程中包含一个参数传递的方法,其参数为 StudentName。

(3) 创建一个不仅带有参数传递还带有默认值的存储过程 StuInfo_pro2,该存储过程中的参数为 dorm,其值为"1-201";默认字段为 StudentName,其值为"张婷"。

(4) 使用企业管理器和 SQL 命令语句查看 StuInfo_pro 存储过程中的定义信息和查看依附于该存储过程的对象,以及该存储过程依附的对象。

(5) 使用企业管理器和 SQL 命令语句修改存储过程 StuInfo-pro1,使该存储过程带一个默认值,其默认字段为 tel。

(6) 使用 SQL 命令语句为 Users 表创建一个名为 Stu_insert 的触发器,该触发器包含 Users 表中的所有字段,且只有当向 Users 表中添加记录时才被触发。

(7) 使用 SQL 命令语句修改 Stu_insert 触发器,当对 StudentInfo 表进行添加、修改和删除时,都会触发该触发器。

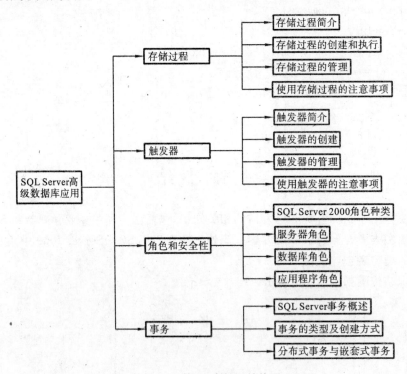

图 11-31　第 11 章知识结构图

参 考 文 献

孙宝林.2010.Access 数据库应用技术.北京:清华大学出版社
卢湘鸿.2010.Access 2003 应用教程.北京:人民邮电出版社
潘军.2009.Access 数据库实用教程.北京:电子工业出版社
米红娟.2010.Access 数据库基础及实用教程.北京:机械工业出版社
郑阿奇.2010.SQL Accesss 实训(第 2 版).北京:清华大学出版社